U0415731

中国互联网络发展状况 2019—2020

中国互联网络信息中心　编著

電子工業出版社
Publishing House of Electronics Industry
北京•BEIJING

内 容 简 介

本书采取“全景式”与“主题式”相结合的方式编写，围绕互联网网民群体、数字经济、互联网垂直应用、互联网公共服务、互联网基础资源、数字技术和网络安全七大领域，通过多维度、多层次的定性分析与定量比较，对我国互联网及相关领域的发展态势进行了系统论述。一方面，以 2019 年至 2020 年为时间跨度，结合党的十八大以来我国在互联网领域的显著成绩，综合评估了我国互联网的发展现状及价值，全面阐述了互联网为我国经济社会发展所提供的强大动能；另一方面，围绕互联网产业热点和科技前沿开展研究，描绘了我国互联网的发展蓝图，希望能够助力制造强国和网络强国建设。

图书在版编目（CIP）数据

中国互联网络发展状况. 2019—2020 / 中国互联网络信息中心编著. —北京：电子工业出版社，2021.11
ISBN 978-7-121-42227-0

Ⅰ. ①中…　Ⅱ. ①中…　Ⅲ. ①互联网络－研究报告－中国－2019-2020　Ⅳ. ①TP393.4

中国版本图书馆 CIP 数据核字（2021）第 210145 号

责任编辑：孙杰贤　　特约编辑：田学清
印　　刷：北京缤索印刷有限公司
装　　订：北京缤索印刷有限公司
出版发行：电子工业出版社
　　　　　北京市海淀区万寿路 173 信箱　　邮编：100036
开　　本：787×1092　1/16　　印张：17.5　　字数：332 千字
版　　次：2021 年 11 月第 1 版
印　　次：2021 年 11 月第 1 次印刷
定　　价：90.00 元

凡所购买电子工业出版社图书有缺损问题，请向购买书店调换。若书店售缺，请与本社发行部联系，联系及邮购电话：（010）88254888，88258888。

质量投诉请发邮件至 zlts@phei.com.cn，盗版侵权举报请发邮件至 dbqq@phei.com.cn。

本书咨询联系方式：（010）88254268，sunjx@phei.com.cn。

编 委 会

序　　言

党的十八大以来，互联网在中国获得了前所未有的发展，取得了举世瞩目的成就。在世界上，中国已经成为互联网大国和应用强国。互联网不仅是中国经济社会发展的新引擎、改善民生的新抓手、传播信息的新渠道、观察时代的新窗口，而且是新时代中国特色社会主义发展面临的最大机遇和挑战。

中国互联网络信息中心（CNNIC）是中国政府批准的，行使国家互联网络信息中心职责的，中国信息社会重要的基础设施建设者、运行者和管理者。CNNIC于1997年6月成立，自1997年11月起开始出版《中国互联网络发展状况统计报告》。作为中国互联网发展的域名管理机构和域名根服务器运行机构，CNNIC以中国互联网发展的历史记录者和创新研究者为己任，在忠实记录中国网络强国建设历程的同时，大力促进中国互联网基础资源的建设，推动中国互联网及信息化的发展研究，拓展全球互联网开放交流与国际合作，耕耘多年，成就卓著。《中国互联网络发展状况统计报告》首版发行之后，很快就成为中国最权威的、研究中国互联网发展状况必读的互联网发展报告。其调查数据之翔实，涉及领域之广泛和深入，堪称同类研究报告之最，不仅被纳入中国政府统计年度报告，还被联合国、国际电信联盟等国际组织普遍采用。20多年来，我本人一直是这个报告的忠实读者，受益匪浅。

近年来，CNNIC不断拓展研究领域，创新研究方法，扩展数据覆盖的广度和深度，以持续不断地加强对国家、政府、企事业单位的决策支持、科研支撑。展示在读者面前的这本《中国互联网络发展状况（2019—2020）》，就是这种努力的全新尝试。不难发现，在《中国互联网络发展状况统计报告》的基础上，CNNIC以其互联网发展研究的“国家队”站位，第一次对党的十八大以来中国互联网的发展状况和取得的成就，进行了综合性、系统性的研究和总结，体现了CNNIC在进一步践行“建设网络强国”的使命担当中，所采取的一个重要的创新举措。

本书以CNNIC掌握的大量数据为基础，着眼于中国互联网领域的基础性、关键性、前瞻性、保障性问题，就互联网网民群体、数字经济、互联网垂直应用、互联网公共服务、互联网基础资源、数字技术、网络安全七大领域的基本情况、发展成就、趋势热点等进行了比较深入的分析和研究，为互联网领域的管理者、研究者和从业者提供了一幅较为全面的、极具参考价值的中国互联网发展全景图像。通过这幅全景图像，本面描绘了中国互联网的发展历程：在经过以信息基础设施建设、人口红利释放为特点的起步期，以互联网平台扩张、互联网应用普及为特点的“加速期”之后，中国互联网已经步入一个崭新的、以新兴技术融合创新为背景的“转型期”。在这个转型期中，体现出了“新主体、新客体、新模式、新场景、新生态”的五大趋势性特征。本书还总结了“中国特色”助力互联网高速发展八大成就、“中国转型”依托互联网升级发展八大趋势，以及新型冠状病毒肺炎疫情暴发以来，互联网为“中国抗疫”赋能赋智的巨大贡献和宝贵经验。总体来看，本书以深入的分析、简明的阐述、海量的数据、形象的图表，对 2019—2020 年中国互联网发展状况进行了一个比较全面、准确的总结，不仅对研究中国的经济社会和互联网发展很有价值，而且对世界而言，也提供了一个很有借鉴意义的窗口。显然，对国内外读者而言，本书具有很强的可读性。

近 20 年，特别是自 4G 移动通信技术和智能手机在中国快速发展和普及应用以来，中国互联网的发展日新月异，令人备受鼓舞。例如，2013 年 12 月至 2020 年 12 月，我国宽带用户规模由 1.90 亿户增长至 4.80 亿户，位居全球第一；固定宽带人口普及率超过 30%，高于经济合作与发展组织（OECD）成员方的平均水平；移动电话用户由 12.29 亿户增长至 15.59 亿户，普及率由 90.80 部/百人增长至 113.90 部/百人；电商交易额由 10.40 万亿元攀升至 37.21 万亿元，处于全球领先水平；网民规模增长至 9.89 亿人，约占全球网民总数的 1/5，互联网普及率提高到 70.4%，比全球平均水平高出 10 个百分点以上。凡此种种，不胜枚举。在一个有 14 亿多人口的大国，互联网的发展居然可以达到这样的速度，是 10 年前我们所不曾想到的，更是 20 年前我们连想都不敢想的。

互联网的迅猛发展，极大地推动了中国经济和社会的发展，中国的企业、产业、行业、经济和社会形态也正处于急剧的演变之中，仿佛一夜之间，中国就要进入信息社会。更为重要的是，互联网的普及应用和快速发展，与新兴技术（特别是人工智能和量子计算）叠加产生的强大的融合效应，正在悄然地改变工业时代企业、产业、行业和经济发展的传统模式；当然，相应地，也悄然地给中国的企业、产业、行业和经济的发展带来了具有信息时代特征的、全新的机遇。就许多人从事了几十年的、耳熟能详的信息化事业而言，其推进和发展模式也正在发生着与 20 年前截然不同的变化。信息化和互联网带来的巨大变革，还对国家发展的传统理念、政策、战略等提出了新的挑战，也呼唤与之相适应的国家治理形态和管理模式。这些问题值得我们高度重视。

我相信，细读和研究《中国互联网络发展状况（2019—2020）》，可以帮助我们理解在中国已经发生和正在发生的上述重大变革，也可以帮助我们更好地理解这种因社会转型——由工业社会走向信息社会——而带来的重大变革。

借此机会，我衷心祝贺本书成功出版，希望它能得到读者的认可。同时，也衷心希望 CNNIC 不仅要继续做好中国互联网基础资源的管理者和服务者、网络强国建设历程的忠实记录者，更要充分利用自身积累形成的独特优势，以及在国际和国内享有的声望和影响力，不断扩展研究领域，持续深化研究，成为建设网络强国的创新研究者和国家一方智库。毋庸赘言，希望《中国互联网络发展状况（2019—2020）》能发挥重要作用，希望 CNNIC 不断地提高质量和研究与分析水平，让你们的研究和记录继续见证中国互联网发展进程中的艰辛探索和伟大成就。

周宏仁

原国家信息化专家咨询委员会常务副主任、研究员

2021 年 7 月 28 日于北京

编者序

发展互联网　推动我国数字经济高质量发展

数字经济是以数据资源为关键要素、以数字技术为重要驱动的新经济形态。我国数字经济的发展大致可分为数字化起步期、数字化成长期、数字化升级转型期三个阶段。1994 年，我国全功能接入国际互联网，标志着我国开启数字化起步期；随着人口红利不断释放，我国数字经济到 21 世纪初进入数字化成长期，14 亿多中国人民见证了数字经济的飞速发展，参与了数字红利的普惠与共享；当下，新一代信息技术不断渗透、扩散，智能化正取代信息化，我国大步迈向数字化升级转型期，“智能红利”的大门已向我们敞开。

一是数字化起步期。自 20 世纪 90 年代以来，信息通信技术持续兴起，信息基础设施建设成为发展重点，为释放人口红利奠定了基础。20 世纪 90 年代初，我国从亚太互联网络信息中心（APNIC）申请了第一个 IPv4 地址。1994 年，我国将互联网列入国家信息基础设施建设计划，先后建成了四大互联网骨干网，包括中国科技网（CSTNET）、中国公用计算机互联网（CHINANET）、中国教育和科研计算机网（CERNET）、中国金桥信息网（CHINAGBN）。1995 年，原邮电部开始向社会提供互联网接入服务，上海开始综合业务数字网（ISDN）商用试验网的建设。1999 年，非对称数字用户线（ADSL）宽带服务正式商用。

二是数字化成长期，也称加速期。自 21 世纪初以来，互联网平台快速扩张，互联网应用普及成为发展重点，为共享数字红利创造条件。2003 年，中国国家顶级域名“.cn”向公众开放域名注册，注册量增速迅猛；至 2008 年 7 月，“.cn”域名注册量达 1218.8 万个，成为全球最大的国家顶级域名。2005 年，我国宽带用户规模首次超越拨号上网用户规模，宽带接入成为互联网接入的主要方式。2002—2007 年，我国网民平均使用互联网应用数量由 4.4 个增长至 7.3 个；我国网民在互联网上的时间花费，由平均每周 9.8 小时快速增长至 18.6 小时。互联网应用市场中的多数细分领域都迎来了高速发展，网络招聘、网络教育、在线旅行、网络游戏、即时通信、网络音乐的用户规模年均复合增长率均在两位数以上。

三是数字化升级转型期。当前及未来的 2～3 年内，人工智能、大数据等新兴技术逐步渗透到经济社会运行的方方面面，推动数字经济步入发展新阶段，为开启智能红利提供动力。截至 2020 年，我国数字经济核心产能增加值占 GDP 的比重达到 7.8%[①]。**在网民规模方面**，截至 2020 年 12 月，我国网民规模已达 9.89 亿人，约占全球网民总数的 1/5，互联网普及率达 70.4%[②]。**在互联网基础资源方面**，截至 2020 年 12 月，我国光纤接入用户数已达 4.54 亿户，4G 用户总数已达 12.89 亿户，5G 基站超过 71.80 万个，5G 终端连接数突破 2 亿个[③]。**在互联网政务服务方面**，截至 2020 年 12 月，我国电子政务发展指数排名已提升至全球第 45 位[④]，其中在线服务指数由全球第 34 位跃升至第 9 位，迈入全球领先行列。**在工业互联网方面**，截至 2020 年，我国工业互联网产业经济增加值规模约为 3.10 万亿元，同比实际增长约 47.9%，对 GDP 增长的贡献超过 11.0%[⑤]。截至 2020 年 6 月，具备行业、区域影响力的工业互联网平台超过 70 个，连接工业设备数量达 4000 万台，工业 App 突破 25 万个，工业互联网平台服务工业企业数近 40 万家[⑥]。**在高新技术发展方面**，我国在信息通信、量子计算、人工智能等方面均取得较大突破，高新技术在消费、生产、流通等国民经济的重要领域中实现了广泛应用。

经过 20 多年的奋斗，我国在互联网领域已逐渐实现从“跟跑”到“并行”再到“领先”的历史性跨越，正在从网络大国向网络强国发展的康庄大道上昂首迈进。作为网络强国建设历程的忠实记录者，CNNIC 在历次《中国互联网络发展状况统计报告》的基础上，编写形成了《中国互联网络发展状况（2019—2020）》一书。本书涵盖了互联网网民群体、数字经济、互联网垂直应用、互联网公共服务、互联网基础资源、数字技术、网络安全领域，旨在真实记录我国互联网发展状况，全面阐述互联网为我国经济社会发展提供的强大动能，力图为社会各界了解我国互联网的发展提供参考和借鉴。

未来几年，我国互联网行业必将取得更加辉煌的成就，我国数字经济也将持续蓬勃发展，成为引领我国“以国内大循环为主体、国内国际双循环相互促进的新发展格局”的主要动力。

---

① 来源：国务院新闻办公室新闻发布会。
② 来源：CNNIC 第 47 次《中国互联网络发展状况统计报告》。
③ 来源：工业和信息化部。
④ 来源：《2020 联合国电子政务调查报告》。
⑤ 来源：中国信息通信研究院《工业互联网产业经济发展报告（2020 年）》。
⑥ 来源：中国工业互联网研究院《中国工业互联网产业经济发展白皮书（2020 年）》。

未来几年，我国互联网和数字经济的发展将呈现七大趋势。**一是**在“后疫情时代”，在线应用、跨境贸易将持续发展。疫情期间，四成网民点外卖、三成网民使用互联网学习或办公。在“后疫情时代”，在线教育、在线办公、网上支付、互联网理财等应用将持续增长，跨境电商等数字化贸易形态将持续迅猛发展，数字贸易成为推动高水平开放的新动能。**二是**信息领域“新基建”将蓬勃发展。第五代移动通信基础设施、工业互联网平台、大数据中心、超级计算中心（智能计算中心）等“新基建”将加速布局，基于其渗透效应、扩散效应，将会有效提升各行业全要素劳动生产率，有力支撑区域经济高质量发展。**三是**信息技术自主创新能力突飞猛进，人工智能、集成电路、量子信息、未来网络等前沿领域将实现新的突破，推动我国产业链与创新链深度融合，进一步推动产业价值链的发展。**四是**产业数字化将加速发展。企业数字化转型加速，传统企业加速向平台化转型、平台企业加速向生态化发展，实现企业研发、生产、管理、组织、物流等环节高效转型，跨界融合，实现行业产业链优化集聚、合作共赢。数字经济和实体经济深度融合，进一步增强抵御和应对外部风险的能力，提高经济韧性，助力形成“国内国际双循环相互促进的新发展格局”。**五是**社会治理和网络治理将持续完善。数字化推动社会公共服务更加便捷化、普惠化、均等化、智能化。开放、共享的政务大数据平台将加速建设，新一代信息技术推动我国“互联网+政务服务”持续发展，推动精准、高效的新一代社会治理体系基本成熟，感知社会态势、畅通信息渠道、辅助科学决策，进一步增强综合服务能力，提升政务服务效能。**六是**未来几年，随着《中华人民共和国网络安全法》《中华人民共和国数据安全法》等法律法规的深入贯彻实施，个人信息安全和国家网络安全将得到进一步保障，为数字经济保驾护航。**七是**数字化的整体优势正重塑“后疫情时代”国家和地区的核心竞争优势。数字经济显著的溢出效应、渗透效应、扩散效应、乘数效应和马太效应叠加，将持续带动技术流、资金流、人才流、物资流不断集聚。数字化基础设施建设、数字化消费主体、数字化营商环境等为国家和地区的发展提供全新动力。

我国互联网和数字经济在面临良好的机遇的同时，也依然面临数字经济发展不平衡、核心技术受制约等问题，建议未来从如下五大方面更好地推动我国互联网和数字经济高质量发展。

一是建议进一步弘扬“两弹一星”精神、载人航天精神，体系化推进核心技术产业生态建设。建议从未来网络、云计算、端计算、网络安全、芯片制造装备五大技术体系入手，统筹推进核心技术发展；建议发展平台级产品，构建“微观生态”，推进关键领域应用示范，构建“中观生态”，指导基础软硬件产业发展，构建“宏观生态”；建议抓紧布局信息领域前沿技术研发，突破量子计算机、量子交换关键技术，积极建设量子骨干网络。

二是建议统筹推进信息领域“新基建”的发展。建议充分考虑区域经济体资源禀赋和产业优势，统筹规划总体布局和建设；建议以信息领域“新基建”体系化推动核心支撑技术的发展，加大行业专业芯片和大规模行业应用软件的研发力度，依托区域“新基建”打造“平台+领域专家团队+产业创新服务”垂直型区域创新中心。

三是建议积极防范网络安全风险，夯实我国数字经济发展根基。建议积极贯彻落实《中华人民共和国网络安全法》《中华人民共和国数据安全法》，加大个人信息保护监督执法力度，完善数据分级分类安全管理等配套政策法规，进一步强化互联网关键基础设施和资源的网络安全防护；建议加大互联网基础资源领域核心技术攻关，大力发展去中心化新型域名解析体系，大力推动资源公共密钥基础架构（RPKI）等路由安全技术的工程化应用，大力推动互联网基础资源领域系统软件、应用软件的自主可控。

四是建议进一步缩小数字鸿沟，加快数字红利普惠共享。据测算，未来至少还有1亿名非网民可转化为网民，要进一步提升“银发人群”等特殊人群的信息素养，培养非网民的上网意识、提高其信息技能；建议提高边远、贫困地区群众利用网络致富的能力，推动亿万人民共享数字红利；建议大力推动数字乡村建设、发展智慧农业，以新一代信息技术促进农业现代化建设。

五是建议大力推进“数字丝绸之路”建设，提升数字经济的国际影响力。通过创新数字合作形态，进一步深化与世界各国在电商、“互联网+政务服务”、新型智慧城市等领域的合作，实现协同共赢，持续提升我国数字经济的国际影响力和话语权。

数字经济是“后疫情时代”塑造核心竞争优势的主要着力点，也是区域经济增长的新动能。我们要只争朝夕，不负韶华，大力推进互联网核心技术、产业生态新突破，加快以数字经济推动区域经济结构优化升级，稳步提升区域产业结构高度，不断推动我国制造强国、网络强国建设迈向新台阶！

曾宇

研究员、中国互联网络信息中心主任

2021年7月3日

前　言

当今社会，新一轮科技革命和产业变革加速演进，人工智能、大数据、物联网等新技术、新应用、新业态方兴未艾，互联网迎来了更加强劲的发展动能和更加广阔的发展空间。发展好、运用好、治理好互联网，促进互联网和经济社会融合发展，是把握新一轮科技革命和产业变革机遇、掌握创新发展主动权的必然要求，是全面建设社会主义现代化强国的重要内容。党的十八大以来，各地区、各部门加速推进信息化建设，持续提高网络安全保障能力，紧抓核心技术自主创新，不断拓展网络经济空间，积极探索具有中国特色的互联网发展治理之道，让互联网发展成果更好地惠及14亿多中国人民。当前，互联网发展的规模效应、溢出效应更大，战略作用、带动作用更强，为实现中华民族伟大复兴的中国梦提供强劲动力。

为进一步加强对互联网发展状况的综合性、系统性研究，探索解决互联网发展面临的突出问题，助力推动数字经济高质量发展，CNNIC以忠实记录制造强国和网络强国建设历程为核心目标，结合历次中国互联网络发展状况统计调查数据，编制形成《中国互联网络发展状况（2019—2020）》，其总体设计是要完成两项任务。一是总结成就，展现中国互联网发展的深远影响。这部分主要以2019年至2020年为时间跨度，综合评估我国互联网的发展现状及突出作用，同时结合党的十八大以来我国在互联网领域的显著成绩，全面阐述互联网为我国经济社会发展提供的强大动能。二是展望未来，研判中国互联网发展的特征和趋势。这部分主要围绕互联网产业热点和科技前沿开展研究，描绘我国互联网的发展蓝图，助力推进制造强国、网络强国建设。我们希望通过对我国互联网发展状况的系统论述，为政府机构制定相关政策、措施提供支持，为企业开展相关活动提供帮助，为社会各界了解我国互联网发展状况和未来态势提供参考。

在此，衷心感谢工业和信息化部、国家互联网信息办公室等部门相关司局的指导和支持，同时向在本书编写工作中给予支持的机构、企业和网民致以诚挚的谢意！

中国互联网络信息中心

2020 年 12 月

目　录

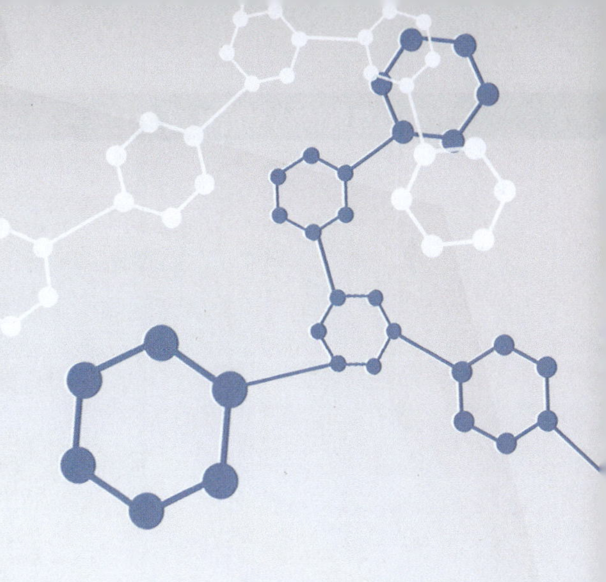

第1章

综　述

摘　要：当今世界，互联网与大数据、人工智能、物联网等新一代信息技术相互促进、集成应用、融合发展，深刻改变了人类社会的生活方式、商业范式、发展模式，加快推动了经济社会更深层次、更广范围的网络化、数字化、智能化转型。发展互联网成为世界主要国家释放经济发展新潜能、谋求技术应用新突破、占据全球竞争新优势的核心战略。在此背景下，我国持续推动互联网快速发展，促进数字经济与实体经济深度融合，向制造强国、网络强国迈出坚实步伐。本章从多个角度、多个层面出发，对我国互联网发展的显著成就和未来趋势进行系统论述。

关键词：互联网；数字化转型

党的十八大以来，我国持续完善互联网管理领导体制，形成推动网络化、信息化、数字化的强大合力；发布《国家信息化发展战略纲要》《国家网络空间安全战略》等战略性文件，全面部署互联网发展宏伟蓝图；出台《中华人民共和国网络安全法》、《中华人民共和国电子商务法》等法律性文件，着力促进互联网安全健康、可持续发展。我国互联网相关领域顶层设计基本确立，加快网络强国、数字中国、智慧社会建设步伐。

1.1 “中国特色”助力互联网高速发展八大成就

近年来，我国网络基础设施能力全面提升，新兴技术突飞猛进，网络惠及百姓生活，网络内容繁荣丰富，网络空间更加清朗，取得了举世瞩目的成就。2013 年 12 月至 2020 年 12 月，我国“.cn”域名总数由 1084 万个增长到 1897 万个，IPv6 地址数量由 16 670 块/32 增长至 57 634 块/32，电商交易额由 10.40 万亿元攀升至 37.21 万亿元，均处于全球领先水平；与此同时，网民规模增长至 9.89 亿人，约占全球网民总数的 1/5，互联网普及率提高到 70.4%，比全球平均水平高出 10 个百分点以上[①]，互联网应用约 345 万款，我国已是名副其实的网络大国。在互联网飞速发展的带动下，我国数字经济规模持续扩大，与实体经济深度融合发展，为“中国制造”转型升级为“中国智造”带来了新的历史契机；智慧社会全面建设、成就非凡，更好地满足人民日益增长的美好生活需要。

总体来看，我国围绕互联网相关领域的发展实际，已逐步形成独具“中国特色”的发展模式。一是政府实行“包容审慎”的监管原则，为数字化转型营造更加健康的环境，使数字化企业和机构得以大胆试水并扩大规模；同时，还以投资者、开发者及消费者等角色，积极推动经济社会数字化转型。二是我国市场体量庞大，拥有庞大的互联网用户群体，特别是数量可观的年轻网民，为数字商业模式迅速投入商用创造了条件，为数字化企业快速实现规模经济提供了助力。三是我国互联网巨头企业不断拓展延伸，通过风险投资和模式创新等，构建了丰富的数字化生态圈，在推动我国数字化发展方面发挥了积极作用。

在“中国特色”发展模式的推动下，我国数字化发展不断取得新进展，在全球价值链的纽带作用下变成世界经济不可或缺的一部分，在世界舞台上的角色日益醒目，对世界经济的影响力逐渐扩大。过去几年，我国对外风险投资总额约有 3/4 流入了数字化相关行业，在海外投资市场的表现日益活跃。我国率先应用的多种数字商业模式如今已在全世界流行开来，从无桩共享单车到视频社交网络等不一而足。越来越多的数字化企业通过拓展商业模式、开展技术合作、探索投资并购机会等方式努力拓展全球业务，这表明我国已跻身全球数字化发展的最前沿。同时，我国在世界数字化舞台上的地位愈发突出，这说明我国可以更广范围、更深层次地参与全球治理，为完善国际规则体系、谋求互利共赢的数字世界做出贡献。

---

① 来源：国际电信联盟《Measuring digital development: Facts and figures 2019》。

说明：

1．如非明确指出，本书中的统计数据仅指我国大陆地区的数据，不包括香港、澳门和台湾地区；

2．由于本书采用了四舍五入的计数保留法，这可能导致统计百分比之和不等于 100%。

1.1.1 信息通信覆盖陆海空天，以全域协同推进“新基建”

1. 通信网络一体化加速

5G与卫星互联网被纳入“新基建”，“空天地”一体化网络正加速落地。2020年，北斗全球卫星导航系统星座部署全面完成，将在多个领域发挥出更大的应用价值。作为全球四大卫星导航系统之一，北斗卫星系统能够为全球用户提供全天候、全天时、高精度的定位、导航和授时服务，广泛应用于抗疫、5G、高铁、手机位置服务等场景。与此同时，我国将通过低轨宽带卫星通信系统的研发与建设，发挥在卫星平台与网络管理等方面的技术优势，助力搭建“空天地”一体化网络。在5G乃至6G时代，卫星互联网将网络覆盖从地球二维表面，延展到了近地三维空间，具有全球覆盖、成本低、不受地域限制等优势。5G“空天地”一体化网络成为未来我国通信网络的重要发展趋势。地面通信系统与卫星互联网已开始互补合作、融合发展，突破地表地形的束缚，为通信网络的发展带来新的动能。

2. 宽带发展溢出效应显著

宽带普及水平显著提升，用户规模居全球首位。党的十八大以来，工业和信息化部统筹协调有关部门和企业深入推进“宽带中国”等战略措施，深入推进宽带网络覆盖，稳步促进电信市场开放，持续推动固定宽带网络光纤化进程，全方位助推宽带网络建设实现跨越式发展，有力支撑国家信息化水平全面提升和经济社会迈向高质量发展。2013年12月至2020年12月，我国宽带用户规模由1.90亿户增长至4.80亿户，位居全球第一；固定宽带人口普及率超过30%，高于经济合作与发展组织（Organization for Economic Co-operation and Development，OECD）成员方的平均水平；光纤接入用户规模由4082万户增长至4.54亿户，占互联网宽带接入用户的比例由21.6%提升至93.9%（如图1-1所示），远高于OECD成员方的平均水平；三家基础电信企业的蜂窝物联网终端[①]用户增长至11.36亿户，其中应用于智能制造、智慧交通、智慧公用事业的终端用户占比分别达18.5%、18.3%、22.1%[②]。

网络性能及用户体验不断改善，带动互联网产业蓬勃发展。随着接入环境的优化改善和“提速降费”工作的深入开展，宽带成为我国主流上网方式，并为我国网民提

---

① 蜂窝物联网终端：指物联网终端接入GSM网络（如中国移动的GPRS网络），终端内集成2G移动通信模块并插入SIM卡，通过GPRS网络与后台交互数据。蜂窝物联网一般包括窄带物联网（NB-IOT）、增强机器类通信（eMTC）等。

② 来源：工业和信息化部。

供了更快更好的网络服务。从网络速度来看，截至 2019 年 6 月底，固定宽带平均接入速率已升至近 137.9Mbps，较 2014 年年底提升 19 倍[①]；截至 2020 年 12 月，电信普遍服务试点地区平均下载速率超过 70Mbps，农村和城市实现“同网同速”。从网络资费来看，固定宽带和移动通信平均资费水平均显著下降，移动流量跨省“漫游”已成为历史。当前，宽带网络加速步入以 5G、千兆宽带为代表的超高速率时代和以低碳共享为要求的绿色节能时代，将继续发挥其基础性、引领性、带动性作用，不断推动互联网产业向高质量发展转变。

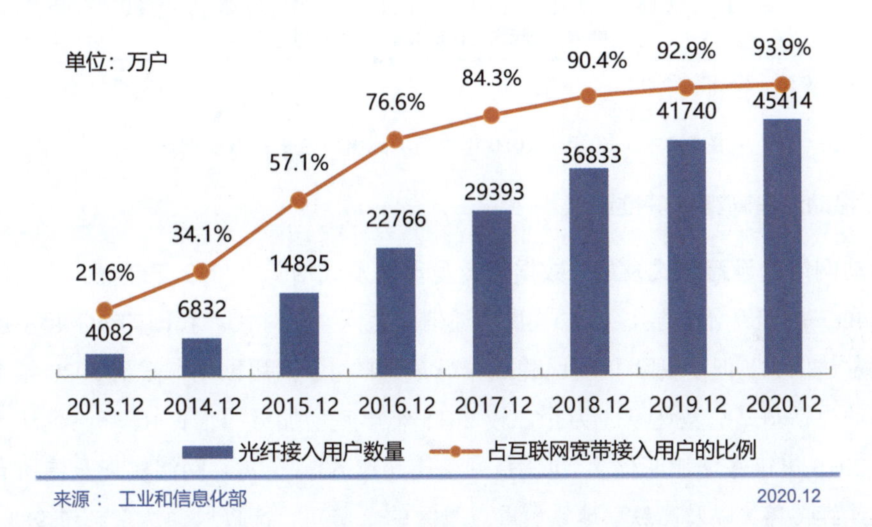

图 1-1　2013 年 12 月至 2020 年 12 月我国光纤接入用户数量及占比

跨境光缆建设步伐加快，促进“一带一路”网络互联互通。2013 年至 2020 年，我国国际出口带宽数量由 340.7 万 Mbps 增长至 1151.1 万 Mbps[②]，年复合增长率达 17.2%（如图 1-2 所示）；我国光缆线路总长度由 1745 万千米增长至 4750 万千米[③]，年复合增长率约 19.0%，光缆建设保持较快增长态势。自“一带一路”倡议提出以来，我国积极与沿线国家展开务实合作，推进海底光缆、跨境陆缆等网络基础设施建设，与 14 个陆地邻国中的 12 个国家建立跨境光缆系统，拥有 4 个国际海缆登陆站和 9 条国际海缆，并不断推动扩容升级。目前，围绕“一带一路”网络互通的发展要求，我国电信企业打通了中俄欧、中蒙俄欧、中哈俄欧等连接亚欧的信息大通道，推动亚太直达海缆、亚非欧 1 号海缆等国际海缆建设投产，为携手共建“数字丝路”提供了基础支撑。

---

① 来源：中国信息通信研究院《中国宽带发展白皮书（2019 年）》。

② 来源：CNNIC 第 33 次至第 47 次《中国互联网络发展状况统计报告》。

③ 来源：工业和信息化部。

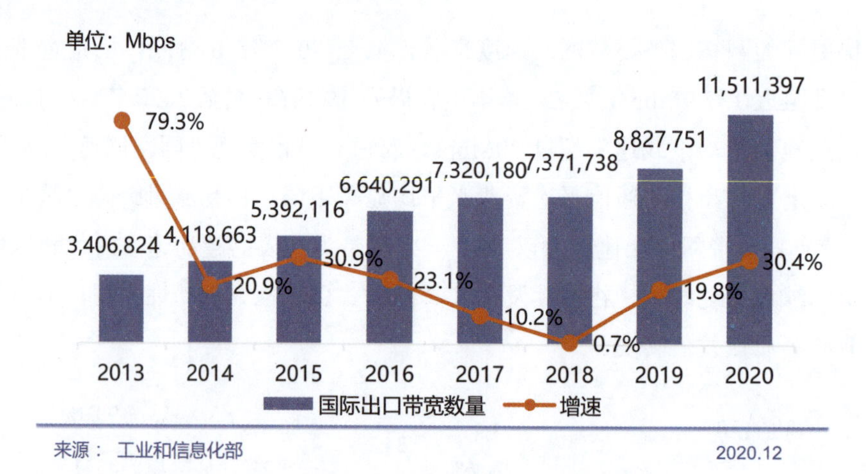

图 1-2　2013 年至 2020 年我国国际出口带宽数量及增速

3. 移动泛在网络纵深推进

移动网络建设跨越式发展，数据流量呈现暴发式增长。2013 年年底，第四代移动通信（4G）牌照开始发放，标志着我国通信业迈入 4G 时代。我国的 4G 起步虽略迟于欧美发达国家，但不到 3 年就已建成全球最大的 4G 商用网络。截至 2020 年 12 月，中国移动电话基站总数达 931 万个，较 2015 年年底增加近一倍；4G 基站数达 575 万个，较 2015 年年底增加两倍多，4G 基站占比超过 60%①；4G 网络实现全国所有乡镇以上的连续覆盖，以及高铁、地铁、重点景区的全覆盖，行政村通达率超过 98%②。与此同时，5G 建设如火如荼，截至 2020 年 10 月，全国 5G 基站已超过 69 万个，实现地级市以上基本覆盖。在此背景下，移动互联网应用蓬勃发展、加速渗透，极大地促进移动数据流量的暴发式增长。2013 年至 2020 年，移动互联网接入流量由 13 亿 GB 提升至 1656 亿 GB，年复合增长率高达 99.9%；移动互联网接入月户均流量由 0.13GB/月/户提升至 10.35GB/月/户（如图 1-3 所示），年复合增长率为 86.9%③。当前，在万物互联需求大幅增加的推动下，4G 网络建设仍保持高速增长态势，5G 网络等新型基础设施建设如火如荼，我国移动网络真正实现从落后、跟随到赶超、引领的转变。

移动电话普及率趋于稳定，4G 用户渗透率高于全球平均水平。2013 年 12 月至 2020 年 12 月，我国移动电话用户由 12.29 亿户增长至 15.94 亿户，随着 4G 覆盖范围的扩大和服务水平的提高，2G、3G 用户持续向 4G 用户转移。截至 2020 年 12 月，移动电话普及率由 2013 年 12 月的 90.8 部/百人增长至 113.9 部/百人（如图 1-4 所示）；

① 来源：工业和信息化部。

② 来源：中国信息通信研究院《中国宽带发展白皮书（2019 年）》。

③ 来源：工业和信息化部。

4G 用户总数达到 12.89 亿户，占移动电话用户数的 80.8%①。当前，三大运营商及相关企业积极响应党和国家的号召，推出扶贫套餐、低成本 4G 入门机等，推动贫困地区居民使用移动宽带，进一步促进移动宽带用户规模扩大。此外，随着 5G 商用时代的正式开启，多款 5G 套餐和商用机陆续推出，将为移动宽带行业带来新的增长活力。

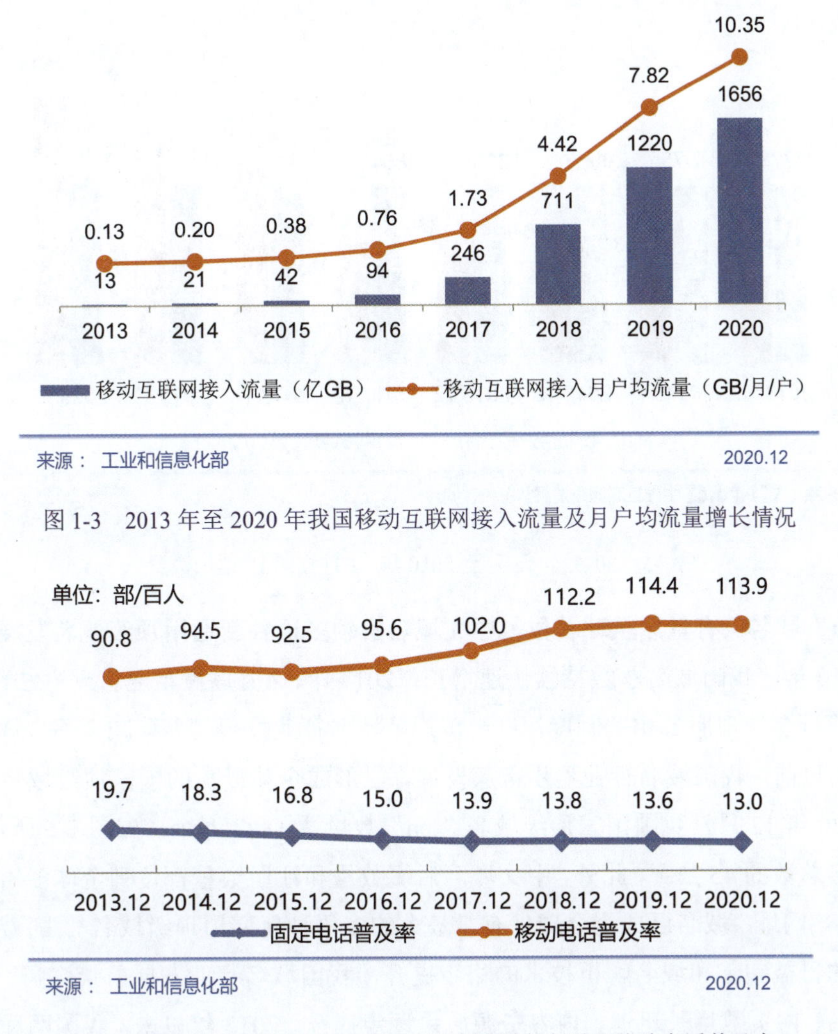

图 1-3　2013 年至 2020 年我国移动互联网接入流量及月户均流量增长情况

图 1-4　2013 年 12 月至 2020 年 12 月我国固定电话及移动电话普及率

4. 网络基础资源量质齐升

下一代互联网地址资源平稳过渡，IPv4、IPv6 地址总数位居全球前列。2011 年，全球 IPv4 地址资源分配完毕，推动互联网向基于 IPv6 的下一代互联网过渡成为各国共识。党的十八大以来，随着过渡技术的日趋成熟，我国 IPv6 规模商用部署加速推

① 来源：工业和信息化部。

进，网络设施的 IPv6 改造取得阶段性成果，IPv6 地址资源实现显著增长，支撑相关新兴业态快速发展。截至 2020 年 12 月，我国拥有 IPv4 地址 38 923 万个，IPv6 地址 57 634 块/32（如图 1-5 所示），位居世界前列[①]，体现出我国领先的信息化水平和较大的互联网发展潜力。

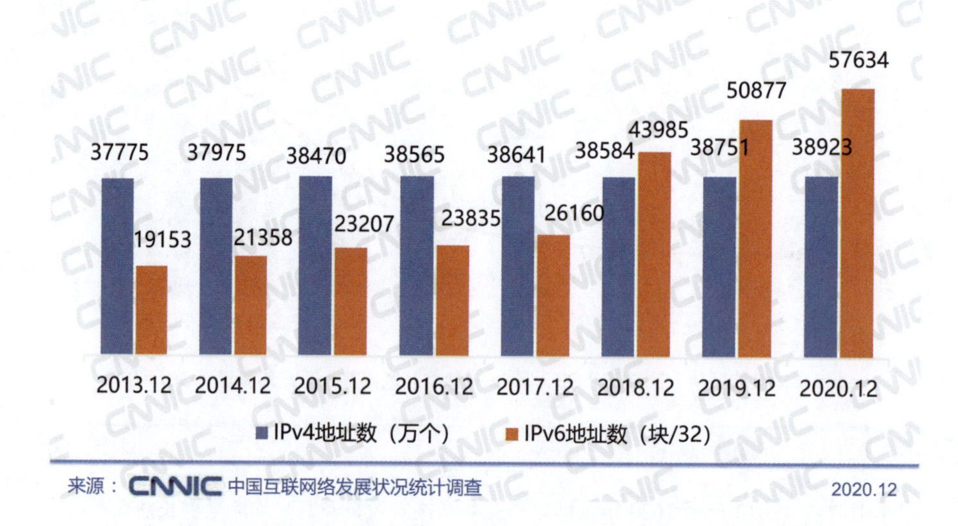

图 1-5　2013 年 12 月至 2020 年 12 月我国 IP 地址数量

“.cn”域名保有量居全球首位，中文域名引领多语种新通用顶级域名发展。2013 年至 2016 年，我国域名总数持续快速增长；2017 年，《互联网域名管理办法》颁布，通过细化域名管理服务相关制度，进一步规范域名行业发展，显著减少不合规域名注册情况。目前，我国域名行业稳步健康发展，已形成全球最大的国家顶级域名“.cn”。截至 2020 年 12 月，我国国家顶级域名“.cn”数量达 1897 万个（如图 1-6 所示），占我国域名总数的 45.2%[②]。此外，中文域名后缀数量和注册数量都位列全球多语种域名第一名，“.网址”域名已成为全球保有量最大的多语种新通用顶级域名[③]。随着域名服务体系的日益完善和域名解析技术的稳步提升，我国域名行业发展前景广阔。

网站、网页数增长迅速，内容资源质量逐步提升。2013 年以来，我国网民可利用的互联网资源日渐增多，互联网内容更加丰富。截至 2020 年 12 月，我国网站数量为 443 万个，较 2013 年 12 月增加 38.4%；“.cn”下网站数量为 295 万个，较 2013 年 12 月增加 125.2%[④]（如图 1-7 所示）。近年来，中共中央网络安全和信息化委员会办公室

① 来源：CNNIC 第 33 次至第 47 次《中国互联网络发展状况统计报告》。

② 来源：CNNIC 第 47 次《中国互联网络发展状况统计报告》。

③ 来源：中文域名创新应用论坛《全球域名发展统计报告》。

④ 来源：CNNIC 第 33 次至第 47 次《中国互联网络发展状况统计报告》。

（以下简称中央网信办）会同有关国家部委联合开展互联网网站安全专项整治工作，并通过设立互联网违法和不良信息举报中心、定期开展年检工作等，对存在导向问题、登载违法信息或进行违规传播的网站“黑名单”予以公布，在全国范围内不断加大对违法违规网站的筛查和打击力度。随着网络空间的日渐清朗、网络传播秩序的逐步规范，我国网络资源在数量显著增长的同时也实现了质量的不断提升。

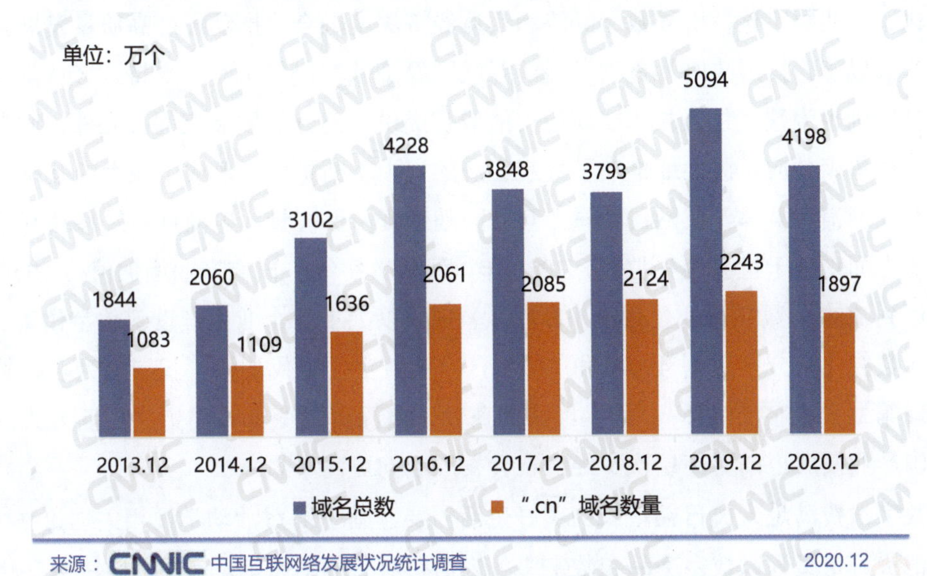

图 1-6　2013 年 12 月至 2020 年 12 月我国域名数量

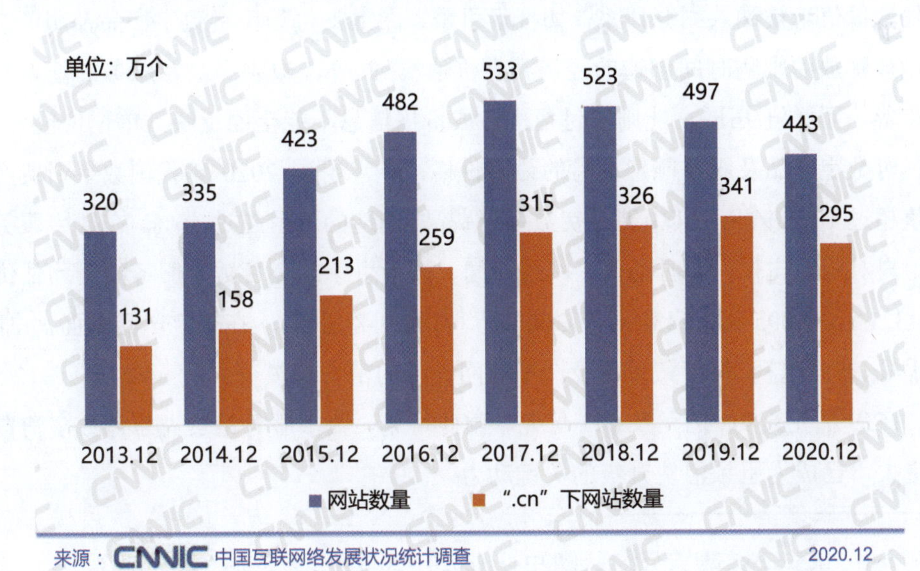

图 1-7　2013 年 12 月至 2020 年 12 月我国网站及“.cn”下网站数量

1.1.2 数字经济释放发展红利，以提质转型加速“新循环”

1. 互联网促进数字经济蓬勃发展

在政策和市场的双重驱动下，我国成为全球第二大数字经济体。我国高度重视发展数字经济，在创新、协调、绿色、开放、共享的新发展理念指引下，积极推进数字产业化、产业数字化，引导数字经济和实体经济深度融合，推动经济高质量发展。党的十八大以来，我国政府为蓬勃发展的互联网经济领域提供了有力支持，“包容审慎”的监管原则也为数字化新技术、新应用的成长提供了充分的发展空间。此外，城市化浪潮形成集聚效应，极大地推动了数字经济的规模不断扩大，形成了庞大的互联网市场和互联网消费群体，在网民数量、互联网基础资源保有量、电商规模及移动互联网发展等方面均处于世界领先位置。2020 年，我国数字经济核心产业增加值占 GDP 的比重达到 7.8%，数字产业化规模不断扩大；规模以上工业企业生产设备数字化率、关键工序数控化率分别达到 49.4%和 51.7%，产业数字化步伐加快，我国成为名副其实的全球第二大数字经济体①。数字经济的蓬勃发展深刻改变着人类生产生活方式，驱动我国产业发展迈向更高层次、经济社会发展迈向更高质量。

数字消费满足人民日益增长的美好生活需要。基于消费活动学说相关理论基础，数字消费可定义为以数字产品和数字服务为消费对象的消费活动。随着经济数字化程度的持续加深，传统统计方法和实际福祉之间的分离日益明显，导致数字技术创造的很多隐性价值未被纳入测算体系，如搜索引擎、网上支付等免费数字产品及服务，以及大量被释放的闲暇时间创造的经济社会价值②。此外，数字产品及服务的基本功能多为免费，而增值/拓展功能则需付费，造成价格信息不能全面反映其单位价值③。根据网民对数字产品及服务愿意支付的最高价格，计算得到 2020 年我国数字消费产生的价值超过 10 万亿元，其中纯免费数字消费品④创造的价值超过 60%。在数字服务方面，用户对网上支付、即时通信、网络新闻、搜索引擎等免费数字服务的平均估价分别为 4321 元、4095 元、3438 元及 3001 元（如图 1-8 所示）。在数字产品方面，电脑、智能手机、智能电视、可穿戴设备及汽车联网设备的消费规模分别达 6448 亿元、12 509 亿元、1529 亿元、708 亿元及 572 亿元。由此可见，数字服务消费占总体数字消费的比重更大，已成为引领消费升级的关键动力。

---

① 来源：国家工业信息安全发展研究中心《2020—2021 年度数字经济形势分析》。
② 来源：诺贝尔经济学奖得主迈克尔·斯宾塞，第六届乌镇世界互联网大会。
③ 续继，唐琦．数字经济与国民经济核算文献评述[J]．经济学动态，2019（10）.
④ 纯免费数字消费品指不含任何附加资金费用（如会员费）的消费品。

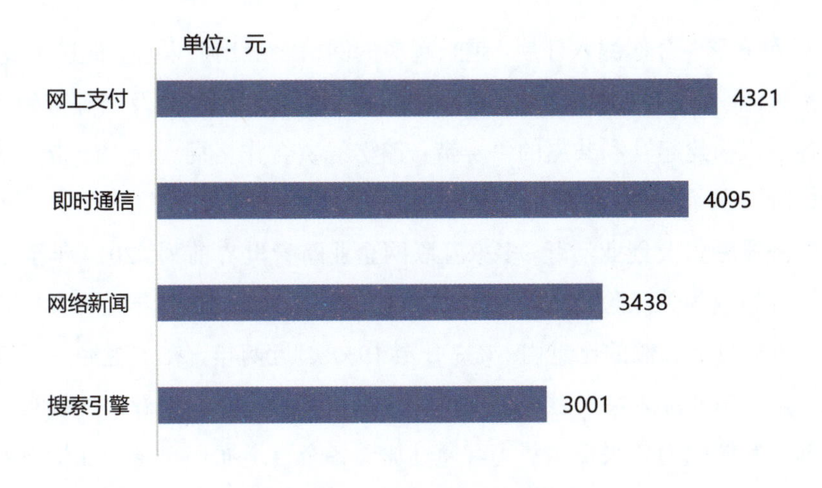

图 1-8 用户对免费数字服务的估价

在线市场蓬勃发展，网络零售交易规模连续六年全球第一。2013 年至 2020 年，我国网络零售额由 1.85 万亿元增长到 11.76 万亿元，年复合增长率达 30.2%①；网络购物用户规模增长至 7.82 亿人，网民使用率提高到 79.1%②，我国成为全球最大的网络零售市场。近年来，在个性化、品质化市场需求的驱动下，信息产品和服务的边界不断拓展、质量不断提升，中高端数字消费发展迅速，市场竞争由“价格战”变为“品质战”，极大地促进了我国数字消费市场的结构优化。与此同时，随着大数据、人工智能、物联网等新一代信息技术的广泛应用，“新零售”模式崛起，线上线下一体化进程加速，并与智慧物流体系深度融合，不仅为电商平台和实体零售店商业模式的全面转型、商业价值的全面升级提供契机，也为中国人民的美好生活添色添彩。

数字贸易规模持续扩大，“数字丝路”推动“一带一路”高质量发展。近年来，以跨境电商为代表的数字贸易迅速发展，对我国贸易规模扩大、贸易结构优化发挥显著贡献作用，有效提升我国在全球数字经济价值链中的地位。截至 2020 年 6 月，我国跨境电商综合试验区已批准建立的有 59 个，新设的有 46 个，覆盖 30 个省（区、市）；与俄罗斯、阿根廷等来自五大洲的 22 个国家建立了双边电商的合作机制，与“一带一路”沿线国家的跨境电商交易额同比增速超过 20%，与柬埔寨、奥地利、阿联酋等国的跨境电商交易额同比增速超过 100%③，形成良好的发展态势。2020 年，我国跨境电商进出口总额为 1.69 万亿元，同比增长 31.1%④。作为“一带一路”建设的优先行

① 来源：工业和信息化部、商务部。

② 来源：CNNIC 第 46 次《中国互联网络发展状况统计报告》。

③ 来源：商务部研究院电子商务研究所《我国跨境电子商务发展报告 2019》。

④ 来源：国务院新闻办公室新闻发布会。

动，“数字丝绸之路”合作深入开展，越来越多的网信企业出海发展，促进资金、技术、人才等要素资源在区域内加速流动，并将我国优质的互联网产品及服务带到“一带一路”沿线各国，构建起互利共赢的“一带一路”经贸合作格局，使“一带一路”建设迈上崭新台阶。

数字经济投融资及创业活跃，多家互联网企业跻身世界前列。2014 年至 2016 年，我国数字经济领域相关风险投资额高达 770 亿美元，约为 2011 年至 2013 年的 6.42 倍，占全球风险投资总额的比重由 6%提升至 19%[①]。近两年，在宏观经济下行压力加大的背景下，数字经济领域投融资仍保持一定热度。从投资方来看，互联网巨头企业纷纷跻身创投领域成为新兴资本势力，通过加码各个赛道布局自身产业生态圈；从被投资方来看，企业服务、电商、文化娱乐、金融等成为近几年互联网投融资领域的“明星赛道”，相关企业持续提升吸金引资能力，在其细分领域形成竞争优势。在强大的资本助力下，我国互联网企业增势强劲，实现产业集聚、规模发展，为全球数字经济发展提供源源不断的发展动力。腾讯控股、阿里巴巴、百度、网易、美团、京东、拼多多共 7 家企业跻身全球互联网企业前二十，市值共计 9062.94 亿美元，占前二十总和的比重达 27%[②]（如表 1-1 所示）。截至 2020 年 12 月，我国境内外互联网上市企业总数达 147 家，总市值为 16.80 万亿元[③]，创历史新高；网信独角兽浪潮来袭，相关企业快速发展，企业总数达 207 家，同比增长 10.7%，其中北京、上海、广东、浙江四地的网信独角兽企业总占比达到 88.9%。

表 1-1　全球前二十互联网企业市值

企业名称	市值（亿美元）	市值占前二十总和的比重
亚马逊（Amazon）	7344.16	22.0%
谷歌（Alphabet）	7234.65	21.6%
腾讯控股	3816.43	11.4%
Facebook	3767.25	11.3%
阿里巴巴	3525.34	10.6%
奈飞公司（Netflix）	1167.23	3.5%
赛富时（Salesforce）	1047.82	3.1%
Paypal	990.88	3.0%

① 来源：麦肯锡全球研究所《中国数字经济：全球领先力量》。
② 来源：中国信息通信研究院《中国互联网行业发展态势暨景气指数报告（2019 年）》。
③ 来源：CNNIC 第 47 次《中国互联网络发展状况统计报告》。

续表

企业名称	市值（亿美元）	市值占前二十总和的比重
Booking Holdings	797.99	2.4%
雅虎（Altaba）	555.18	1.7%
百度	552.82	1.7%
Workday	351.30	1.1%
ServiceNow	319.24	1.0%
网易	309.11	0.9%
美团	307.84	0.9%
京东	302.81	0.8%
易昆尼克斯（Equinix）	283.42	0.8%
Ebay	270.27	0.8%
拼多多	248.59	0.7%
Snap	231.93	0.7%
合计	33 424.26	100.0%

来源：中国信息通信研究院

2. 互联网推动实体经济转型升级

“互联网+”行动深入实施，产业数字化规模大幅提升。2015 年 7 月，国务院印发《关于积极推进“互联网+”行动的指导意见》，指出要把互联网的创新成果与经济社会各领域深度融合，形成更广泛的以互联网为基础设施和创新要素的经济社会发展新形态。一方面，互联网新业态、新模式的蓬勃发展，产生巨大的“鲶鱼效应”，倒逼传统产业变革和升级；另一方面，互联网技术和互联网思维加速应用到传统产业设计研发、生产制造、流通销售等环节，以技术融合创新促进生产效率提升、组织管理变革，并发挥其基础性、战略性、带动性作用，推动产业链协同发展。随着“互联网+”行动走深走实，我国产业数字化程度显著加深并成为增长主引擎，规模与增速均远高于数字产业化。

互联网加速农业现代化进程，极大地拓展农业发展空间。近年来，在以互联网、大数据、物联网为代表的信息技术的推动下，农业生产、农业电商、农产品溯源防伪、农业休闲旅游等领域均迸发出新活力。一是多个国家级、省级重要农产品大数据平台落地推广，既有效促进产销精准对接，也促使网上销售农产品质量安全监管不断加强；二是首颗农业高分观测卫星“高分六号”于 2018 年成功发射，并结合无人机和地面系统，助力田间管理、精准作业等多个环节，为实现“空天地”一体化监测的智慧农业奠定坚实基础；三是北斗导航农机自动驾驶系统等智能化工具设备逐渐市场化，在全国多个省市推广应用，极大地提高农业劳动生产率，无人农场初现雏形；四是众包共享、线上线下融合发展等互联网理念渗透到农业发展中，催生农村旅游、农产品交易新模式。例如，“共享农庄”在线平台吸引城市居民体验乡村农事生活，盘活闲置农宅院和农田；虚拟农场游戏通过线上经营农场、虚拟种植，线下兑换生鲜品及特色农产品，为农村和农场引流。总体来看，互联网促进农业标准化、规模化生产，集约化、品牌化运营，为农业增产增收创造条件。

互联网促进工业智能化转型，为制造强国建设提供动能。近年来，信息技术加速向工业领域渗透，设计、工艺、装备、管理、服务全面升级，柔性制造、网络制造、绿色制造、智能制造不断发展①，全国 31 个省（区、市）均出台工业互联网相关政策规划，多个国家级、省市级工业互联网产业示范基地建设成型。总体来看，工业互联网平台在已有产业基础和网络基础的支撑下快速发展，促进产品研发协同化、制造流程数字化、工厂管理智能化，极大地推动工业降本增效，成为信息化和工业化深度融合的突破口。据统计，具备行业、区域影响力的工业互联网平台超过 80 家，工业设备连接数超过 6000 万台②；此外，工业 App 创新活跃、增长显著，为支撑工业领域的数字化转型发挥重要作用。与此同时，我国工业互联网正处在上云、上平台的关键阶段，基础设施即服务（IaaS）模式发展成熟度较高，而平台即服务（PaaS）和软件即服务（SaaS）模式发展水平有待进一步提高。

互联网促进服务业数字化，为服务业创造丰富的就业生态。作为当前国民经济第一大产业，服务业经济体量大、增长速度快，与互联网融合的技术门槛相对较低，促使其数字化转型持续保持领先水平，发展快于工业和农业。与此同时，在新一代信息技术的推动下，制造业和服务业融合加快，部分生产制造型企业正打造“设计—制造—服务”一体化的先进服务型制造模式，逐渐向服务型企业发展转变。借助互联网平台，物流运输业平均等货时间可缩短 80%，柜台收银业务平均效率可提升 60%。保险、广播电视、资本市场服务、公共管理、邮政、教育等服务业细分领域的数字经济占比在 40%以上，超过九成的行业数字经济比重在 10%以上③，总体呈现良好的发展势头，并加快向提质增效方向转变。更重要的是，在经济增长放缓的大背景下，基于互联网的服务业平台在稳定经济增长和吸纳就业上也发挥了关键作用，创造了包括外卖骑手、物流快递员、网约车司机等在内的新型就业机会，提供了千万个就业岗位，有力推动我国城镇人口就业率稳步提升。

---

① 曾宇．以新一代信息技术驱动我国数字经济发展[N]．经济日报，2018 年 5 月 24 日．

② 来源：中国工业技术软件化产业联盟。

③ 来源：中国信息通信研究院《中国数字经济发展与就业白皮书（2019 年）》。

3. 互联网助推区域经济结构优化

产业互联网助力区域经济新突破，推动区域协同发展。我国区域经济具有明显的地域性和产业化特征，发展产业互联网成为打造区域经济增长新引擎的有效途径。近年来，各地方政府加大政策和资金扶持力度，统筹协调区域内高新产业园区建设，进一步激发互联网与区域经济发展之间的相互促进作用。例如，京津冀大力推进大数据综合试验区、雄安新区互联网产业园等一批高水平协同创新平台建设，并鼓励互联网金融企业通过设立分支机构等方式，服务区域协同发展；贵州建立全国首个国家级大数据综合试验区和全国首个大数据交易所，并依托大数据产业发展优势为西部地区吸引超过 9000 家大数据企业和苹果、华为等行业巨头，大力促进西部地区经济发展；新疆、广西等地大力建设信息产业园，成为“数字丝绸之路”建设的重要门户，助推“一带一路”沿线省市快速发展。2020 年，我国长三角、珠三角、西北、京津冀、东北等地区数字经济增速均超过 10%，超过 12 个省市的数字经济占 GDP 的比重在 30%以上[①]。总体来看，互联网推动形成集群化的现代产业模式，并通过要素流动、信息共享、产业转移等促进区域协同发展，增强我国经济韧性，保障经济持续健康稳定发展。

互联网促进农村产业融合，成为乡村振兴的重要驱动力。党的十八大以来，我国积极推动“宽带中国”“互联网+”等战略计划向农村延伸，促进电商、共享经济等新业态向农村渗透，推动“大众创业、万众创新”在农村深度发展，促使农村经济实现跨越式发展。一是依托“互联网+”推动农村第一、二、三产业融合发展，实现供应链重构、产业链整合、价值链提升和利益链共享，形成更为合理的产业分工体系，全面促进农村产业结构优化；二是通过建设益农信息社、农村双创平台等，大力推进互联网信息服务进村入户，引导资金、技术、人才等资源从城市流向农村，吸引大量返乡创业人员，进一步释放农村经济发展活力；三是农村电商促进农产品流通，提升产品附加值，成为农民增收获益、农村经济发展的“助推器”。2020 年，农村电商交易额达 1.79 万亿元，较 2013 年增长 10 倍以上[②]。总体来看，互联网促进城镇和农村之间的要素双向流通，对实施乡村振兴战略、助力城乡协调发展发挥重要作用。

1.1.3 工业互联网全方位推进，以跨界融合激发“新动能”

1. 工业互联网迈向实践深耕阶段

2017 年 11 月，国务院印发《关于深化“互联网+先进制造业”发展工业互联网的

① 来源：中国信息通信研究院《中国数字经济发展白皮书（2020 年）》。

② 来源：商务部。

指导意见》，明确提出到2020年，要培育30万个工业App，推动30万家企业应用工业互联网平台；到2025年，要形成3～5家具有国际竞争力的工业互联网平台，实现百万个工业App培育及百万家企业上云。当前，我国工业互联网已加速进入实践深耕阶段，网络、平台、安全三大体系已经实现了全方位突破发展，标识解析体系不断完善，平台供给能力持续提升，融合应用范围加快拓展，安全保障体系初步建成；不仅通过机器换人、设备连接和交易撮合助力企业提升效率、降低成本，更通过多边、开放和交互的平台将设备、生产线、工厂、供应商、产业和用户融合，实现全要素、全产业链、全价值链的全面连接。我国工业互联网的快速发展为制造强国建设提供了关键的支撑，为网络强国建设提供了重要的发展机遇，为经济转型升级提供了新动能。

2. 工业互联网应用案例引领发展

行业巨头的标杆案例不断形成，众多制造业从业者对于工业互联网的态度已然发生改变：从不认同、不理解，转变为开始思考如何应用工业互联网才能使企业在面对日益复杂的商业竞争时，保持竞争力与旺盛的生命力。在世界经济论坛（WEF）发布的“灯塔工厂[①]”名单中，我国有多家企业入选，体现了我国工业科技创新正在形成竞争力。工业互联网平台企业积极与新兴前沿技术融合创新发展，培育出了“平台+5G”“平台+AI”等一批创新解决方案。例如，海尔COSMOPlat孕育出建陶、房车、农业等15个行业生态。“AI+工业”领域越来越受到制造业的关注，视觉检测成为发展热点，人工智能质检不断突破技术难题，降低用工成本。工业机器人创新引领无人工厂和工业物流的革新，提升企业自动化发展水平。智能制造业设备、光伏设备、半导体设备等领域均已培育出了一家或多家国产核心供应商，加快供应链国产化的发展。

1.1.4 中国模式惠及全球网民，以共建共享释放“新红利”

1. 超七成国民参与互联网共建共享

互联网普及率持续攀升，超七成国民成为互联网网民。近年来，在网络基础设施加快建设、移动上网设备迅速普及、网络应用日益丰富等因素的共同推动下，我国网民规模和互联网普及率均保持稳步增长。2013年12月至2020年12月，我国网民规

① “灯塔工厂”是由世界经济论坛和麦肯锡咨询公司共同遴选的“数字化制造”和“全球化4.0”的示范者。它的评判标准包括是否拥有第四次工业革命的所有必备特征，具体包括自动化、工业物联网（IIOT）、数字化、大数据分析、第五代移动通信（5G）等技术。

模由 6.18 亿人扩大至 9.89 亿人，超过欧盟和美国网民规模的总和，约占全球网民总数的 20%以上；互联网普及率由 45.8%提高到 70.4%（如图 1-9 所示），比全球互联网平均普及率高 13 个百分点以上[①]；越来越多的中国人民通过互联网获取便利的生活服务，参与网络社会建设，共享美好发展成果。但也应注意，我国互联网普及率与欧美发达国家互联网平均普及率（约 86.6%）相比存在一定差距[②]，仍有较大上升空间。

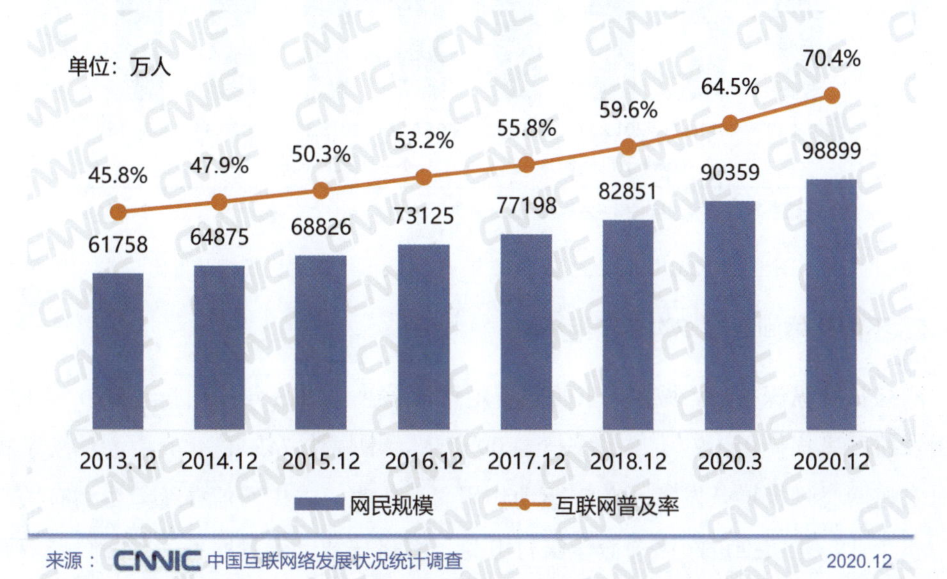

图 1-9 2013 年 12 月至 2020 年 12 月我国网民规模及互联网普及率

移动智能终端迅速普及，手机网民成增长主力。党的十八大以来，有关国家部门统筹协调社会各界力量，不断扩大 3G/4G 移动网络覆盖范围，加大对移动用网的政策扶持和资金优惠力度，为广大网民提供智能化、个性化的手机终端和移动应用，手机上网门槛稳步降低，推动我国移动互联网用户规模快速增长。2013 年 12 月至 2020 年 12 月，我国手机网民规模由 5.00 亿人增长至 9.86 亿人，高于总体网民增长速度；使用手机上网的比例由 81.0%增长至 99.7%[③]（如图 1-10 所示），同时我国有三成以上的网民仅使用手机上网，体现出移动终端普及对网民增长的显著贡献。与此同时，网民中使用平板电脑上网的比例由 2018 年 12 月的 29.8%下降为 2020 年 12 月的 22.9%，下降趋势明显；而智能手环、智能手表等可穿戴设备已然兴起，促使移动智能终端行业格局发生新变化。

---

① 来源：CNNIC 第 33 次至第 47 次《中国互联网络发展状况统计报告》。

② 来源：国际电信联盟。

③ 来源：CNNIC 第 33 次至第 47 次《中国互联网络发展状况统计报告》。

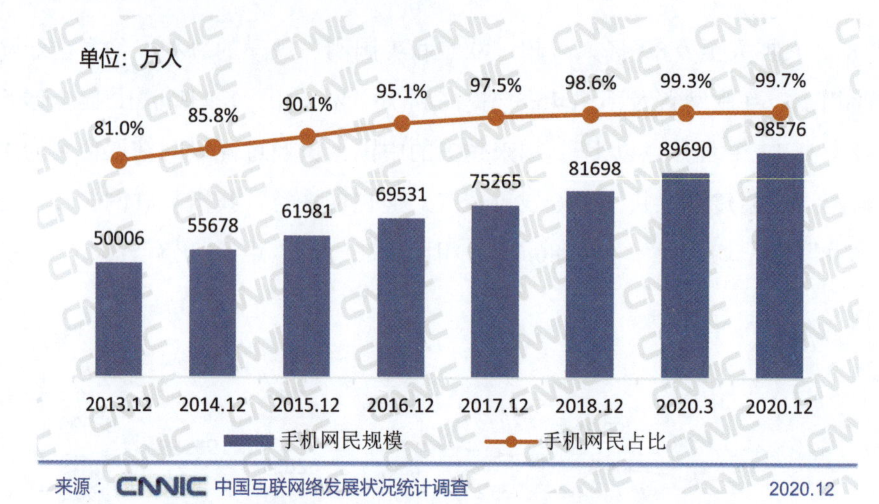

图 1-10　2013 年 12 月至 2020 年 12 月我国手机网民规模及占比

2. 不同群体间数字鸿沟逐渐缩小

网络扶贫纵深推进，城乡、东西部差距逐渐缩小。2013 年 12 月至 2020 年 12 月，我国农村网民规模由 1.77 亿人增长至 3.09 亿人，增幅达 74.6%[①]。其中，移动手机普及对农村网民规模增长发挥了关键驱动作用。近年来，中央网信办统筹协调有关政府机构和企业，扎实推进网络覆盖、农村电商、网络扶智、信息服务、网络公益等网络扶贫重点工程，形成打赢脱贫攻坚战、助力乡村振兴的强大合力。在此背景下，便利、优惠、低门槛的移动互联网在农村迅速普及，城市优质的互联网应用服务加快向农村贫困及边远地区延伸，农村生产生活方式得到极大改善，农村地区生产发展动力明显增强，促进城乡数字鸿沟进一步缩小。此外，从地区差异来看，中部地区网民规模增长最快，西部地区次之，均高于网民总体增长速度，由此推动区域互联网普及率差距逐渐缩小。互联网打破了地域限制，促进了资源的合理配置和信息的快速流通，为全国各地的人民群众共享数字红利提供了平台。

互联网向不同背景群体加速渗透，极大地促进社会公平。一是未成年及银发网民[②]群体占比提高。截至 2020 年 12 月，18 岁以下未成年网民规模达 13 755 万人；50 岁以上银发网民规模达 25 452 万人；未成年及银发网民占本年龄段人口的比重较 2013 年 12 月均提升 15 个百分点以上。二是女性网民群体占比提高。2013 年 12 月至 2020 年 12 月，我国网民中女性网民规模由 2.72 亿人增长至 4.85 亿人，增幅达 78.3%，高于总体网民增幅（60.1%）；女性网民占网民总体的比重从 44.0%提升至 49.0%，越来

① 来源：CNNIC 第 33 次至第 47 次《中国互联网络发展状况统计报告》。

② 未成年网民指年龄在 18 岁以下的网民，银发网民指年龄在 50 岁以上的网民。

越接近总人口中女性人口所占比重（49.8%）。三是初中以下学历网民群体占比提高，由2013年12月的47.9%提升至2020年12月的59.6%。由此可见，年龄、性别、学历不再是人们接触新事物、拓展新视野的阻碍因素。更重要的是，互联网创造了多元化的就业机会和方式，提供了低成本、低门槛的创业平台，释放出草根创新活力，全面、深刻影响我国就业格局，为广大人民提供了更为公平的发展机会。

3. 互联网“中国热”渗透海外网民

我国互联网企业出海方式不断升级，促使全球互联网行业刮起“中国风”。近年来，我国互联网企业完成从模仿者到创造者的蜕变，加快出海发展、加深全球化进程，将成熟的技术、商业模式、发展经验带到海外，为海外用户提供丰富的互联网产品及服务。例如，在娱乐方面，2020年，我国自主研发的游戏在海外市场的实际销售收入折合人民币首次超过千亿元，同比增长超过30%①；多款游戏在Google Play免费榜、iOS免费榜和畅销榜上排名前列，我国网络游戏行业已实现从引进到反哺的转变。在远程医疗方面，通过打造云端医院集群网络格局，我国实现优质互联网医疗服务的成功输出，促进我国与周边及沿线国家在医疗卫生领域互利共赢。

1.1.5 移动应用发展世界领先，以供给创新满足“新需求”

1. 互联网搜索服务满足个性化信息需求

智能搜索引擎发展迅速，降低网民获取信息的时间和资金成本。作为互联网基础应用，搜索引擎应用成为网民获取信息的重要渠道。从用户层面看，2013年12月至2020年12月，我国搜索引擎用户规模由4.90亿人增长到7.70亿人，增幅为57%，与网民总体规模增速基本保持同步；手机搜索引擎用户规模由3.65亿人增长到7.68亿人（如图1-11所示），增幅为110%。从市场层面看，移动端搜索流量已超过电脑端，搜索引擎移动化全面加速；百度、搜狗、360、今日头条等不断发展其商业搜索引擎产品，人民日报、新华社、中央电视台等中央新闻单位联手推出国家级搜索引擎产品“中国搜索”，注重国情理论、官方新闻等垂直内容，使搜索引擎市场在稳步发展的同时迸发出新活力。此外，人工智能技术持续改进推荐算法，帮助搜索引擎更好地理解用户个性化的信息需求，提供更专业、更高价值的搜索服务；并结合语音识别、图像识别、自然语言处理等技术促进交互方式多样化，提高搜索内容精准度，不断优化用户体验。

---

① 来源：中国音数协游戏工委、中国游戏产业研究院《2020年中国游戏产业报告》。

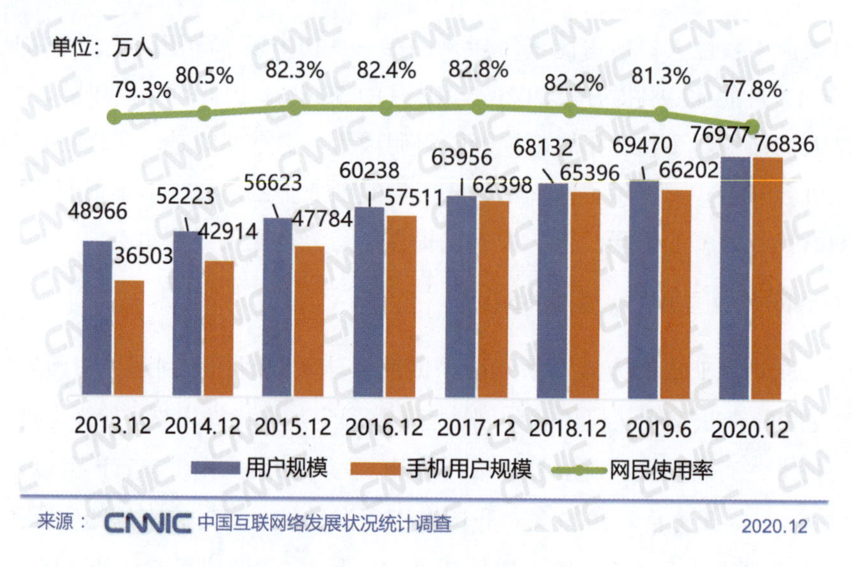

图 1-11　2013 年 12 月至 2020 年 12 月我国搜索引擎用户规模及网民使用率

2. 互联网 O2O 平台满足便利化生活需求

在线旅行预订用户规模快速增长，为网民出游消费带来极大的便利。当前，互联网已渗透到网民出游消费的诸多领域，如打车出行、火车票购买、旅游团票预订等，为网民省去传统购票模式下所需付出的时间成本。2013 年至 2020 年，在网上预订过机票、酒店、火车票或旅游度假产品的网民规模由 1.81 亿人增长到 5.89 亿人，年复合增长率为 18.4%，网民使用率由 29.3%提高到 59.6 %；其中，网上预订火车票用户规模由 1.52 亿人增长至 2.63 亿人，年复合增长率为 8.1%，网民使用率由 24.6%提升至 26.6%①，仍是网民使用率最高的旅行预订类服务。特别地，针对“抢票大战”等现象，有关部门积极探索验证码升级、网络候补购票等手段，对维护网络购票公平具有一定的积极作用。受新型冠状病毒肺炎（以下简称新冠肺炎）疫情影响，短期来看，在线旅行预订行业受到较大冲击，用户规模大幅下降。截至 2020 年 12 月，我国在线旅行预订用户规模达 3.42 亿人，较 2018 年 12 月减少 16.6%，网民使用率为 34.6%，较 2018 年 12 月下降 14.9 个百分点（如图 1-12 所示）。

网上外卖提供方便、快捷的就餐服务，并加速向综合生活服务平台过渡。近年来，外卖平台通过整合本地餐饮商家，并利用人工智能技术升级物流调度引擎、提升送餐时效，极大地解决了城市快节奏生活中的痛点问题。2015 年 12 月至 2019 年 6 月，我国网上外卖用户规模由 1.14 亿人增长到 4.21 亿人，网民使用率由 16.5%迅速提升至 49.3%；手机网上外卖用户规模由 1.04 亿人增长到 4.17 亿人（如图 1-13 所示），年复

① 来源：CNNIC 第 33 次至第 47 次《中国互联网络发展状况统计调查报告》。

合增长率超过 40%，是增长最快的应用之一[①]。受新冠肺炎疫情影响，截至 2020 年 12 月，我国网上外卖用户规模小幅下降至 4.19 亿人，占网民整体的 42.3%；手机网上外卖用户规模达 4.18 亿人，占手机网民的 42.4%。一方面，随着网上外卖服务向三四线城市不断下沉，以及用户习惯的基本养成，网上外卖用户规模和网民使用率有望继续增长，共同助推网上外卖行业快速发展；另一方面，随着智能配送系统的加持，外卖平台企业的即时配送能力不断提高，服务场景由餐饮拓展至生活超市、医药健康、生鲜果蔬、鲜花绿植等多个品类，外卖平台加速成长为综合型生活服务平台。

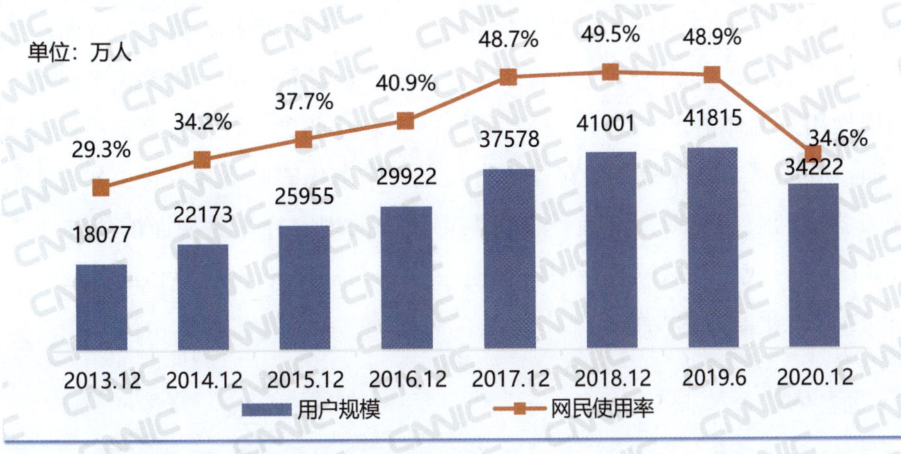

图 1-12　2013 年 12 月至 2020 年 12 月我国在线旅行预订用户规模及网民使用率

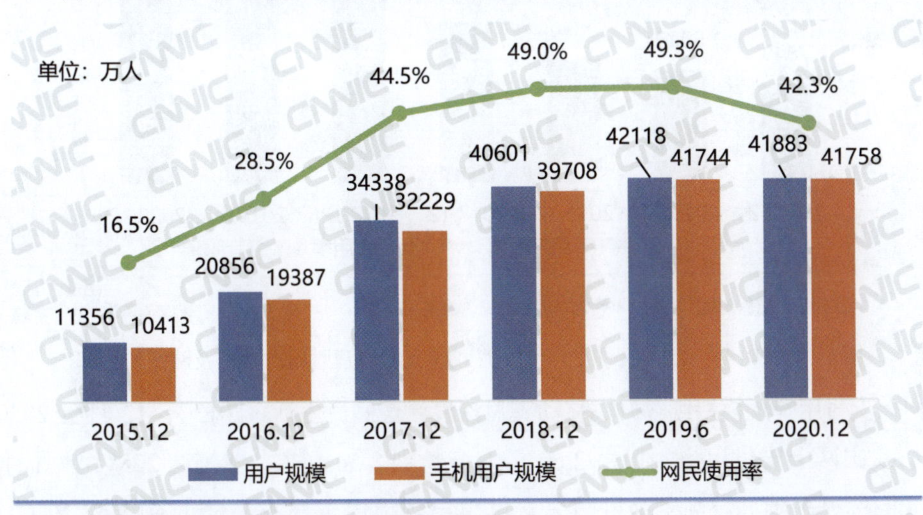

图 1-13　2015 年 12 月至 2020 年 12 月我国网上外卖用户规模及网民使用率

① 来源：CNNIC 第 33 次至第 47 次《中国互联网络发展状况统计报告》。

3. 互联网普惠金融满足大众化金融需求

互联网金融多元化发展，为大众提供低门槛、低成本的个人金融服务。2015 年 12 月，国务院印发《推进普惠金融发展规划（2016—2020 年）》，指出要借助互联网等现代信息技术手段，拓展普惠金融服务的广度和深度。不同于普通消费者难以企及的传统金融服务，互联网金融平台具有投资门槛低、交易成本少、服务半径大、流动性快等优势，更加符合大众化的投资理财需求。2014 年 12 月至 2020 年 12 月，我国互联网理财用户规模由 7849 万人增长到 1.70 亿人，年复合增长率为 13.9%，网民使用率由 12.1%提高到 17.2%[①]（如图 1-14 所示），保持快速增长态势。一方面，互联网理财、互联网众筹、互联网保险等细分化的互联网金融新产品、新模式层出不穷，深耕不同层次用户群体需求，进一步推动互联网金融行业更好践行普惠金融发展理念；另一方面，互联网金融风险依然存在，有待通过常态化的监测和监管工作进行防范，切实保障各方利益。受新冠肺炎疫情影响，用户的理财行为更加谨慎和理性，截至 2020 年 12 月，我国互联网理财用户规模为 1.70 亿人，占网民整体的 17.2%，较于 2018 年 12 月水平略有提高。

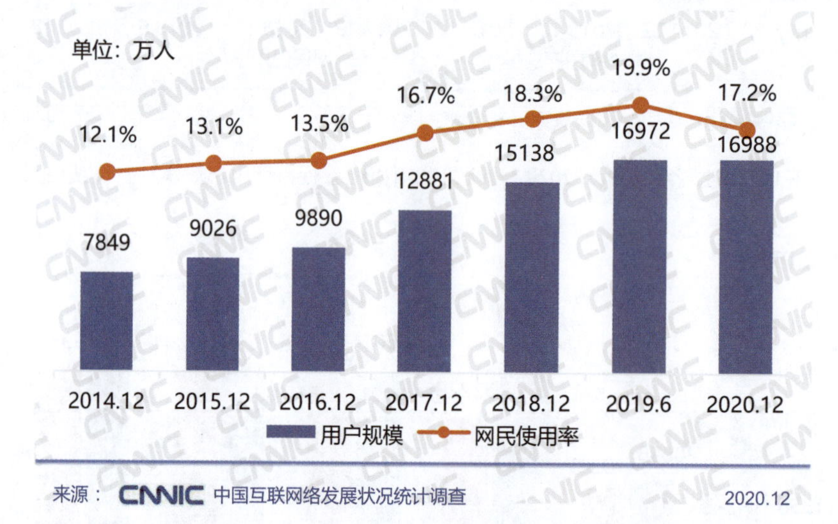

图 1-14　2014 年 12 月至 2020 年 12 月我国互联网理财用户规模及网民使用率

网上支付用户规模持续攀升，移动支付深度渗透网民生活。2013 年 12 月至 2020 年 12 月，我国网上支付用户规模由 2.60 亿人增长到 8.54 亿人，增幅达 228%，网民使用率由 42.1%提高到 86.5%；手机网上支付用户规模由 1.25 亿人增长到 8.53 亿人（如图 1-15 所示），增幅达 582%[②]。随着线上线下融合步伐的加快，网上支付加快向线下支

① 来源：CNNIC 第 33 次至第 47 次《中国互联网络发展状况统计报告》。

② 来源：CNNIC 第 33 次至第 47 次《中国互联网络发展状况统计报告》。

付领域渗透，覆盖打车、用餐、购物、娱乐等线下生活场景，网上支付越来越普遍。同时，由于人们日常生活中小额度、碎片化、随机性交易的不断增加，移动支付业务呈现暴发式增长，超过一半的网民在线下实体店购物时使用移动支付结算。此外，网上支付平台深入开展与各级政府、公共服务机构和社区的合作，陆续打通涉及民生类的缴费环节，以网上支付为核心的在线民生服务体系初步建立，极大地提升公共服务效率。

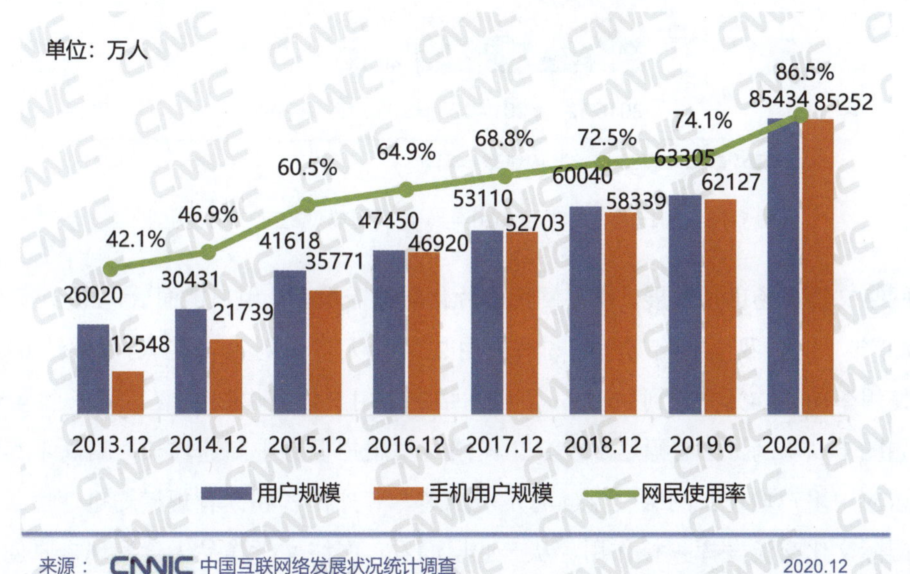

图 1-15 2013 年 12 月至 2020 年 12 月我国网上支付用户规模及网民使用率

4. 互联网社交娱乐满足多样化精神需求

互联网社交不断发展壮大，促进网络虚拟世界向现实世界无限靠近。互联网打破时空限制，以个体用户为节点连接全球网民，形成庞大而无处不在的社交网络，让参与其中的网民能随时随地沟通、交流和分享，极大地拓展了网民在现实世界中的社交活动。截至 2020 年 6 月，我国社交应用用户规模达 8.69 亿人，占网民整体的 92.5%；微信朋友圈、QQ 空间、微博使用率分别为 85.0%、41.6%、40.4%（如图 1-16 所示），社交应用已成为网民消费碎片化时间的主要渠道。近年来，基于关系链的深度社交、基于兴趣专业等的垂直社交均快速发展，并与其他互联网应用相结合，电商、短视频、网络游戏等多个领域纷纷引入社交元素，形成泛社交流量价值的延展，进一步提升用户规模和用户黏性。未来，随着 5G、人工智能、VR/AR[①]等技术的落地，沉浸式的社交体验将为互联网社交带来变革，为网络虚拟世界增添更多真实感。

---

① VR，全称 Virtual Reality，指虚拟现实；AR，全称 Augmented Reality，指增强现实。

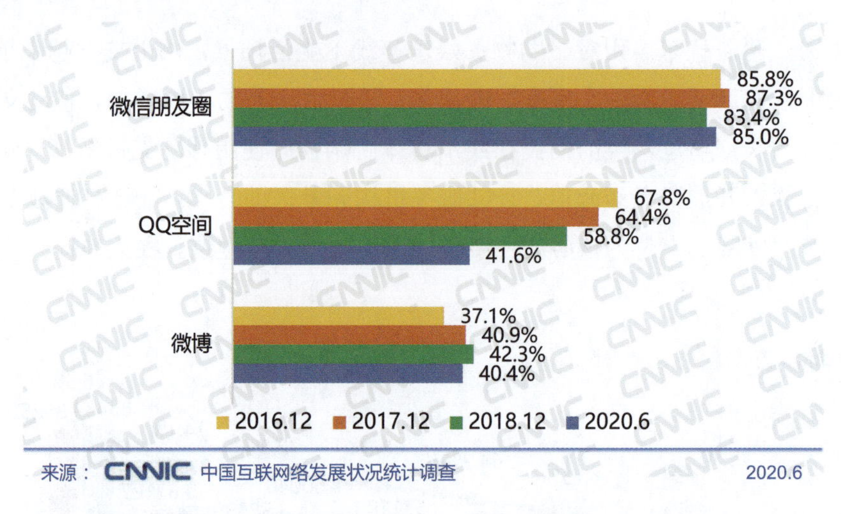

图 1-16　2016 年 12 月至 2020 年 6 月我国典型社交应用使用率

网络文学市场迅猛发展，满足网民碎片化阅读需求。从用户层面看，2013 年 12 月至 2020 年 12 月，我国网络文学用户规模由 2.74 亿人增长到 4.60 亿人，增幅达 67.9%，网民使用率由 44.4%提高到 46.5%；手机网络文学用户规模由 2.02 亿人增长到 4.59 亿人（如图 1-17 所示），增幅达 127%①。网络文学用户保持中高速增长，略高于其他网络娱乐应用用户增速。网络文学出海发展加速，海外作者和读者规模均迅速增长，为促进国际文化交流发挥积极作用。从产业层面看，网络文学作品大量涌现，原创文学 IP 资源成为游戏、影视、动漫等文娱产业的源泉和动力，赋能文化创意产业发展。同时，专用阅读器、各类阅读 App 日益成熟，极大地加快了网络文学作品的传播速度，提升了用户阅读体验。

网络音视频走向精品化，短视频带动大众参与内容生产。2013 年至 2020 年，我国网络音乐用户规模由 4.53 亿人增长到 6.58 亿人，网民使用率由 44.4%提升至 66.6%；2013 年 12 月至 2020 年 12 月，我国网络视频用户规模由 4.28 亿人增长到 7.04 亿人，网民使用率由 69.3%提高到 71.1%②（如图 1-18 所示）。与此同时，网络直播和短视频分别于 2016 年和 2017 年快速兴起。截至 2020 年 12 月，我国网络直播用户规模达 6.17 亿人，网民使用率为 62.4%；短视频用户规模达 8.73 亿人，网民使用率为 88.3%③。随着音视频内容生产走向专业化，同质化内容逐渐丧失竞争力，细分领域的优质内容成为各平台角逐的利器。此外，短视频平台与网络音乐、社交等不断融合，推动用户生成内容（UGC）

① 来源：CNNIC 第 33 次至第 47 次《中国互联网络发展状况统计报告》。
② 来源：CNNIC 第 33 次至第 47 次《中国互联网络发展状况统计报告》。
③ 来源：CNNIC 第 47 次《中国互联网络发展状况统计报告》。

及其展现形式不断创新，使行业内容生态更加丰富，满足用户展示与分享的诉求。

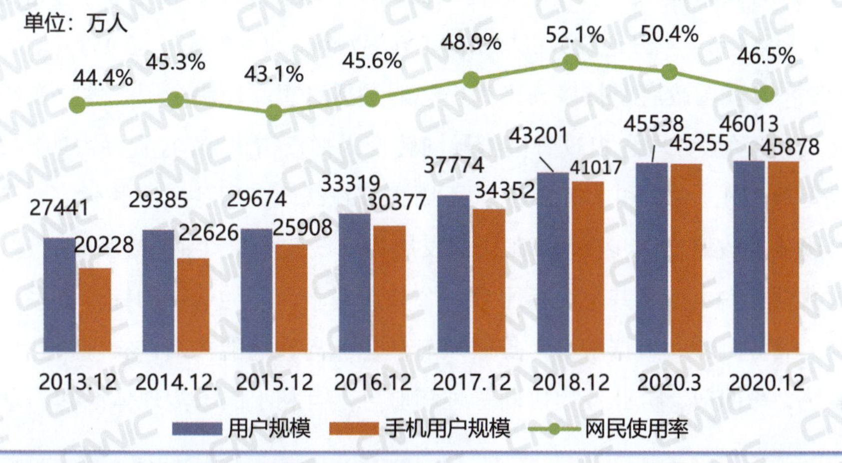

图 1-17 2013 年 12 月至 2020 年 12 月我国网络文学用户规模及网民使用率

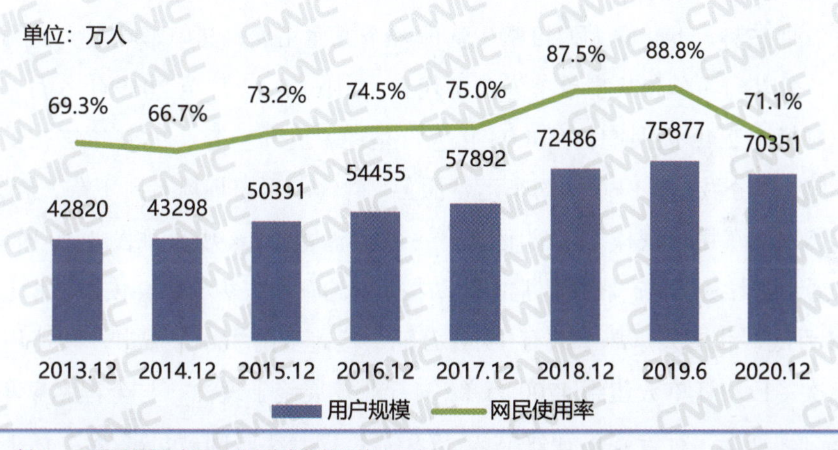

图 1-18 2013 年 12 月至 2020 年 12 月我国网络视频用户规模及网民使用率①

1.1.6 公共服务平台贴近群众，以政企联动创造“新效能”

1. 在线政务践行以民为本

在线政务效能持续提升，有力推动政府数字化转型。近年来，我国在线政务蓬勃

① 说明：短视频从 2017 年起迅速崛起，从 2018 年 12 月起，网络视频用户规模数据包含短视频用户，不再单列手机视频用户规模。

发展，用户规模持续扩大。我国在线政务服务用户规模由 2016 年 12 月的 2.39 亿人增长至 2020 年 12 月的 8.43 亿人，占整体网民的比例由 32.7%提升至 85.3%。与此同时，我国 31 个省（区、市）共开通政务机构微博 140 837 个，政务头条号 82 958 个，政务抖音号 26 098 个①。我国政府坚持以人民为中心的发展思想，加快全国一体化在线政务服务平台建设，推动服务理念由政府供给导向转变为群众需求导向，促使办事方式从“跑厅办”转变为“网上办”和“指尖办”，不断提高在线政务服务质量和效率，在构建利企便民的服务型政府上阔步前行。在快速发展的在线政务推动下，数字政府建设加速，形成集大数据平台、信息共享交换平台、公共服务平台等为一体的综合体系，并通过技术融合、业务融合、数据融合，打破政府信息孤岛和职能孤岛，实现跨层级、跨地域、跨系统、跨部门、跨业务的协同管理和服务，有利于国家治理体系和治理能力现代化。

2. 共享交通助力公共出行

共享交通用户规模暴发式增长，助推多方互利共赢。党的十八大以来，共享经济保持良好发展态势，不断向人们日常生活的各个方面拓展，其中影响最大的领域就是交通出行，尤以网约车和共享单车为典型代表。2016 年 12 月至 2019 年 6 月，我国网约车用户规模由 2.49 亿人增长至 4.04 亿人，呈逐年上升态势。2020 年年初受新冠肺炎疫情影响，部分城市暂停了网约车运营服务，网约车用户规模有所下降，至 2020 年年底，我国网约车用户规模达 3.65 亿人，占网民整体的 36.9%（如图 1-19 所示）。从中长期来看，随着复工复产和疫情常态化防控，网约车用户规模仍会恢复性增长。截至 2019 年 8 月底，我国共享单车共有 1950 万辆，覆盖全国 360 个城市，注册用户数超过 3 亿人次，日均订单数达到 4700 万单②，行业发展趋于理性。与全程私家车相比，“共享单车+地铁”出行方式提升效率达 17.9%③，仅一年时间就可减少 4 亿小时拥堵时间，节约 160 多亿元交通拥堵成本，创造社会联动价值超过 2000 亿元④。由此可见，以网约车、共享单车为代表的共享经济在提高社会效能、促进互惠共赢上的积极作用显著。

---

① 来源：CNNIC 第 47 次《中国互联网络发展状况统计报告》。

② 来源：中华环境保护基金会绿色出行专项基金、北方工业大学和国家信息中心分享经济研究中心联合发布的《中国共享出行发展报告（2019）》。

③ 来源：国家信息中心分享经济研究中心《共享单车行业就业研究报告》。

④ 来源：中国信息通信研究院《2017 年共享单车经济社会影响力报告》。

图 1-19 2016 年 12 月至 2020 年 12 月我国网约车用户规模及网民使用率

1.1.7 数字技术成为竞争焦点，以自主研发推动“新变革”

1. 网信企业自主研发能力增强

数字技术加速自主创新，论文专利数量全球领先。近年来，我国不断加快基础性核心技术和新兴技术的投入与研发，并借助应用领域的优势，推动数字技术创新能力突飞猛进，为网络大国转变为网络强国打下坚实基础。在 5G 领域，截至 2020 年 1 月，全球 5G 专利声明达到 95 526 项，申报的 5G 专利族 21 571 个，其中，中国企业声明的 5G 专利占比 32.97%①，位居全球首位；涉及核心网、传输网、无线网和终端四个层次的关键技术均取得突破进展；多项 5G 技术方案进入国际核心标准规范，极大地提升了我国在 5G 通信时代的国际话语权②。在大数据领域，我国相关专利申请量逐年增加，约占全球总量的 40%，位居全球第二，骨干互联网企业均已具备自主开发建设和运营维护超大规模大数据平台的能力。在人工智能领域，2019 年，我国已经发表人工智能领域的论文占全球 28%，而欧盟占 27%③，我国围绕新型算法和算力的探索不断加速。在区块链领域，我国专利数量和增速均位于全球第一，其体系架构、操作服务、共识机制等均持续演进，进一步推动区块链与其他信息技术密切融合。

2. 数字技术产业集群加速形成

数字技术产业发展潜力巨大，利好政策强化产业集聚效应。近年来，各级政府纷

---

① 来源：德国专利数据公司 IPlytics、柏林工业大学《5G 标准必要专利申报的事实发现研究》。

② 来源：CNNIC 第 47 次《中国互联网络发展状况统计报告》。

③ 来源：美国斯坦福大学《2019 人工智能索引报告》。

纷出台利好政策，布局 5G、大数据、人工智能、区块链、云计算、物联网等前沿技术领域，并依托企业、高校和科研机构资源，组建产业联盟、设立综合试验区、培育创新创业基地、推广技术创新试点示范城市，引领网信新兴技术产业创新发展。目前，我国 5G 产业在网络建设、中频段系统设备、智能终端等方面均位于全球第一梯队，5G 试点城市建设和商用推广不断加速。大数据与人工智能发展相互促进，核心产业规模和投融资规模迅速攀升，形成辐射范围广泛的创新生态圈，推动产业发展从前期探索阶段步入数字化引领、智能化发展的新征程。2019 年以来，多地地方政府在年度工作报告中指出要培育产业集群、推动高质量发展，并明确提出要重点打造新一代信息技术产业集群。在此背景下，数字技术相关产业集群将保持创新驱动、龙头带动、协同联动的良好发展态势，把比较优势变为竞争优势，推进区域一体化高质量发展。总体来看，我国经营范围涉及区块链的企业数已大幅增加，上、中、下游竞争均日趋激烈，但总体试验性项目多于落地项目，区块链产业发展潜力有待进一步释放。

3. 数字技术应用不断走向成熟

网信新兴技术应用场景丰富，加速与经济社会融合发展。随着网络基础设施建设的加快推进、技术成熟度的不断提高和产业链体系的逐渐完善，网信新兴技术应用加速落地，催生了一系列新产品、新应用和新模式。例如，在金融领域，2018 年，招商银行深圳分行通过系统直联深圳市税务局区块链平台，成功为客户开出首张区块链电子发票，有效规避假发票，完善发票监管流程。在文娱领域，2019 年，央视春晚利用 5G 首次进行 4K 超高清直播；网易上线云游戏[①]测试平台；腾讯开启首款云游戏内测体验招募，不断丰富用户体验。在制造业领域，机器人 3D 视觉引导系统、机器人智能分拣系统等陆续推出，通过计算机视觉识别物体及其三维空间位置，指导机械臂正确抓取，推动工业生产成本降低、效率提升。在生态治理领域，我国建成全球最大的环保物联网，基础支撑平台地市覆盖率超过 90%，有效助力生态环境和污染源实时监管。在智慧城市建设领域，阿里云结合大数据、人工智能等技术助力杭州建立“城市大脑”，覆盖范围达 420 平方千米，实时指挥 200 多名交警的日常工作，有效缓解杭州城市拥堵问题。新冠肺炎疫情发生以来，“城市大脑”从最初的缓解交通拥堵，发展到城市治理、疫情防控，助力防疫控疫工作顺利开展。总体来看，网信新兴技术应用正加速向经济社会的方方面面渗透，为制造强国、数字中国、智慧社会建设提供强大助力。

---

① 云游戏指以云计算为基础的游戏方式，在云游戏的运行模式下，所有游戏都在服务器端运行，并将渲染后的游戏画面压缩，通过网络传送给用户。

1.1.8 网络安全总体态势向好，以主动免疫筑牢“新防线”

1. 互联网法制进程不断加快

全面依法治网深入开展，筑牢网络安全大防线。党的十八大以来，党中央高度重视网络安全工作，就做好网络安全工作提出明确要求，为筑牢国家网络安全屏障、推进网络强国建设提供了根本遵循。2014 年 10 月，《中共中央关于全面推进依法治国若干重大问题的决定》出台，提出要“加强互联网领域立法，完善网络信息服务、网络安全保护、网络社会管理等方面的法律法规，依法规范网络行为”。此后，我国网络安全顶层设计不断完善，持续出台网络安全相关法律法规、配套制度及有关标准等，为加强网络空间治理、保障网络安全提供了强有力的法律依据。2015 年 8 月，网络违法犯罪入刑；2017 年 6 月，《网络安全法》正式实施，网络安全顶层设计得以强化；2018 年 1 月，《中华人民共和国反不正当竞争法》进一步规范网络经营者的市场行为；2018 年 7 月，北京和广州两地设立互联网法院；2019 年，《电子商务法》《中华人民共和国密码法》《信息安全技术 网络安全等级保护基本要求》等发布；2020 年，《网络信息内容生态治理规定》《信息安全技术 个人信息安全规范》等《网络安全法》配套规定落地施行，这一系列“组合拳”表明了我国依法治网、捍卫网络安全的决心。在此背景下，我国网络环境不断优化，网络空间安全、主权和发展利益得到切实保障，有力推动网络强国建设走深走实。

2. 网络安全痛点问题逐渐缓解

网民遭遇网络安全问题比例显著降低，切身利益获得保障。近年来，中央网信办统筹协调有关部门和地方政府，强化网络安全工作责任制，定期开展专项整治行动，形成保障网络安全的多方合力；开展网站安全、App 违法违规收集使用个人信息、“净网 2019”等专项活动，畅通钓鱼网站、不良信息等投诉举报渠道，不断加大网络违法犯罪打击力度；同时，加强网络安全宣传教育，提升网络安全意识和技能，共同维护广大人民群众的切身利益。近几年，我国未遇到网络安全问题的网民比例大幅上升，由 2016 年 12 月的 29.5%提升至 2020 年 12 月的 61.7%；与此同时，网民中遭遇过网络诈骗、个人信息泄露、账号或密码被盗、设备中病毒或木马的比例均不同程度地有所下降，除个人信息泄露外，下降幅度均超过 20 个百分点[①]（如图 1-20 所示）。

3. 网络安全防护能力持续增强

网络安全核心技术不断突破，安全监测能力快速提升。近年来，全球范围内的网

① 来源：CNNIC 第 37 次至第 47 次《中国互联网络发展状况统计报告》。

络攻击行动并未减少，对关键基础设施、供应链等的攻击持续增加，特别是在疫情推动数字化变革加速的同时，也对网络安全提出更高要求。2020 年上半年，国家互联网应急中心（CNCERT）共监测发现境内外约 1.8 万个 IP 地址对我国约 3.59 万个网站植入后门，境内遭篡改的网站约 7.4 万个，捕获计算机恶意程序样本数量约 1815 万个。与此同时，随着云计算、大数据、物联网、工业互联网和人工智能等新技术、新应用的快速发展，网络安全的内涵和外延正不断延展，给我国网络安全发展带来了新一轮的机遇和挑战。在此背景下，我国加快安全领域核心技术创新，研究构建多层次的网络安全技术保障体系，加强集风险漏洞扫描、运行状态监测等为一体的网络安全态势感知平台的建设和推广，不断提高安全防护能力和处置效率，有力保障互联网络和信息系统安全稳定运行。

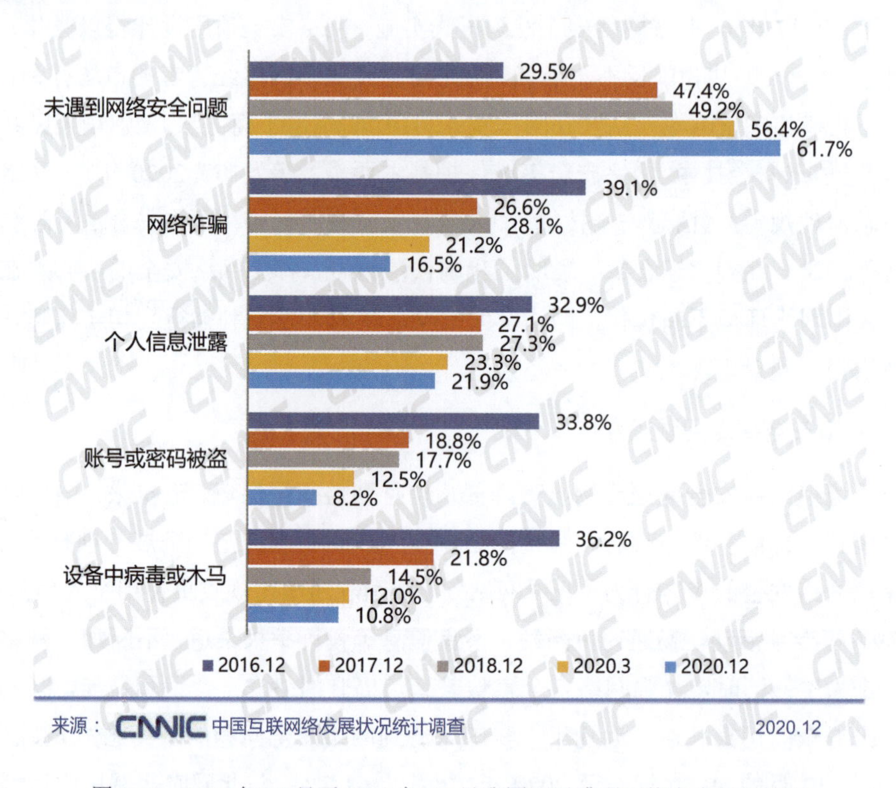

图 1-20　2016 年 12 月至 2020 年 12 月我国网民遭遇网络安全问题情况

1.2　“中国转型”依托互联网升级发展八大趋势

当前，我国互联网在经过以信息基础设施建设、人口红利释放为特点的起步期，以互联网平台扩张、互联网应用普及为特点的加速期之后，步入一个崭新的、以新兴技术融合创新为背景的转型期，并呈现出以下发展趋势：一是新主体，农村网民、低龄网民、银发网民数量迅速增多，不断催生出互联网经济新蓝海；二是新客体，随着5G、人工智能、物联网等新兴技术的成熟，互联网产品及服务不断推陈出新，促使产业链出现结构性改变；三是新模式，互联网新业态加速涌现，众包、共享、线上线下融合发展等成为热点，创造出独具特色的中国模式并逐步向国际扩散；四是新场景，互联网应用突破网购、娱乐等主要领域，实现从衣食住行到旅游、医疗、教育，再到生产管理、社会治理的全场景覆盖；五是新生态，企业不断向平台化、生态化演进，形成开放、共享、协同、创新的产业生态圈。总体来看，随着新兴技术渗透到经济社会运行的方方面面，未来我国互联网将朝着"用户需求个性化、产品服务智能化、应用场景多元化、产业联盟集群化、万物互联无界化、社会管理现代化"的方向不断发展，数字化融合创新与综合治理将成为这一阶段的发展重点，为 14 亿多中国人民共享数字红利、开启智能红利提供更加广阔的空间。

1.2.1　"新基建"畅通万物互联时代发展大动脉

5G 网络将全面应用，推动移动互联迈向万物互联、智能互联。自 20 世纪 80 年代以来，移动通信网络几乎保持着每十年迭代一次的速度，不断实现核心技术突破。2019 年 6 月，5G 商用牌照正式发放，标志着我国 5G 相关产业链体系已逐渐成熟，正式进入 5G 商用元年。与前四代通信技术相比，5G 技术具有高速率、大容量、低时延等显著优势，以及支持移动和用户泛在两大特性，它的连接和覆盖无处不在，推动万物互联时代加速到来。随着 5G 和人工智能、工业互联网、物联网等新型基础设施建设的不断完善，传统基础设施智能化水平将大幅提升，构建高速、智能、泛在、安全、绿色的新一代信息网络，形成适应数字经济与实体经济融合发展需要的信息基础设施体系，最终驱动万物互联向智能互联演进。预计在未来几年内，我国将进一步扩大 5G 在增强移动宽带（eMBB）方面的应用普及。例如，在文娱媒体领域，打造覆盖影视、音乐、游戏、动漫的超清晰、全场景、沉浸式的体验形式，全面革新用户视听体验，释放数字内容消费活力。此外，5G 在海量机器类通信（mMTC）、超高可靠超低时延通信（uRLLC）等方面的应用也将进一步扩大，将在大规模物联网、工业自动化、远程医疗等领域催生大量创新应用和业态，不断改变社会连接方式、提升社会运行效率。

IPv6 部署将全面落地，成为下一代互联网产业的"大动脉"。作为互联网的重要基础资源，IPv6 是发展移动互联网、大数据、人工智能、物联网、云计算等新兴技术、实现万物互联的基础条件之一，与 5G 一样是转型发展的核心驱动力。2017 年 11 月，中共中央办公厅、国务院办公厅印发《推进互联网协议第六版（IPv6）规模部署行动计划》，提出到 2025 年年末，我国 IPv6 网络规模、用户规模、流量规模位居世界第一位，网络、应用、终端全面支持 IPv6，全面完成向下一代互联网的平滑演进升级，形成全球领先的下一代互联网技术产业体系。预计在未来 3～5 年内，我国将围绕 IPv6 网络芯片、操作系统、终端设备、安全系统等一系列关键领域开展核心技术攻关，不断提升 IPv6 网络质量和服务性能，持续推进网站及应用改造、骨干网 IPv6 互联互通、IPv6 网络国际出入口扩容、内容分发网络和云服务平台 IPv6 升级等重点工作。在此背景下，IPv6 流量和用户规模将进一步提升，下一代互联网自主技术体系和产业生态加速形成，为我国互联网的发展提供强大支撑。

1.2.2 软规则与硬手段协同助力无边界治理

软规则与硬手段更加完善，促使数字治理“阵地大前移”。一是数字治理顶层制度框架将不断完善和优化。全国各地将加速构建数字治理顶层制度框架，涵盖建设运营、数据管理、政务服务、监管考核等，研究制定包括服务标准化、数据共享、技术应用、安全管理等方面的标准规范体系，通过制度框架保障数字治理持续、健康、有序开展。二是新技术场景将持续赋能数字治理能力。数字治理能力的持续提升离不开对先进技术的融合应用。数字经济时代中新技术、新业态、新实践层出不穷，大数据、人工智能、区块链、5G 等信息技术在数字治理中的应用，将不断推动治理创新与技术创新的结合，促进公共服务智慧化、社会治理精细化、安全监管精准化水平不断提升。三是多主体无边界治理云平台将成为数字治理新平台。联合政府、互联网企业、第三方平台等多主体，统筹整合各类信息系统的统一数字平台——无边界治理云平台，将成为使内部管理与对外服务有机统一的新型数字治理平台。这一平台通过在数字空间创建由多主体组成的各种“工作组”，可打破政府机构之间、政府机构与市场主体之间的界限，实现更广泛的协同共治和自主治理。这不仅是一种新型治理形态，也将发展形成新型组织文化。

数字政府将步入高速发展期，加快构建新一代社会治理体系。作为政府改革与治理能力建设的着力点和突破口，数字政府运用新一代信息技术来优化办事流程以提高政务服务效能，畅通信息渠道以感知社会态势，释放政务数据价值以辅助科学决策，从治理理念、组织架构、体制机制等方面全方位推进国家治理体系和治理能力现代化。预计在未来几年内，我国数字政府建设将在各部门、各地方的推动下进入高速发展期，走上机制顺畅、数据融通、集约高效的发展轨道，以智能机器人进行服务咨询、以区块链助力数据可信交换、以大数据实现精准治理等将成为未来我国政府的标配。与此同时，网络虚拟社会不仅与现实社会重叠交织，形成线下线上相互影响的新型公共空间，也因其匿名、开放、自组织等特性暴露出不少新问题，对国家治理体系和治理能力提出新要求。因此，我国在不断完善网络空间相关法律、法规和政策的同时，将结合时代发展新特征，加快更新社会治理体系。未来，我国社会公众对社会治理的参与度将不断提高，促使治理主体及路径呈现更加明显的多元化、协同化特征，从而推动社会治理体系的网络化、平台化。政府通过平台听民声、解民困，通过民众的"数字回声"不断提升服务水平，形成共策、共商、共建、共治的新一代社会治理体系。

1.2.3 数字化转型将开启新一轮经济上升期

数字经济将继续发挥强大的抗冲击能力，成为"后疫情时代"经济发展的重要引擎。新冠肺炎疫情发生以来，以数字技术为基础的新产业、新业态、新模式异军突起，线上零售、线上教育、远程办公、视频会议等表现亮眼，成为对冲经济下行压力的"稳定器"。越来越多的国家意识到发展数字经济的重要性和紧迫性，对信息技术投入和政策支持的力度明显加大。未来 5 年，大数据、人工智能、物联网、区块链等技术创新将释放出巨大的发展潜力，推动未来产业释放出海量数字红利，成为"后疫情时代"经济发展的引擎。据此，我国数字化转型将不断加速，有效激发国内外需求，创造更多投资机会，拓展生产可能性边界，不断转变发展方式、优化经济结构、转换增长动力、激发创新活力、形成比较优势，从而加速进入全面数字化的战略机遇期，开启新一轮经济上升期。可以预见，我国经济结构将不断向线上迁移，数字经济占 GDP 的比重有望超过 50%，在数字经济时代的国际竞争中占据制高点、赢得主动权。

在新技术和新需求的双重驱动下，互联网应用仍将保持快速增长。我国互联网应用在经历市场洗牌和监管规范后，加速进入提质升级新阶段，其布局不断优化、模式更加多元，轻应用井喷式增长；同时，在敏捷式开发、并发式迭代的推动下，应用产品及服务全面拥抱市场需求变化，更新、升级速度正不断加快。预计在未来几年内，我国互联网应用的覆盖广度和使用深度将得到前所未有的拓展，助推数字经济高质量发展。一方面，5G、大数据、人工智能、区块链等技术融合将从消费端（C 端）加速延伸至企业端（B 端）、政府机构端（G 端），催生大量个人级和行业级互联网新应用、新平台；另一方面，农村用户、低龄用户、银发用户和海外用户均将快速增长，既带动网络购物、网上支付、网络娱乐等已有应用类型的使用率持续攀升，为互联网企业贡献较大的市场收入，也将推动更多的细分垂直应用出现，释放互联网企业的创造力。此外，在政策变化和社会变迁的影响下，顺应新发展模式及理念的互联网应用将越来越多。例如，《关于在全国地级及以上城市全面开展生活垃圾分类工作的通知》的出台带动大量人工智能垃圾分类 App 问世。

1.2.4 数字化能力将主导新一轮大国排位赛

国家和地区之间竞争的重心将由物理资源转变为数字化能力。传统城市和国家的发展依赖于资源禀赋优势和区位优势等；而在数字化时代，以互联网为代表的高新技术拓展连通世界的新渠道，催生人类社会发展的新模式，促使网络空间成为继物理空间、社会空间之后的又一战略要地。随着高新技术在社会运行管理过程中的加速渗透，海量城市数据将推动构建与物理城市相互映射、有机融合的数字孪生城市，从而提升城市数字化管理水平和竞争实力。同时，数字经济的快速发展，将推动形成庞大的、一体化的信息流，其显著的溢出效应和马太效应将进一步激发"数字蝶变"，带动技术流、资金流、人才流、物资流不断集聚，促进基础建设、营商环境、顶层管理的全面数字化，为国家和地区的发展提供全新动力。未来几年，世界各国将加快制定和落实数字化转型发展相关战略规划，不断提升自身数字化能力和水平，凝聚数字化时代核心竞争力，从而在新一轮国际分工博弈和利益分配中抢占制高点。

1.2.5 颠覆性技术按下传统产业迭代重启键

新兴技术融合创新依靠大数据及相关技术的基础支撑。当前，人、机、物无缝连接，以数据资源为关键生产要素、以大数据相关技术为重要基础的数字经济蓬勃发展，与经济增长和社会发展相关的各项活动已启动全面数字化进程。在物联网领域，规模达百亿级的终端硬件将产生呈指数级增长的巨量非结构化数据，推动其从感知终端升级为智能应用；在人工智能领域，深度学习的核心就是挖掘海量数据中蕴藏的价值，其发展离不开大数据技术的有效保障；在区块链领域，具有加密分享、分布式账本、不可篡改等优势的区块链技术与大数据技术形成优势互补，使数据价值实现更加安全、有效的开放和共享。由此可见，大数据技术将新一代信息技术聚合在一起，通过对数据价值的挖掘不断催生新应用、新模式、新业态，形成数"聚"创新。与此同时，基础物理、材料、生物、脑认知等前沿科学不断取得突破，有力推动 3D 打印、量子通信、神经网络芯片等新兴技术快速发展，与互联网、大数据、人工智能等信息技术形成跨界融合，为数字技术和产业的发展带来千载难逢的重要机遇。未来几年，以大数据技术为基础的新一代信息技术将不断交叉融合，并与其他前沿科学技术形成跨界融合，塑造出全新的技术架构、生产方式和商业模式，加速整个经济社会的高质量发展进程。

新兴技术发展为"中国制造"向"中国智造"转型带来新机遇。当前，我国数字经济步入发展新阶段，其发展和创新的重点由消费领域转向制造业和社会服务业。随着数字经济与实体经济全方位、全角度、全链条的深度融合，互联网、大数据、人工智能等数字技术将更广范围、更深程度地"嵌入"制造业，围绕研发、创新、生产、管理及服务各个环节，充分释放生产制造全生命周期中数据资源的巨大价值，极大地促进制造业换代升级，提高生产效率和效益，以新业态、新模式构建更大的新兴市场。预计在未来 3～5 年内，我国数字经济相关战略规划将进一步落地生根，促使制造业在设计研发方面趋向个性定制化、在工厂生产方面实现智能无人化、在管理销售方面实现网络协同化，进一步向服务型制造业转型，并造就一大批具有数字化意识和技能，同时了解工业流程的跨界人才。

新兴技术发展为现代服务业向智能化服务业升级提供驱动力。新一代信息技术具有附加值高、科技含量大等特点，成为驱动现代服务企业走向数字化、智能化的重要动力，有效满足个性化、多样化、复合化的服务需求，极大地促进服务业规模扩大和价值提升。目前这在部分领域已有所显现。例如，“新零售”通过运用大数据、人工智能等技术手段，不断摸索用户需求的变化趋势，不断优化商品生产、流通和销售流程，进而形成以线上服务、线下体验和物流配送为一体的智慧零售体系，实现多场景覆盖、多流量共享、多业态融合。预计在未来 3～5 年内，现代服务企业将利用数字化的技术和平台，进一步整合线上线下资源实现联动，聚合分散闲置资源实现共享，加强服务全过程的供需匹配、要素流动、分工细化、效率提升，专业定制化、智能协作化的服务模式将成为主流。

1.2.6　“中国号”快车将引领全球跨界合作浪潮

跨领域数字化国际合作加深，“中国号”快车将迎来更多国家和企业搭乘。在数字化浪潮中，任何一个国家、任何一个民族、任何一个企业都无法做到独善其身，一定要融入这个潮流中。从跨国企业管理、电商交易、软件项目开发、销售队伍自动化、员工培训到电子化教育，数字化协作正在成为这些领域的时代“宠儿”。简单地说，数字化协作就是通过当今的网络和多媒体等技术手段实现的多个个体或组织之间的远程、实时、同步协作。未来，我国与世界各国，特别是“一带一路”沿线国家在数字经济、人工智能、纳米技术、量子计算机等领域的通力协作，将更广范围、更深层次地展开，推动大数据、云计算、智慧城市建设，共同建设 21 世纪“数字丝绸之路”，促使更多国家搭乘“中国号”数字经济发展快车，加快建设包容性数字经济和数字社会。

1.2.7　亚文化出圈将吹响板块化消费[①]集结号

互联网亚文化凝聚网民族群，促使碎片化消费转变为板块化消费。互联网的历史

① 板块化消费：互联网亚文化的发展壮大，让社群和圈层的概念深入人心，碎片化的消费随之集结为板块化消费。

就是一部亚文化圈层的演进与变迁史，从最早的 BBS、QQ 群到贴吧、豆瓣、SNS、微博，以及现在的微信等。包括二次元、嘻哈、汉服等在内的亚文化，尽管在核心受众方面依然集中于局部，但在认知方面已经越来越被大众所了解。我国约有 7.7%的网民至少是某一个亚文化的忠实粉丝，并愿意根据兴趣爱好投身其中，且对于自身的亚文化标签和爱好有着明确的集体身份认同。除此之外，在庞大的中国互联网网民基数中有近半数的网民，本身对亚文化内容有着一定的了解，这也是亚文化逐渐为主流群体所接受的一个重要前提。亚文化已经逐步渗透到各个消费群体和年龄阶层中。未来，网民在各自的亚文化圈里将更具紧密性、强连接性。据此，对于亚文化市场的发掘和消费有望进一步下沉，由此带来板块化消费，从而产生圈层经济。例如，在数字内容领域，超长和超短内容将进一步收缩，中型内容有望突围崛起。

1.2.8 共享升级将推动实现社会福利最大化

公共服务数字化转型加快，社会公共资源供给的效率和效益将显著提升。随着上网门槛的持续降低、上网技能的不断提升及上网场景的日益丰富，互联网存量市场和增量市场均将不断拓展，推动互联网人口红利进一步释放。预计在未来 3 年内，低龄及银发网民规模将持续增长，推动不同年龄、不同背景的中国网民共享互联网发展成果。庞大的网民群体从需求侧为公共服务数字化转型提供了不竭动力，围绕人们衣食住行、教育医疗、就业养老等生活场景的公用事业将更加便捷高效，真正实现社会福利的普惠均等化。例如，区块链技术将逐渐应用于公民身份验证、公共信息存储与共享、慈善资金募集与捐赠等，保障公用事业的公正、透明和有效。数字化公共教育平台将不断扩大优质教育资源的覆盖范围，惠及贫困与边远地区学校，并结合人工智能、VR、AR 等技术，更好地满足广大群众的教育服务需求。智慧远程医疗将加强对 5G 技术、全息影像技术、传感技术等的运用，为社会公众提供更低门槛、更高质量、更为人性化的服务，助力缓解医疗资源总体供给不足等问题。

1.3 互联网为“中国抗疫”赋能赋智

当今世界，新一轮科技革命和产业变革方兴未艾，带动数字技术快速发展。新冠肺炎疫情的突发，给人民生活和经济发展造成重大冲击，成为近年来最大的“黑天鹅”事件。疫情发生以来，远程医疗、在线教育、共享平台、协同办公等得到广泛应用，互联网对促进各国经济复苏、保障社会运行、推动国际抗疫合作发挥了重要作用。

总体来看，互联网在应对疫情的过程中，与大数据、人工智能等数字技术集成应用，在助力疫情防控、信息传播、公共服务、复工复产等方面扮演着重要的角色；同时，不断激发了数字经济发展潜能，发挥了保消费、促生产、稳外贸等多方位作用，有效缓解了疫情对各领域的负面影响，并为疫情后盘活经济、加速发展提供了源源不断的动力。

1.3.1 互联网增强疫情防控效能

1. 宏观层面，国家信息化支撑科学决策

党中央、国务院高度重视互联网抗疫、数字化战疫。疫情发生以来，我国政府出台多项政策，鼓励运用大数据、人工智能、云计算等数字技术，在疫情监测分析、病毒溯源、防控救治、资源调配等方面更好发挥支撑作用。国家卫生健康委发布《关于加强信息化支撑新型冠状病毒感染的肺炎疫情防控工作的通知》，要求各地积极运用互联网、大数据等信息技术，减少线下诊疗压力和交叉感染风险，减轻基层统计填报负担，以高效跟踪、筛查、预测疫情发展，为科学防治、精准施策、便民服务提供支撑。工业和信息化部发布《关于运用新一代信息技术支撑服务疫情防控和复工复产工作的通知》《充分发挥人工智能赋能效用　协力抗击新型冠状病毒感染的肺炎疫情倡议书》等文件，呼吁组织科研和生产力量，进一步发挥互联网、大数据、云计算、人工智能等新技术效能，把加快有效支撑疫情防控和复工复产的相关产品攻关和应用作为优先工作。在党和政府的号召下，互联网企业、电信运营商、城市管理系统、地方医疗系统等机构与平台纷纷响应，积极利用新技术、新手段、新模式，为打好打赢疫情防控阻击战、歼灭战、持久战做出了显著贡献。

平台互联、数据驱动与算法辅助有效推动了抗疫科学决策。为全力做好疫情防控工作，各省（市、区）基于互联网平台将数字化战疫付诸实践，有效整合了作业系统、功能模块及海量数据，提高了疫情防控决策的精准性、科学性与灵活性，为疫情下的国家治理提供了强大支撑。一是利用位置追踪大数据，遏制疫情传播与扩散。疫情发生之初正值 2020 年春运，全国范围内的大面积人口流动催化了病毒传播，仅春节前从武汉流动到各地的人员就超过了 500 万人，传统手段难以应对危急时刻。互联网与大数据、人工智能的有机融合，可以有效监测人口流动和分布，获取确诊患者出行轨迹，帮助政府部门精准锁定“潜在传染源”，预测病毒的传播速度和趋势，开展疫情动态监测与管理，及时采取防控措施。例如，浙江省卫生健康委搭建了“实时在线的疫情防控作战指挥室”和“新型肺炎公共服务与管理平台”，有效整合了互联网大数据、运营商大数据、医疗大数据、政务大数据与智慧城市大数据，实现科学化管理与前瞻

性预判。二是发挥算法算力优势，监测社会运行状态，为统筹医疗物资储备、保障民生物资供应等方面提供有效依据；同时，可及时掌握医疗物资和民生物资的销售价格和产品信息，发现和整治疫情期间不合理涨价、销售假冒伪劣产品等不法行为，保持生产生活平稳运行。

2. 中观层面，智慧城市支撑精细化治理

智慧城市系统助力疫情防控体系进一步细化。疫情之下推动智慧城市快速落地和实践运用，是把握危中之机的体现。2020 年 2 月，上海率先发布《关于进一步加快智慧城市建设的若干意见》，旨在统筹完善“城市大脑”架构，不断提高城市治理能力和治理水平。智慧城市系统可以推进城市治理制度创新、模式创新、手段创新，不仅能有效提高疫情防控的效率，还能在“后疫情时代”实现城市的智能化管理。例如，北京借助本地运营商数据，针对各类人群画像及地理分布开展专项分析，包括疫情地进入人员、疫情地返回人员、外省进入人员、外省返回人员、疫情地未返回人员、非常驻人员的规模监测及分布，为高危人群、潜在高危人群、潜在风险人群的精准防控提供了有力支撑；苏州运用智慧城市“大脑”，为人民群众与政府部门之间的沟通提供线上平台，使人民群众足不出户就可享受政务服务，降低了人口聚集和交叉感染的风险；广州针对公交车、出租车、地铁等市内公共交通推出了防疫乘车登记二维码，提升本地区公共交通防疫溯源能力，便于有关部门在接到疫情通报后，能够通过乘车登记信息，及时追溯密切接触者，更好地保障乘客健康、安全出行；中国航天科工集团子公司承担了浙江省际疫情检查站点的软件部署及现场设备搭建任务，平均每天监测车辆 3000 多台、9000 余人次，发挥了智慧检查站助力疫情防控的作用。由此可见，智慧城市在分类管理、便民服务、保障安全、提高效率等方面发挥了显著作用。

多种技术的集成与应用维护城市公共场所秩序。疫情发生后，各地综合利用红外成像、人工智能、5G、物联网等技术手段，在人流密集的交通枢纽、办事大厅等公共场所推行快速体温筛查措施，这些措施在疫情常态化后继续发挥重要作用。例如，中科院软件中心有限公司研发了“人工智能+热成像联动无感知测温预警疫情防控系统”，采用“热成像+人脸识别+物联网”技术，只需 0.1 秒即可锁定高热人员、4 秒即可完成通关，可在人流密集的公共场所进行大面积监测，快速排查出体温异常人员。此系统已在首都国际机场、大兴国际机场、北京西站、湛江机场等多个交通枢纽投入应用。又如，广东电信等部署的热成像体温筛查系统利用 5G 网络将视频、人脸识别及体温等数据快速传输到云平台，实时存储、实时分析，并实时返回筛查结果，从而精确定位体温异常的人员。此外，在疫情发展最迅速的阶段，每日实际新增确诊、疑似病例数量迅速攀升，核酸检测盒子供给不足、符合核酸检测要求的医疗机构过少、

审批流程太长、物流供给跟不上等因素严重拖慢了对疑似患者的确诊进度。常规检测通常需要排队几个小时等待检查，交叉感染的风险巨大。人工智能系统有效助力疑似患者筛查，帮助医生快速和准确地从 CT 影像中识别病灶，减少“假阴性”问题的出现，减少疑似患者的排队时间，降低院内交叉感染的风险，为保障公共场所安全提供了助力。

3. 微观层面，数字社区织密抗疫防疫网

数字化手段协助基层社区人员排查，开展疫情防控和宣传教育。疫情发生以来，近 400 万名社区工作者奋战在 65 万个城乡社区的疫情防控一线，平均 1 名社区工作者负责 350 名群众。基层社区是联防联控的第一防线，在人员少、任务重、风险大、资源紧缺的情况下，兼顾防控效能和基层人员安全必须依靠数字化手段。据此，各地政府积极引导相关企业，围绕社区疫情资讯、出入管理、自动体温测量、无接触式摸排报备等，开发并上线各类平台和工具，同时打通城乡社区与公共交通、复工管理等的数据互联渠道，为织密抗疫防疫网提供了助力。例如，百度基于自然语言处理、智能语音交互等人工智能技术，开发了具有批量一对一电话呼叫能力的智能外呼平台，每秒可定向或随机拨打 1500 个居民电话，自动问询受访者的健康状况、流动情况等，并根据受访者的回答提出针对性问题和防护建议，进一步归纳形成信息档案，为社区摸排工作提供基础数据。又如，科大讯飞推出的疫情智能语音随访机器人可以根据医生为不同人群制订的随访方案，辅助筛查重点发热人群并进行跟进随访，向群众普及专业的疫情防护知识。该机器人可应用于社区情况排查和通知回访等场景，协助进行新冠肺炎疫情的防控和宣传教育，大幅减轻基层医务工作者的随访负担。

1.3.2　互联网助力疫情信息传播

1. 互联网促进疫情信息公开

互联网平台成为疫情相关信息的核心载体。国家政务服务平台充分发挥总枢纽作用，通过整合分散在地方部门的资源，统筹建设“疫情防控专区”，上线全国一体化政务服务平台疫情防控专题，并在平台 PC 端、移动端（App 和小程序）同步发布，可提供疫情实时数据、定点医院及发热门诊查询导航等 60 余项疫情防控服务。同时，各大互联网社交平台成为信息传播和公共舆论形成的主平台之一。例如，微博平台拥有上百个部委官微和 2.6 万余个各级政府官微，密集传播疫情相关信息，并对国家及各地疫情防控工作新闻发布会进行了 1400 余场直播；微信公众平台先后为多个政务公众号增加文章发布次数，有效提高了政务公众号文章的传播力；抖音、快手等平台上的政务号疫情相关视频播放总量也达到数百亿次。此外，各大互联网科技企业纷纷推出了“与患者同行查询”“本地疫情查询”等在线服务，通过对确诊患者出行、居住信息的匹配，用户可以查询所乘飞机、火车等公共交通工具是否有确诊病例，以便自主开展居家隔离、降低病毒扩散风险。

互联网平台聚合各地实时疫情新闻报道及资讯。互联网平台聚合主流媒体、专业媒体、机构媒体、垂直类自媒体生产的各类资讯，实时更新疫情动态、滚动更新专题频道，使人们需要的一切信息变得触手可及。一方面，互联网平台对全国的疫情信息进行汇总和共享，在这种紧急情况下，透明的实时信息能够在一定程度上缓解公众的恐慌情绪；另一方面，根据疫情趋势的相关信息，上线预警功能，最大限度地降低用户感染的风险。例如，借助丁香园开发的微信小程序，人们可以获取中国乃至全球范围的每小时更新的新冠肺炎病例相关信息；新浪微博在热门微博中上线“肺炎防治”专栏，聚合健康中国、人民日报等账号的相关内容；新浪、网易、搜狐、凤凰、一点资讯诸多新闻客户端头版头条均与疫情相关，且上线了专题；腾讯新闻上线疫情重点专题，联合全国各地专业媒体推出疫情动态报道，开发出“实时疫情地图”H5 页面；百度和今日头条上线“抗击肺炎”频道，提供疫情地图、权威解读、防疫措施等内容，其中百度地图 App 的疫情地图可以查询人员迁徙地图，百度发热门诊地图让用户可直接点击查看附近所有发热门诊的医疗机构；微信开通多个新冠肺炎实时疫情资讯查询入口，在湖北、北京等疫情重点地区进行主动推送。

2. 互联网凝聚抗疫“正能量”

互联网平台针对各类疫情谣言进行辟谣与科普。疫情暴发后，各种信息泥沙俱下，难辨真假，不仅影响科学防疫，还可能造成恐慌，导致类似恐慌性就诊、物资哄抢等严重后果。为此，各互联网平台纷纷推出相关专题，针对各类疫情谣言进行辟谣与科普。例如，腾讯的“新闻知识官”和“较真”平台针对各类疫情谣言进行辟谣与科普；微信推出“新冠肺炎实时辟谣”专题，上线 24 小时就为约 4000 万个用户提供超过 1 亿次辟谣服务；今日头条“抗击肺炎”频道搭建“谣言终结者”专区，汇聚和推荐各大媒体的辟谣信息。与此同时，健康科普在疫情舆情快速变化的关键时期，向公众传递权威的科普知识、通畅的疫情信息，是打消恐慌、齐心抗疫最好的“防治指南”。面对纷繁复杂的信息，互联网平台利用其优势，与权威医学专家合作，在线提供疫情防控科普（消毒科普、口罩科普、特殊人员防控）、居家膳食营养科普、心理科普等，在疫情防控上发挥了重要作用。例如，百度“百科医典”和腾讯“腾讯医典”邀请权威专家第一时间上线“新型冠状病毒感染的肺炎”词条，对新冠肺炎相关问题进行解答，向公众普及科学防疫知识。此外，短视频和直播平台也开展疫情知识科普。例如，今日头条、抖音邀请武汉协和医院、中国疾病预防控制中心专家对新冠肺炎进行科学解读和防护知识科普；西瓜视频、快手均推出疫情防控知识专场，通过问答的形式普及科学防范知识；腾讯旗下的看点上线了资讯新闻专题、医典上线了词条知识专题、微视上线了新冠肺炎防治频道。

互联网平台助力抗疫正能量传播。此次疫情是近年来我国发生的传播速度最快、感染范围最广、防控难度最大的一次重大突发公共卫生事件。如何在这场重大的灾难中有效激发正能量，做到强信心、暖人心、聚民心，对宣传和舆论引导工作来说是一次“大考”。互联网平台利用其海量用户和广泛社会连接的优势，开展正能量传播，有效提高主流媒体内容传播的覆盖率和到达率。同时，在移动社交媒体时代，传播效果不再靠体量大、嗓门高而获得。微传播有大能量，能够碎片式传播，产生裂变式效果。疫情发生以来，各大媒体利用互联网平台，特别是移动社交平台，坚持开展正面宣传，传播正能量，发挥了主流媒体宣传主阵地作用。例如，人民网推出了“人民战‘疫’、党旗飘扬”专题报道，突出体现医护人员在防疫抗疫一线的感人故事，以及广大党员、干部在疫情防控工作中的典型事迹。在这场疫情防控阻击战中，省级媒体积极发挥上传下达、组织引导作用，生产权威、优质的报道，并通过技术手段下沉，在各县级融媒体中心平台的重要位置发布；大量打捞各县级融媒体中心生产的鲜活、接地气的报道，并利用建设区县融媒体中心的经验、资源和传播力、影响力，将各地的疫情防控一线亮点工作展示给广大网友，很好地展现科学防控措施、宣传防控知识。

1.3.3 互联网保障基本公共服务

1. 互联网满足民生服务需求

互联网助力政府部门更好地感知和保障民生需求。互联网平台利用强大的用户到达率，开放公众参与入口，征集疫情线索、搜集公众诉求，配合政府征集防控线索，助力疫情防控。例如，微信在北京、广州等城市上线小程序，收集居民日常需求，搭建政府沟通公众需求的渠道。北京发布“生活必需品统计”微信小程序，市民可通过小程序查询具体门店的口罩、生活必需品供应是否充足，政府可通过小程序及时掌握生活必需品的供应情况；广州市政府上线“穗康”微信小程序，市民不仅可以通过小程序预约限量购买口罩，还可以进行健康自查、疫情线索上报和医疗物资捐赠。此外，在新冠肺炎疫情的推动下，线上买菜、无接触配送等应用服务层出不穷，电商平台和传统零售的线上线下融合加快，生产、流通、销售数字化程度加深，各类网络平台和数字技术为保障商品供应链的稳定提供了强大的支撑，保障了人民群众的“米袋子”“菜篮子”不受疫情影响。

2. 互联网推动在线复学复课

互联网助力解决疫情期间师生教学时空、教学行为物理隔离的现实问题。2020 年 1 月，教育部发布《关于 2020 年春季学期延期开学的通知》，并倡议疫情期间各地中小学利用网络教学。此外，教育部组织推出 22 个线上课程平台，开设 2.4 万门在线课程，为普通高等学校在疫情期间“停课不停教”“停课不停学”提供了有力保证。国家教育云课堂，各地教育资源公共服务平台、教育电视台和教育信息化相关企业都在最短的时间内提供各种基于互联网的解决方案，助力教师在线授课、学生居家学习、家长配合指导，将延迟开学带来的影响降到最低。一时间线上教学成为全社会关注的焦点话题，用户规模暴发式增长。截至 2020 年 3 月，我国在线教育用户规模达 4.23 亿人，较 2018 年年底增长 2.22 亿人，占网民整体的 46.8%；手机在线教育用户规模达 4.20 亿人，较 2018 年年底增长 2.26 亿人，占手机网民的 46.9%。进入第二季度，随着疫情防控进入常态化阶段，大、中、小学逐步有序开学复课，在线教育用户规模回落至 3.81 亿人，但较 2018 年年底仍然增长明显。在线教育的快速发展不仅保障了疫情期间各地教学工作的正常开展，也加速了优质教育资源向三线以下城市及农村地区延伸。

3. 互联网缓解线下医院压力

在线医疗服务供给能力持续提升，逐渐形成线上线下联动的医疗体系。近年来，国家卫生健康委、国家医疗保障局等相关单位出台多项通知与指导意见，推动在线医疗加速应用。2020 年，受新冠肺炎疫情影响，用户对在线医疗的需求量不断增长，进一步推动我国医疗行业的线上化发展，在线医疗对线下医疗体系的补充作用凸显。截至 2020 年 12 月，我国在线医疗用户规模为 2.15 亿人，占网民整体的 21.7%。从年龄分布来看，40 岁以上用户占在线医疗用户整体的 40.4%，用户对在线医疗的接受度不断提升；从地域发展来看，三、四线城市网民对在线医疗的使用率分别 19.8%、20.8%，增长最为迅速。随着用户认可度和信任度的增强，在线医疗的渗透率将不断提升，用户的使用行为呈现多样化趋势。

互联网平台提供零接触医疗服务，在保障安全的同时提高医疗效率。一些互联网医疗平台开通了线上问诊渠道，降低了交叉感染的风险，促进了地方公共卫生体系在线化和数字化升级。一方面，向大众免费提供新冠肺炎常见问题解答、实时权威的在线咨询服务，帮助用户快速自我评估病情，做出合理的就医安排；另一方面，提供心理问题咨询服务，针对疫情期间易出现紧张、焦虑情绪或强迫症状等需要心理帮助的人群，提供免费的心理疏导。例如，微医、好大夫在线、春雨医生、腾讯健康、企鹅家庭医生、阿里健康、京东健康、平安好医生等企业的在线义诊行动，集结了呼吸科、感染科、内科等领域过万人医疗专家资源，为患者提供 7×24 小时免费义诊，同时为战斗在防疫一线的医生、护士等工作人员开通了热线服务，提供免费心理疏导；百度、微信均开辟了“在线问诊”入口，为公众免费提供新冠肺炎相关问题的线上咨询服务；对于广大农村“防疫短板”地区，腾讯上线了“新冠肺炎实时救助平台”，面向村民提供在线义诊、疫情辟谣等服务；快手短视频平台联合微医推出 7×24 小时线上问诊功能。此外，对于慢性病等患者，如有明确的用药需求，阿里健康、京东健康、叮当快药等平台可提供专业的药师服务，为公众在出现症状后和用药前提供专业的咨询服务，同时实现线上购药配送上门，帮助公众在足不出户的情况下，也能买到必备的防护物资和药品，极大地保障公众居家隔离所需。

1.3.4 互联网推动企业复工复产

1. 在线审批支撑企业有序复工

互联网提高政府调查审批效率，助力复工复产有序进行。近年来，我国互联网政务服务快速发展，多地实现了“一网通办”，在此情况下，疫情的发生为进一步提高政务服务效能提供了“试验田”。借助互联网新技术，各级政府均大力推行审批事项“不见面”“零接触”网上办理，提高各项防疫管理、行政审批效率，助力行业更快速、高效地化解疫情和复工复产带来的挑战。例如，中国科学院软件研究所根据广州市南沙区政府疫情防控的实际需求，基于区块链技术研发了企业复工审核系统底层关键技术组件，将从企事业复工备案申请到完成审批的时间压缩在 10 小时以内，保障了广州市南沙区企事业单位的有序复工。又如，北京市海淀区市场监督管理局实行“零见面”服务模式，采取“以大数据中心沉淀全量数据、电子证照库归档证照数据、区块链平台共享关键审批信息”的轻记账方式，企业和群众可以通过网上申报的方式办理政务服务事项，减少往来大厅现场办事频率，降低交叉感染的风险。此外，为贯彻落实工业和信息化部《关于有序推动工业通信业企业复工复产的指导意见》要求，中国工业互联网研究院牵头各工业互联网平台企业，充分发挥工业互联网泛在连接、数据汇集、远程协同、资源调度等方面的优势，建立中小企业复工复产情况信息报送机制，有力支撑中小企业复工复产数据统计和分析工作，为抗击疫情提供强力支持和有力保障。

2. 远程办公助力业务远程协同

远程办公应用服务能力不断提升，助力企业正常运转。为深入贯彻落实党中央、国务院有关决策部署，互联网行业发挥线上优势，积极推进复工复产，采取各类措施帮助合作伙伴克服复工困难，并充分利用新一代信息技术保障社会经济稳定、助力其他行业复工复产。一方面，互联网业务具有线上特性，企业远程办公早已是工作常态，线上办公、视频会议、考勤管理、信息安全等各项工作均能够顺利开展。截至 2020 年 3 月，我国主要互联网企业[①]平均到岗率为 52.5%，平均在岗率（包含线上办公）为 96.9%，是全国中小企业复工复产率的 3 倍。腾讯、阿里巴巴、京东、美团、字节跳动等企业基本实现全员线上办公，在岗率近 100%，大幅降低了人员聚集带来的风险，实现集中办公效率不减。另一方面，互联网企业不断优化远程办公及业务协同软硬件，实现各种办公软硬件之间的融合，产品性能与功能加速迭代。例如，互联网媒体技术与传统办公自动化（OA）软件功能创新融合，提高远程办公服务能力，有效助力企业在疫情期间维持正常运转，如将直播与在线文档协同操作功能相结合，极大地提升远程会议的沟通效率。据此，远程办公得到企业和个人用户的广泛使用，尤其在复工期间，使用人次、时长均出现井喷式增长。春节复工期间，我国有超过 1800 万家企业采用了线上远程办公模式，截至 2020 年 6 月，我国远程办公用户规模达 1.99 亿人，占网民整体的 21.2%。

3. 智能设备保障正常生产制造

工业互联网实现协同生产和智能管控，持续提升企业产能。工业互联网平台可以覆盖整个产业链，建立网络化协同环境，在企业外帮助企业进行原材料、设备寻源，在企业内通过数据驱动的方式摆脱传统产线的固化流程，通过智能化排产实现快速切换的柔性化生产模式，并通过数据分析优化流程，最大限度地利用现有设备进行产能提升。为应对疫情冲击，工业互联网企业上线多种企业级应用，开放诸多服务。例如，江西联通提供“远程设备管控”服务，通过将设备快速接入网络，实现设备网络化与智能化管控，让企业管理及操作人员在“远端”即可随时监控数据、跟踪设备、预测故障，并进行设备控制、能源管理等以往在现场才能完成的操作。又如，徐工信息的汉云平台通过技术手段对设备保养数据及历史故障数据进行多维度离线计算分析，为客户提供精准的保养提醒及设备异常恢复方案。同时，工业互联网平台通过在线上汇集各种研发生产过程中的应用，如云设计、云仿真、云排产、云检测等，使研发生产

---

① 调查对象包括阿里巴巴、腾讯、美团、京东、字节跳动、携程、滴滴、好大夫、学而思、饿了么、小红书共 11 家互联网企业。

过程可以以云化的方式来实现。仅航天云网 INDICS 平台就已经汇聚了近 2000 款涵盖企业管理、研发、生产、办公的各种工业 App。这些云端应用既提高了企业的生产效率，又降低了企业的安全风险和运营成本。

1.3.5　互联网重振经济社会活力

1. 互联网支撑数字经济逆势增长

我国借助数字经济的创新实现了在疫情下的逆势增长，云课堂、云看房、云娱乐成为现实，这些领域的发展助推了我国经济的发展。与此同时，我国数字经济的发展也助力了全球经济的复苏。受疫情影响，网民上网时长显著增加，2020 年春节期间，移动互联网人均使用时长达近 7 小时，较 2019 年同期增长 20%以上。公众线上需求持续增加，互联网内容消费快速增长，视频、直播、游戏、音乐等互联网娱乐内容产业构成了消费的新增长点。同时，疫情的暴发催生了巨大的线上买菜、无接触配送等市场需求，生鲜电商等生活服务平台交易量大幅攀升，且社区团购、电商直播等新兴业务模式快速渗透，成为社会消费的“压舱石”。例如，武汉“社区团购蔬菜”活动平台仅上线 24 小时访问量就突破 330 万人次。社区经济涵盖的产业及业态不断增加，更多本土商贸企业加快数字化转型，从需求侧和供给侧共同发力，缓解城市经济发展压力。总体来看，互联网能够充分发挥优势，既减少了人员的直接接触，又能稳经济、促发展，发挥了便民利企的巨大作用，也做到了疫情防控与经济发展兼顾。未来，互联网经济潜力无限，我国应抓住机遇、积极探索、稳步推进，为全国经济复苏带来澎湃动力。

2. 互联网助力整合全社会资源

互联网平台汇聚抗疫资源，增强社会应急动员及协调能力。从互联网平台协助疫情防控来看，以互联网为基础设施，以平台企业为连接器，互联网正在发挥前所未有的资源整合能力。正是互联网的这种资源整合能力，使社会的应急动员能力大幅提升，实现多主体、多维度、多平台的协同合作，从而使社会资源高效整合并投入抗疫中。例如，在国内拥有 8 亿个用户的支付宝基于对用户、政府、企事业单位抗疫服务需求的紧缺情况调查，面向社会各界开发者发布“十大疫情期最急需服务开发清单”，号召更多开发者投入进来开发更多服务，解决社会问题。同时，支付宝通过互联网平台开展网络慈善募捐，有效扩大了社会公众和民间力量对疫情防控的参与和支持力度，互联网平台则发挥了集聚效应，满足了社会公众通过社交媒体平台发布求助信息的需求。此外，在扩大疫情社会监督方面，腾讯云配合国务院中国政府网政务新媒体开发

“疫情督查”线索征集小程序，在微信“城市服务”界面加入疫情线索征集入口。

互联网平台凝聚社会合力，助力打赢脱贫攻坚收官战。2020 年 3 月，国务院常务会议提出，支持发展农村电商，促进农产品销售。国家新政的背后，是打赢脱贫攻坚收官战的时代背景。然而，突如其来的疫情，对广大农村地区经济发展提出了严峻考验，农产品滞销成为急需解决的难题。为解决这一难题，一大批地方领导借助直播带货、短视频助销等新形式，为农产品牵线搭桥，为本地特色产品代言，同时与互联网平台、电商企业密切合作，广泛借助社会的力量。例如，拼多多与湖北省农业农村厅签署《“乡村振兴及抗疫助农”战略合作协议》，上线“湖北优品馆”，让消费者“一键直达”湖北农产品销售专区；淘宝上线“爱心助农，湖北加油”专区，在这里，来自 50 个原产地的 2 万款湖北农产品正在热销；京东启动“买光湖北货”活动，通过平台帮助湖北农产品外销；为帮助湖北省 13 个地级市（自治州）打造城市名片，抖音开展 13 场“市长带你看湖北”直播活动，推介当地农产品、食品、消费品，将湖北优质商品推向全国消费者。截至 2020 年 4 月，各大电商平台累计销售湖北农产品 79.6 万吨，撮合线上交易达到 1280 万次。

3. 互联网促进疫情下灵活就业

互联网助力就业市场供需匹配，加强就业服务。2020 年 3 月，国务院常务会议强调，要抓紧研究进一步深化改革、扩大开放的举措，更有效激发市场活力，扩内需，增动力；要通过深入推进“放管服”改革、“互联网+”、双创等，为创业就业、灵活就业提供更多机会，稳定就业大局。为保证疫情期间招聘工作正常进行，多地推出空中招聘会平台、在线“双选会”、校内外职业导师的线上“一对一”帮扶等举措，投递简历、筛选简历、笔试、面试、签订协议、办理手续等都可以通过“云”得到一站式的解决。例如，人民网通过人民智云 App 推出大学生就业服务平台，为企业与高校提供“云端见”一站式就业对接服务，有效纾解企业用工荒与高校毕业生求职难的困局。又如，浙江省委人才办、杭州市委人才办主办“杭向未来”高层次人才云聘会“云启动”，通过现场直播的方式，向求职者提供 2.8 万个岗位。求职者利用二维码就可以参加网络招聘，直接点击企业名称便可以进入简历投递和面试预约界面。企业在进行“云招聘”后，可直接线上为求职者办理入职，整个流程环环相扣，最终形成网络招聘的闭环。疫情期间，“云入职”的出现简化了求职者入职的流程，让求职者入职变得更轻松、更安心。

互联网新业务提供丰富的就业机会，缓解就业压力。2020 年，以 5G、人工智能、工业互联网等为代表的“新基建”，成为国家重点投入的发展领域。这些复杂和多元的产业，辐射的范围更广，带动产业上下游投资和产业链的进一步扩展，将创造可观的就业空间，促进社会就业。更值得注意的是，新兴的科技产业不仅创造了新的就业机会，而且在薪资待遇方面也超过了传统产业。58 同城招聘研究院数据显示，新科技催生了大量高薪职业，如区块链应用操作员、互联网营销师和 3D 打印设备操作员等，均由近几年崛起的新科技厂商提供，相关月薪也逼近万元大关。此外，网络直播、网络营销、网上外卖等新模式创造了数据标注员、送餐员、网络营销师、小程序开发员等新的就业机会。截至 2020 年 6 月，我国网上招聘用户规模达 1.12 亿人，占整体网民的 12.7%。数据显示[①]，2020 年上半年互联网和电商类的岗位总数猛增，比 2019 年增加近 13 万个；截至 2020 年 6 月，直播行业的招聘需求比 2019 年同比上涨约 134.5%。总体来看，无论是新兴的科技产业，还是新的商业模式，都在为就业保驾护航。

互联网企业推动"灵活就业"模式，实现多赢局面。疫情期间，线下餐饮、酒店等服务行业受到冲击，大量员工无工可返，企业面临着巨大的待业员工薪酬支付成本；而电商、外卖、网络零售等行业却迎来了大幅度的需求增长，仓储、配送等环节中的捡货员、打包员、骑手紧缺，由此出现了多种临时性的灵活就业模式。这种模式调节了疫情期间餐饮企业大量员工待业与电商企业劳动力紧俏之间的资源配置错位问题，同时省去了中介环节，直接由员工雇主企业和员工使用企业之间进行协商合作，盘活了双方企业的劳动力资源存量，达成了既减轻餐饮企业成本负担，又满足电商企业劳动力需求的双赢局面。例如，广东省东莞市人力资源和社会保障局推出三类企业用工余缺调剂服务，推动企业灵活用工；安徽省合肥市人力资源和社会保障局发布《到复工企业就业的倡议书》，鼓励通过弹性用工、远程用工等多种形式，推动企业复工。从长远来看，在疫情期间形成的这种灵活用工、灵活就业模式或许有望成为未来的发展新趋势。政府可调节各行业之间由于季节、政策环境、特殊社会事件等因素造成的短期劳动力资源配置错位问题，达到盘活整个社会劳动力资源存量的目的。

① 来源：教育部。

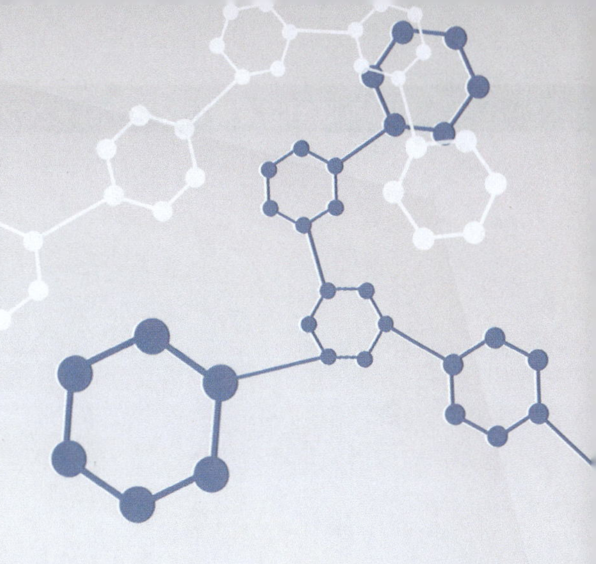

第2章

中国互联网网民群体发展状况

摘　要：当今社会，互联网技术日新月异，成为推动社会普惠均衡发展的基础性工程，极大地提高了人类认识世界、改造世界的能力，促进了全社会的共同进步与成长。近年来，在党中央的坚强领导下，我国坚持以人民为中心的发展理念，通过政府引领、市场主导推进互联网健康快速发展，通过“网络覆盖”“提速降费”等重点工程推动互联网普及率持续攀升，通过网络扶贫、网络公益等全民行动助力全面建设小康社会。在此背景下，互联网优质产品及服务不断向农村贫困与边远地区延伸、向低龄及银发群体渗透，促使我国网民结构更加均衡，网民的群体化、个性化的网络需求均得到有效满足。与此同时，我国仍存在一定程度的数字鸿沟，网民群体在互联网技术的拥有、应用程度及创新能力上存在差距。为进一步缩小数字鸿沟、促进网民群体健康成长，建议通过持续扩大“提速降费”工程、完善上网保护机制等策略，推动互联网高质量蓬勃发展，为14亿多中国人民带来更多的获得感、幸福感、安全感。

关键词：城乡网民；未成年网民；银发网民

近年来，我国不断拓展网络经济空间，促进互联网和经济社会融合发展，在网络覆盖、提速降费、网络生态治理、网络应用创新等方面取得显著成就。互联网逐渐成为老百姓用得上、用得起、用得好的基础设施，不断发挥其惠民、强民、富民作用，极大地促进了社会普惠均衡发展。本章基于对城乡网民、未成年网民及银发网民发展状况的对比分析，为社会各界了解我国网民群体的结构特点和行为特点等提供参考。

2.1　互联网发展造福亿万人民

2.1.1　互联网政策聚焦普惠共享

近年来，我国围绕网络强国、数字中国、智慧社会宏伟蓝图，依靠人民、为了人民发展互联网，深入落实多项与互联网发展密切相关的政策措施，形成推动互联网发展的合力，让互联网发展成果更好地惠及 14 亿多中国人民。

1. 网信发展坚持以人民为中心

作为网信事业的基础支撑，互联网一方面具有高度的包容性、开放性、普惠性，是天然适合服务大众的技术应用，另一方面其价值取决于连接在网络上的节点数，发展极大依赖于大众的参与。这充分说明互联网的发展与社会大众息息相关。2014 年，中央网络安全和信息化领导小组成立，后于 2018 年改为中央网络安全和信息化委员会（中央网信办是其办事机构）。作为旨在加强党中央对网信事业集中统一领导的国家部委，中央网信办深入贯彻落实全国网络安全和信息化工作会议精神，会同有关国家部委，通过优化网络供给、降低网络资费、打造清朗网络空间等政策措施，不断激发广大人民群众的上网需求，为实现互联网发展成果的充分共享提供良好环境。

2. 多方协同促进数字红利共享

近年来，我国政府部门、行业协会及相关企业协同参与，形成促进数字红利共享的发展合力。政府层面，“宽带中国”“提速降费”“互联网+”等战略规划相继出台，对贫困地区、创新企业等的财政扶持力度进一步加大；“净网”“剑网”“清源”“护苗”等系列专项治理行动有序开展，为广大人民群众参与互联网共建共享提供良好环境。为响应党和国家的号召，互联网基础支撑、创新应用、跨界融合等多个领域成立行业发展联盟或自律性组织，形成多项行业标准、规范及倡议，通过有效的行业交流、资源共享和创新合作，营造良好的行业发展氛围。企业层面，基础电信企业为近 2000 万个贫困用户建档立卡，并针对建档立卡贫困用户的需求，提供“月费减免”“定向流量”“物流费用补贴”等扶贫优惠；终端设备制造商推出低成本、易用的手机终端，研发双语手机为少数民族地区人民提供便利；互联网企业针对城乡用户、不同年龄段用户的个性化需求设计产品和服务，不断优化互联网供给水平，促进广大人民群众共享数字红利。

2.1.2 互联网全面赋能人民发展

随着互联网普及率的提升，远程医疗助力人民身体素质的提高，网络购物、共享出行、生活 O2O 服务等应用提升人民生活质量。然而，互联网对人类的影响并不仅限于此。更重要的是，互联网拓宽了公众的视野，拓展了公众成长成才的渠道和就业增收的渠道，为公众的自我发展提供了更为公平、更为多元的机会。

1. 互联网拓展公众成长成才的渠道

网络连接打破传统时空限制。与传统物理世界相比，互联网带有很大的虚拟性。因此，建立在互联网基础上的信息获取，较少受到时空的限制，同一信息在同一时间可以供两个或两个以上的消费者同时消费，而不减少消费效用或增加消费成本。正是因为这一特性，互联网打破了传统时空限制，通过信息生产、信息传递联结成一个有机整体，极大地促进了人际交往、信息交流与共享。此外，在我国，大量非网民通过电视、广播、报纸等传统途径获取信息，占总体非网民的比重分别为 77.1%、29.0%和 16.6%；然而，互联网在信息的丰富程度、时间的有效性上均远超传统途径。通过连接互联网，人们能够获得更为丰富的信息资源、更为广泛的人际交往、更有质量的交流共享。从空间上看，互联网为不同地区的居民打开认识世界的窗户。2013 年 12 月至 2020 年 12 月，我国城镇互联网普及率由 60.3%提升至 79.8%，农村互联网普及率由 28.1%增长到 55.9%；从时间上看，互联网传播的即时性和互动性为信息传播带来颠覆式的变化，信息的话语权和传播权逐渐下移，可在极短的时间内扩大传播范围，为人们提供更为迅捷的信息获取渠道。

网络扶智逐渐消除精神贫困。在互联网时代，人才培养有了新的方式，网络文化丰富了大众的精神世界，网络教育极具针对性地提高了人民群众的文化素质和就业能力，为打造新时代人才队伍打下坚实基础。在义务教育方面，教育部会同有关部门积极推进“互联网+教育”发展，通过持续改善教育信息化基础设施环境，为全国各地的学校输送了丰富的数字教育资源。其中，仅“教学点数字教育资源全覆盖”项目就覆盖了全国 6.4 万个偏远教学点，使 400 万名农村未成年人能够在网上接受良好的教育。在职业培训方面，多个省市搭建网络职业培训平台，覆盖计算机信息、人力资源、营销等多个领域，并不断加快高技能人才培训课件的开发和引进，通过线上线下相结合的方式，促进人才多样化成长，释放人才创新潜力。在文化传播方面，互联网使文物、遗址、“古人”走进普通人，使人们可以足不逾户地领略历史文化遗产的魅力，从而更好地传承文化。同时，大量优质的外国文化也通过互联网引进国内，为我国人民提供了丰富多元的精神文化体验。

2. 互联网拓展公众就业增收的渠道

互联网新业态创造就业机会。数据显示[①]，2015 年至 2019 年，我国互联网领域的中国就业市场景气指数[②]虽有所下降，但一直保持在 3.0 以上，在就业形势较好的行业中排名稳居前列，仍处于供不应求的状态。在政策支持和模式创新的带动下，农村电商稳健发展，大批“电商村”涌现，促进农民稳定就业。例如，淘宝建成近 3 万个农村服务站，吸纳近 6 万名“村小二”和“淘帮手”就业。根据 CNNIC 对网民就业情况的调查统计，无业/下岗/失业网民占总体网民的比重由 2013 年 12 月的 10.2%下降至 2020 年 12 月的 2.7%，农村无业/下岗/失业网民占农村网民的比重由 2013 年 12 月的 16.0%下降至 2020 年 12 月的 12.7%。与此同时，互联网作为滋生新业态的“沃土”，其经济规模持续走高，推动数字经济蓬勃发展，带来大量新型就业机会，创造出众多新职业，如大数据工程技术人员、网络游戏体验师、数字化管理师、新零售拣货员等，为进一步提高我国就业率提供关键驱动力。据统计，我国数字经济领域的就业岗位在 2018 年就已达到 1.91 亿个，占当年总就业人数的 24.6%，同比增长 11.5%，显著高于同期全国总就业规模增速[③]，数字经济成为就业“稳定器”和“倍增器”。

互联网搭建创新创业大平台。与传统创业领域相比，互联网因其快速的信息交互和便利、低成本的交易渠道，从而具有门槛低、成本低、风险低、灵活性强等优势，成为创新创业的热门领域。同时，我国对互联网创新创业的政策扶持和资金倾斜力度不断加大，多省开办网络技能培训和创业培训，带动互联网创新创业和投资兴业蔚然成风。近年来，“互联网+农业”返乡创业案例层出不穷，催生创意农业、分享农业、众筹农业、农村电商等新业态、新模式。据统计[④]，截至 2020 年年底，341 个试点地区的返乡创业人员已经达到 280 万人；在试点地区的示范引领下，全国返乡创业人员已达到 900 万人，带动的就业人数达到 3000 万人。平均每名返乡创业人员能带动 4 人左右的新就业，农村发展新动能加快成长，为改善农村空心化和老龄化趋势提供助力。由教育部与有关部委、地方政府共同主办的中国“互联网+”大学生创新创业大赛已连续成功举办五届，吸引来自 2000 多所高校的大学生参与其中，累计参赛人数超过 600 万人，涌现出一大批科技含量高、市场潜力大的高质量项目。互联网为全民创新创业搭建大舞台，反之大量优质的创新创业项目为互联网发展提供源源不竭的

---

① 来源：中国人民大学中国就业研究所、智联招聘《中国就业市场景气报告》。

② 中国就业市场景气指数（CIER）：计算方法为市场招聘需求人数除以市场求职申请人数。以 1 为分水岭，当 CIER 大于 1 时，表明就业市场中劳动力需求多于劳动力供给，就业市场景气程度高。

③ 来源：中国信息通信研究院《中国数字经济发展与就业白皮书（2019 年）》。

④ 来源：国家发展和改革委员会、人力资源和社会保障部。

动力，两者相互促进、相互支持，促使互联网创新创业成为我国最为活跃的经济活动之一。

互联网提供多元化的创收方式。从企业来看，互联网在卖广告、卖货（产品或服务）等传统盈利模式的基础上，延伸出增值服务、金融运作、平台佣金抽成等新收入来源。同样地，互联网也为个人提供了多元化的创收方式，并使人们可以更为方便地利用业余时间增加收入。例如，除开设个人网店外，普通个体还可借助二手转让平台得到物品交易收入，利用互联网理财平台增加财产性收入，参与 App 试玩、答题等任务获取额外收入，通过社交媒体平台获得品牌推广收入、粉丝打赏收入等。互联网创收方式的多元化还体现在其为拥有不同技能特长、兴趣爱好的人提供了较为公平的创收机会。在用户参与网站内容制作的 Web 2.0 时代①，开放的互联网平台聚集了大量活跃用户，形成了以兴趣为聚合点的众多社群，这些社群因兴趣相同而保持较高的忠诚度。同时，这也是内容付费的时代，为知识、为价值付费成为社会共识。在此背景下，互联网不仅为个人在语言、文字、音乐、舞蹈、生活等多个方面的特长和爱好提供了展现舞台，更为个人在获得大众认可等精神收获的同时，实现特长变现、兴趣变现提供了多种可能性。

2.2 互联网推动城乡协同发展

2.2.1 城乡互联网建设实现跨越式发展

城乡发展不平衡、不协调，是我国经济社会发展存在的突出矛盾，是全面建成小康社会、加快推进社会主义现代化必须解决的重大问题。党的十八大以来，党中央大力推动互联网快速发展，并激发其辐射带动作用，促进城乡网民全面发展，促进城乡一体化协调发展。

1. 城乡网民数持续攀升

2013 年 12 月至 2020 年 12 月，我国城镇和农村的网民数分别由 4.41 亿人和 1.77 亿人增长到 6.80 亿人和 3.09 亿人，城镇和农村的互联网普及率分别上涨 19.5 和 27.8 个百分点（如图 2-1 所示），城乡差距显著缩小。党的十八大以来，我国互联网取得跨越式发展：一是基础设施加速普及，光纤宽带用户占比稳居世界首位，“宽带网络

① Web 2.0 时代与由网站雇员主导的 Web1.0 时代不同，是指由用户主导生成内容的互联网新时代。

覆盖 90%以上的贫困村”目标提前完成，促使网络供给能力有效提升；二是移动流量资费大幅减少，跨省“漫游”成为历史，推动资费水平持续下降；三是网络空间风清气正，互联网产品及服务的专业度与垂直度不断加深。这些成果为城乡协同发展注入活力，推动城乡网民数和互联网普及率持续攀升，呈现良好的发展态势。

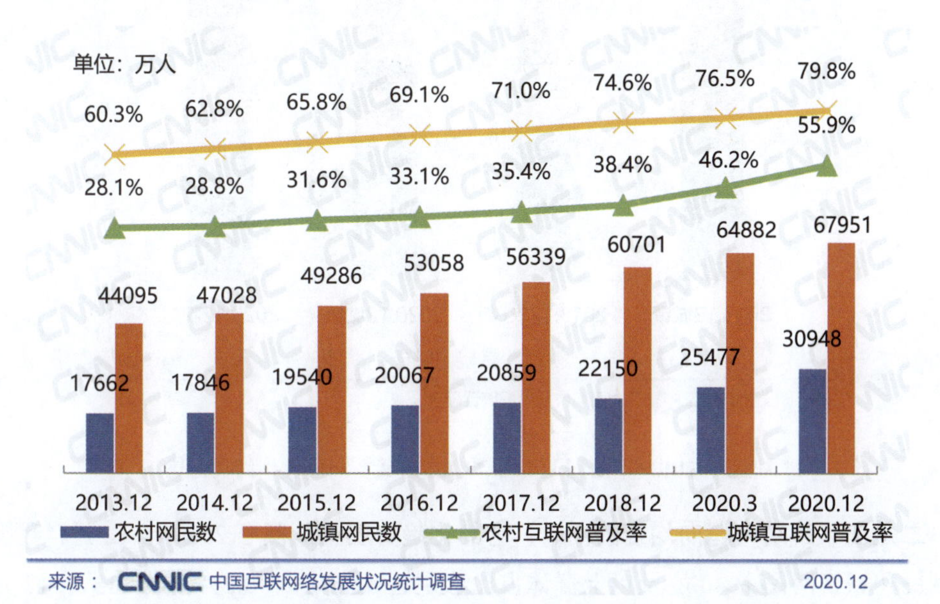

图 2-1　2013 年 12 月至 2020 年 12 月城乡网民数及互联网普及率

然而，受我国城镇化进程加快、农村地区经济社会发展水平制约的影响，互联网普及率横向差异依然存在。一方面，互联网提供城乡、东西部之间交流沟通的桥梁，是解决我国经济社会“二元结构”问题、促进农民群体共享数字红利的关键驱动。针对广大农村市场，网络运营、终端制造等产业链各个环节还存在较大空间可挖掘和利用，适应农村生活学习、生产管理和商业活动的互联网产品及服务尚待开发和推广，发达地区的优质资源仍有待通过互联网创新手段进一步向农村输送。另一方面，互联网络的海量信息和资源在为农民提供生活便利和休闲娱乐的同时，也带来转型发展的机遇。我国应进一步改变广大农民对互联网的认识，理解并利用互联网的巨大价值，拓展就业增收的渠道，从而激发内生发展的动力，进一步达到缩小城乡差距的目的。

2. 城乡网民结构更加均衡

一是城乡网民中男女占比差距缩小。截至 2020 年 12 月，我国农村网民中男性占比为 53.3%，女性占比为 46.7%，男女比例差异为 6.6%，较 2013 年 12 月缩小 7.0 个百分点；城镇网民中男性占比为 49.9%，女性占比为 50.1%，男女比例差异较 2013 年 12 月缩小 11.6 个百分点（如图 2-2 所示），女性占比首次实现反超。城乡网民性别结构更加均衡，与人口性别比例趋于一致，为促进社会协调发展提供助力。

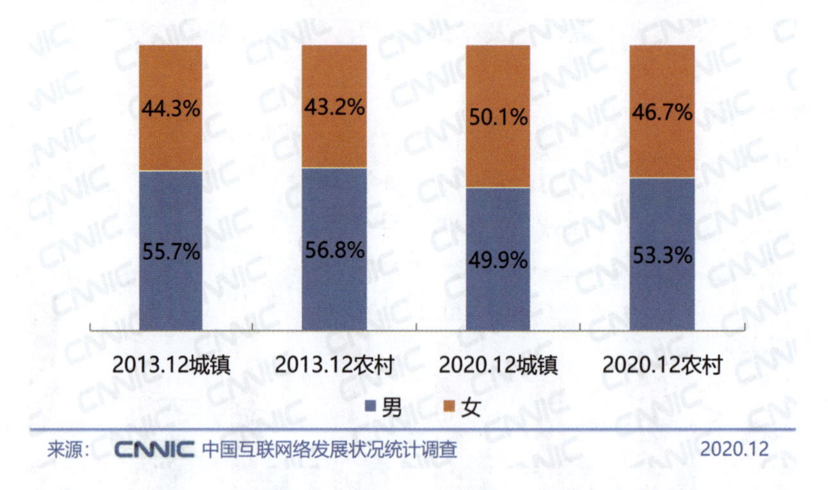

图 2-2　2013 年 12 月与 2020 年 12 月城乡网民性别结构对比

二是在年龄结构趋向均衡的同时，老龄化趋势明显。截至 2020 年 12 月，我国农村网民和城镇网民中 40 岁及以上群体占比分别达 52.5%和 40.2%，较 2013 年 12 月上涨 35.2 和 20.4 个百分点，而 39 岁及以下群体占比有所下降，其中 20～29 岁群体占比下降得最明显（如图 2-3、图 2-4 所示）。一方面，随着互联网的加速普及，年龄不再成为限制居民上网的主要因素；另一方面，人口老龄化趋势延伸至网络空间，进一步影响网民平均年龄向高龄偏移。

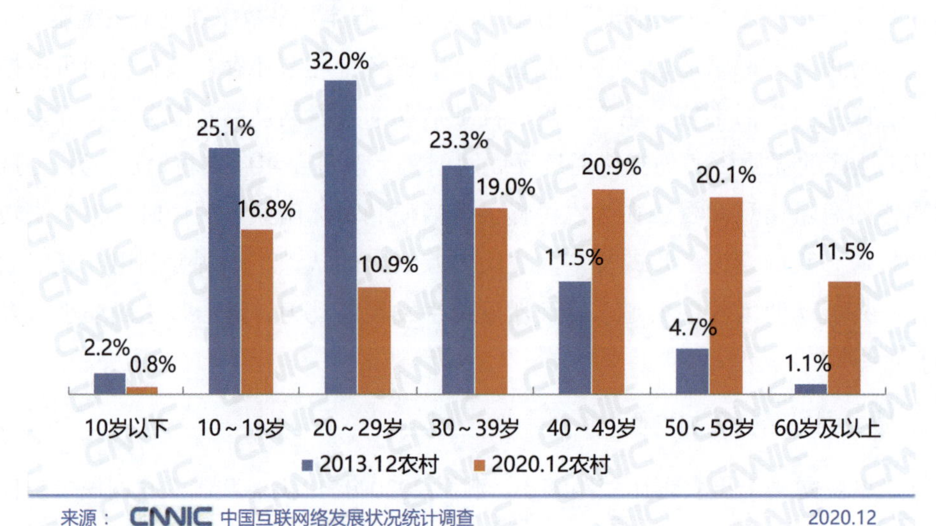

图 2-3　2013 年 12 月与 2020 年 12 月农村网民年龄结构对比

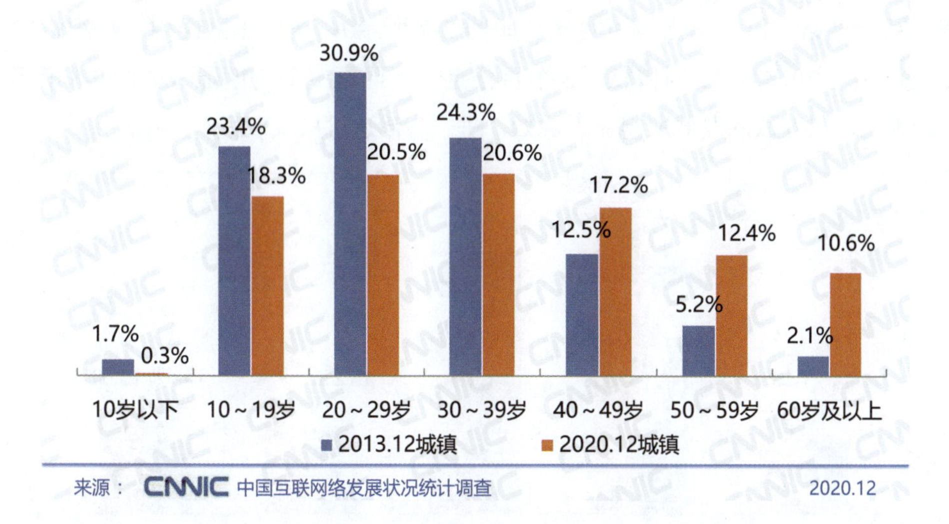

图 2-4　2013 年 12 月与 2020 年 12 月城镇网民年龄结构对比

三是网络大众化趋势更加明显。截至 2020 年 12 月，农村网民和城镇网民中初中及以下学历群体占比分别达 81.0%和 49.7%，较 2013 年 12 月上升幅度分别达 18.3%和 8.7%，进一步压缩其他学历群体占比（如图 2-5、图 2-6 所示）。由于早期互联网对上网技能、文化水平及收入水平等有一定要求，网民更多集中在经济发达地区的高学历、高收入群体中。随着网络覆盖范围的扩大及上网门槛的降低，互联网产品及服务不再是奢侈品、高档品，更多居民能够用得上、用得起、用得好互联网，大众上网需求被极大释放，有力推动网民规模进一步增长。

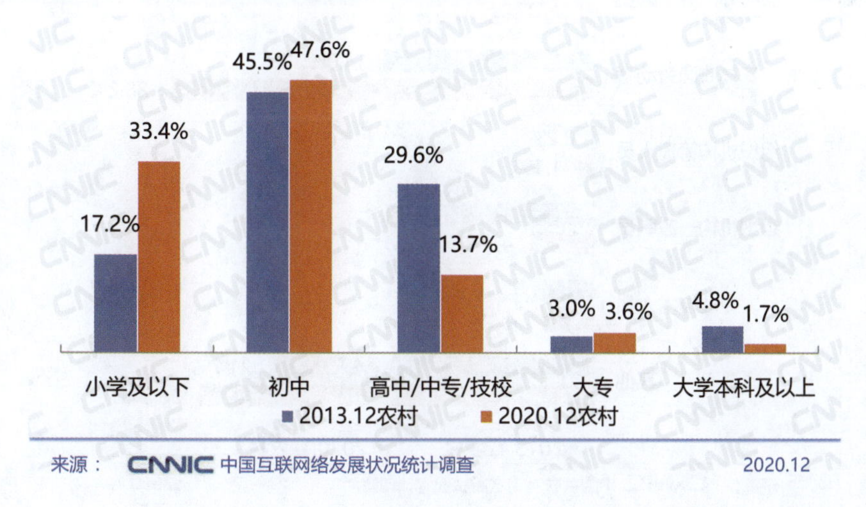

图 2-5　2013 年 12 月与 2020 年 12 月农村网民学历结构对比

四是农村网民职业结构变化较城镇明显。截至 2020 年 12 月，在农村网民中，农林牧渔劳动者占比较 2013 年 12 月上涨 14.2 个百分点，在所有职业占比排名中由第四位跃升至第一位，变化最为明显（如图 2-7 所示）；在城镇网民中，组织机构[①]一般职员占比较 2013 年 12 月降低 6.8 个百分点，下降幅度最为明显（如图 2-8 所示）。这充分表明农村互联网发展取得显著成效，进一步渗透进广大农民群体中。

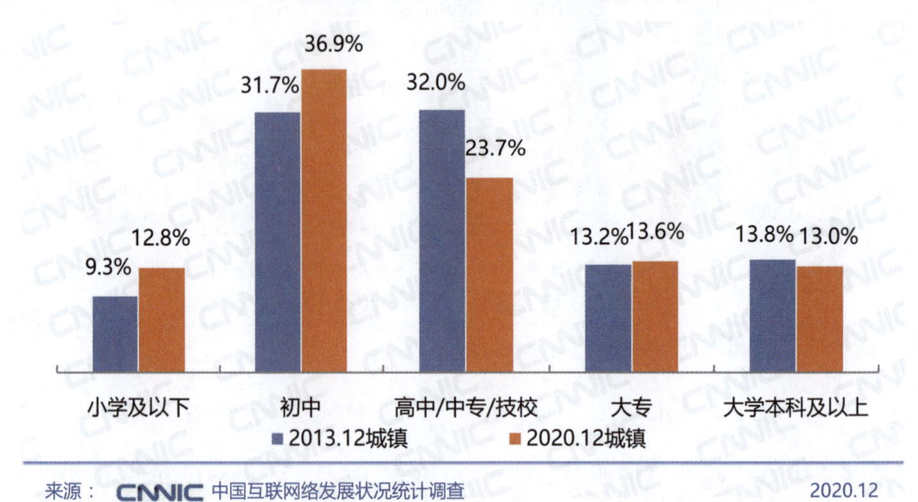

图 2-6　2013 年 12 月与 2020 年 12 月城镇网民学历结构对比

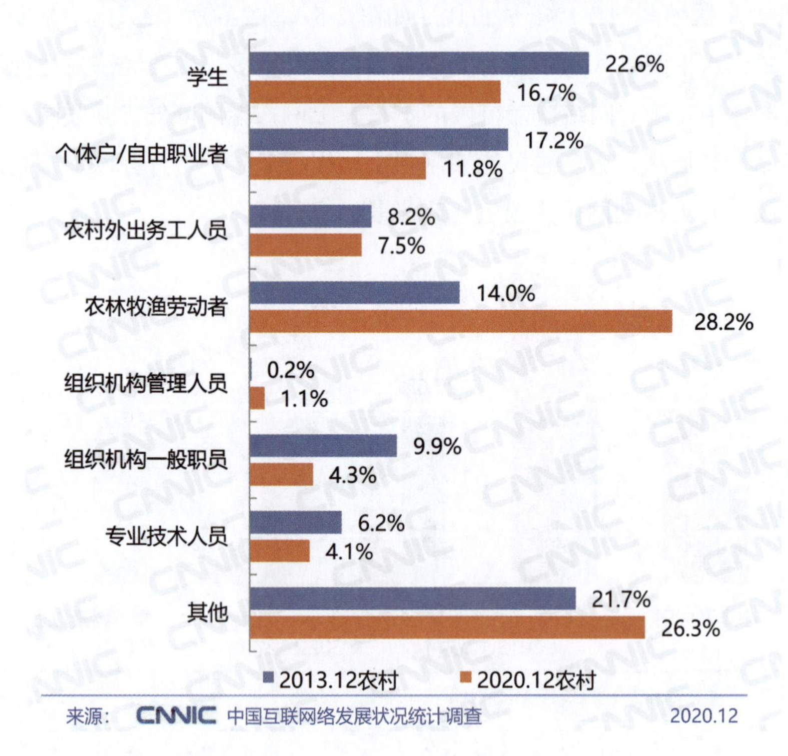

图 2-7　2013 年 12 月与 2020 年 12 月农村网民职业结构对比

① 组织机构含党政机关、事业单位、公司企业等。

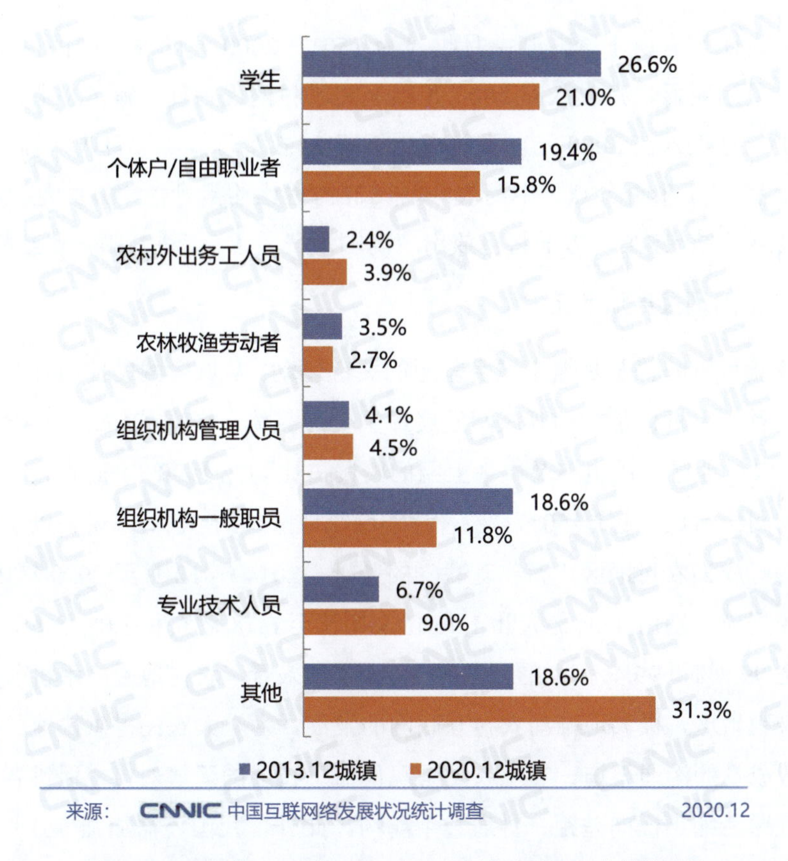

图 2-8　2013 年 12 月与 2020 年 12 月城镇网民职业结构对比

通过进一步的数据分析，发现农村男性就业率与城镇基本持平，而农村女性就业率虽逐年提高，但与城镇相比差距仍较大。当前，我国正处于从劳动密集型国家向技术创新型国家转型发展的关键时期。随着网络扶贫行动对农村女性就业创业的大力扶持，农村女性知识和技能水平的提升，农业机械化水平、信息化水平的增强，以及互联网对农村劳动力市场匹配效率的提高，农村女性就业率有望在未来得到较大提升，从而进一步缩小城乡就业率差距。与此同时，近年来，移动互联网、物联网、大数据等高新信息技术极大地促进各行各业生产、经营、管理、服务的数字化，推进我国产业链全面升级，对人才提出新需求。信息化对劳动力就业，特别是传统体力劳动力就业的冲击是必然的。要解决“信息代替人工”带来的问题，必须有大量创业型企业涌现，这为过去长期对劳动力有较大依赖的国家提供了机遇，也带来了挑战。

五是中高收入网民占比大幅提升。2013 年至 2020 年，月收入[①]在 3000 元以下

① 其中学生收入包括家庭提供的生活费、勤工俭学工资、奖学金及其他收入，农民收入包括子女提供的生活费、农业生产收入、政府补贴等，无业/下岗/失业群体收入包括子女提供的生活费、政府救济、补贴、抚恤金、低保等，退休人员收入包括子女提供的生活费、退休金等。

的农村网民占比均有所下降，其中月收入为 1501～2000 元的农村网民占比下降 6.6 个百分点，最为明显，月收入在 5000 元以上的农村网民占比上涨 6.8 个百分点；在城镇网民中，月收入在 3000 元以下的占比下降 24.6 个百分点，月收入在 5000 元以上的占比上涨 21.1 个百分点。中高收入网民群体占比的提升，一方面是我国经济水平跨越式发展的结果，另一方面将释放出中高端消费需求，促进我国消费结构再升级。

3. 城乡上网场景更加多元

一是智能手机的普及是缩小城乡差距的关键驱动。从城乡网民使用互联网接入设备的情况来看，手机仍是推动互联网发展最重要的载体。根据 CNNIC 对网民上网设备的调查，农村地区使用电脑及电视上网的网民占比均低于 20%，而农村地区仅使用手机上网的网民占比（超过 50%）显著高于城镇地区（约 30%），说明以手机为中心的智能设备已成为农村地区“万物互联”的基础。2014 年 12 月至 2020 年 12 月，城乡手机网民规模分别由 4.10 亿人和 1.46 亿人增长至 6.78 亿人和 3.08 亿人，手机网民占比分别达 99.8%和 99.4%（如图 2-9 所示）。总体来看，农村地区的手机普及率和渗透率高于城镇地区，极大地推动农村互联网的发展，为广大农民提供快速的信息交互和便利、低成本的沟通渠道，实现农民与现代信息社会的无缝对接，促进各地区、各民族互联互通、缩小横向差距、打通数字鸿沟。此外，我国还需加强专业技术支撑、加大社会资本投入，进一步优化和推广智能语音设备、可穿戴设备等智能产品，促进农村地区大量因病、因残致贫的群众和年迈老人触网用网。

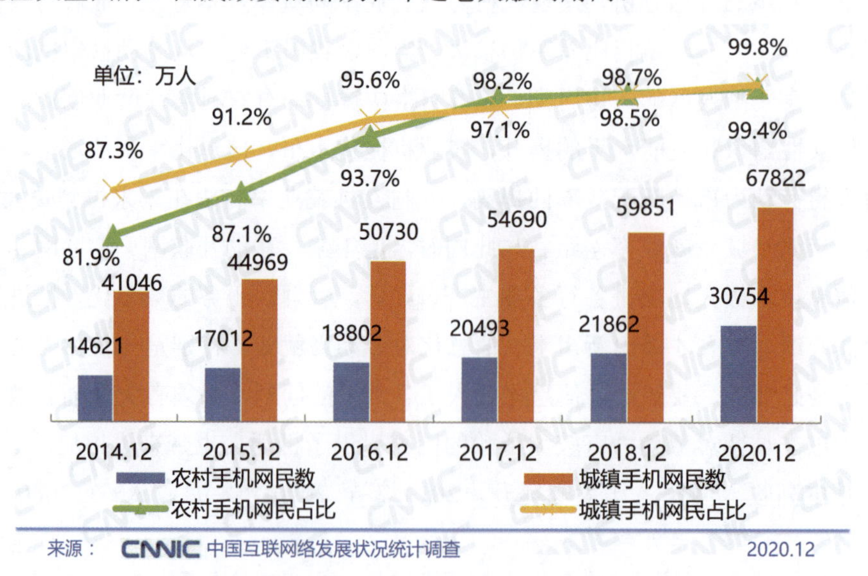

图 2-9 2014 年 12 月至 2020 年 12 月城乡手机网民年增长情况对比

二是新型上网设备兴起为终端市场带来新动能。近年来，人们对手机的依赖性增强，对传统电脑类设备造成冲击，使得台式电脑、笔记本电脑、平板电脑的使用率均呈现出较为明显的下降趋势（如图 2-10、图 2-11 所示）。同时，虽然 5G 手机的推广为市场带来全新变化，然而网民的手机使用率已然触顶，增长乏力。因此，未来终端市场规模的增长将主要由新型上网设备带来。随着居民生活水平的提高和终端产品供给能力的加强，城乡网民上网设备趋于多样化、智能化。截至 2020 年 6 月，可穿戴设备、汽车联网设备的使用率分别达 16.4%和 19.1%，其他智能终端也逐渐由产品研发阶段进入市场扩张阶段。

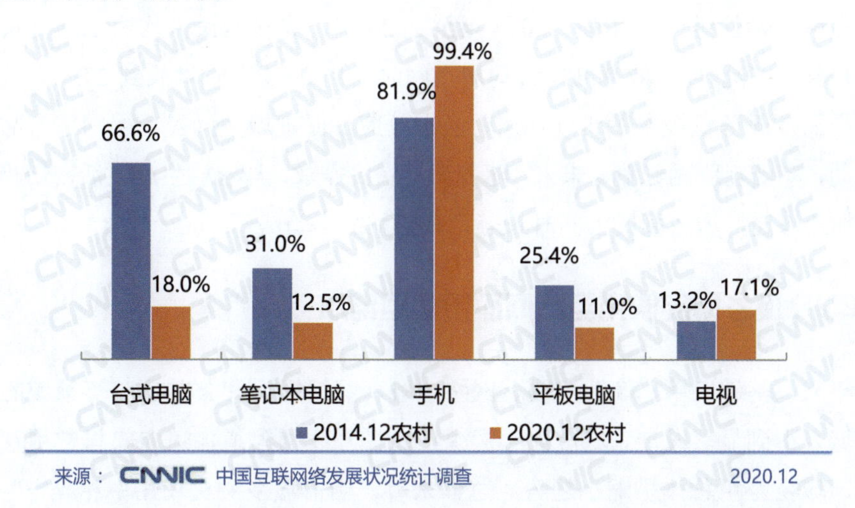

图 2-10　2014 年 12 月与 2020 年 12 月农村互联网接入设备使用情况对比

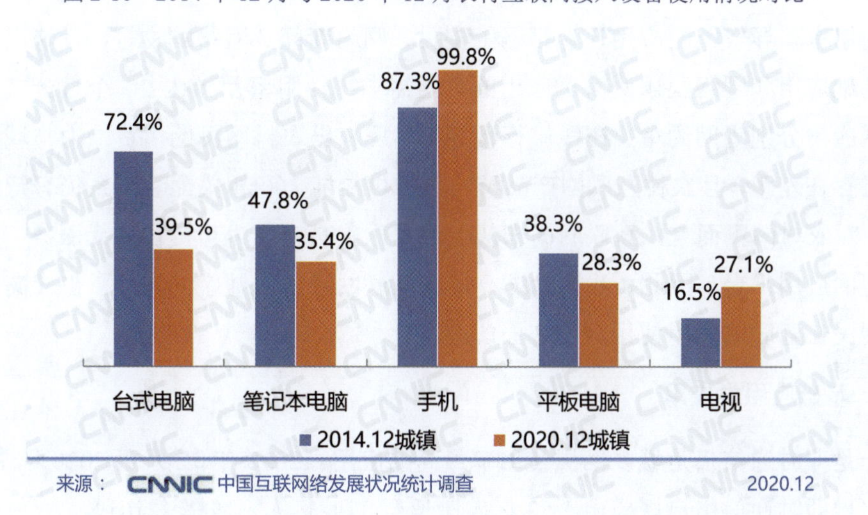

图 2-11　2014 年 12 月与 2020 年 12 月城镇互联网接入设备使用情况对比

三是网络全面覆盖促进上网地点多元化。2013 年至 2020 年，城乡网民在家上网的比例逐渐降低，而在单位、学校、公共场所上网的比例均有所提升。其中，城乡网民在学校上网的比例均上涨 10 个百分点左右，增长最为明显；在单位和公共场所上网的比例均上涨超过 5 个百分点。“十三五”期间，我国建成全球规模最大的信息通信网络。其中，4G 网络实现了全国所有乡镇以上的连续覆盖、行政村的热点覆盖，以及高铁、地铁、重点景区的全覆盖；5G 基站超 71.8 万个，实现了全国所有地级及以上城市的 5G 网络覆盖。同时，教育信息化、企业信息化建设稳步推进，互联网上网服务营业场所专项整治行动有序开展，O2O 体验馆、数字图书馆等加速投入，促进互联网接入场景更加多样。

四是网民黏性进一步加强。2013 年至 2020 年，农村网民人均周上网时长由 21.5 小时增长到 24.3 小时，城镇网民人均周上网时长由 26.5 小时增长到 29.5 小时。优质的网络产品及服务积极发挥带动作用、溢出效应，促进城乡网民使用网络产品、参与网络活动，享受互联网红利。未来，随着满足农民需求、与农村生产生活密切相关的网络应用加速渗透，城乡网民上网时长差距有望呈缩小趋势。

2.2.2 城乡网民使用互联网应用差距缩小

近年来，基础应用、商务交易、网络金融、网络娱乐和公共服务等领域的互联网应用在城乡得到显著发展，城市优质资源正通过互联网渠道加速向农村贫困及边远地区输送，城乡差距总体呈缩小趋势。总体来看，当前城乡网民使用率相差 10 个百分点以内的互联网应用分别是即时通信、网络视频、网络直播、在线教育、网络文学等，其他使用率差异较小的应用还包括网上支付、网络新闻、网络购物等，反映出城乡网民对基础应用和网络娱乐两大类应用的共同需求；使用率差异达 20 个百分点以上的互联网应用分别为网约车、在线旅行预订等，反映出农村网民的消费能力与城镇网民相比仍存在差距，且农村互联网产品及服务的供给能力和相关配套体系仍有待进一步加强。对农村网民而言，互联网尚未从生活娱乐工具转变为可提供多元服务、创造多样价值的应用平台。因此，我国除缩小城乡互联网接入的数字鸿沟外，也应高度重视城乡网民在互联网应用使用程度方面的差距。

1. 基础应用类应用

一是即时通信仍是城乡网民使用率最高的应用。2013 年 12 月至 2020 年 12 月，我国农村即时通信用户规模由 1.52 亿人增长至 3.06 亿人，增幅达 101%，农村网民使用率上涨 12.8 个百分点；城镇即时通信用户规模由 3.80 亿人增长至 6.76 亿人，增幅达 77.9%，城镇网民使用率上涨 13.1 个百分点（如图 2-12 所示）。

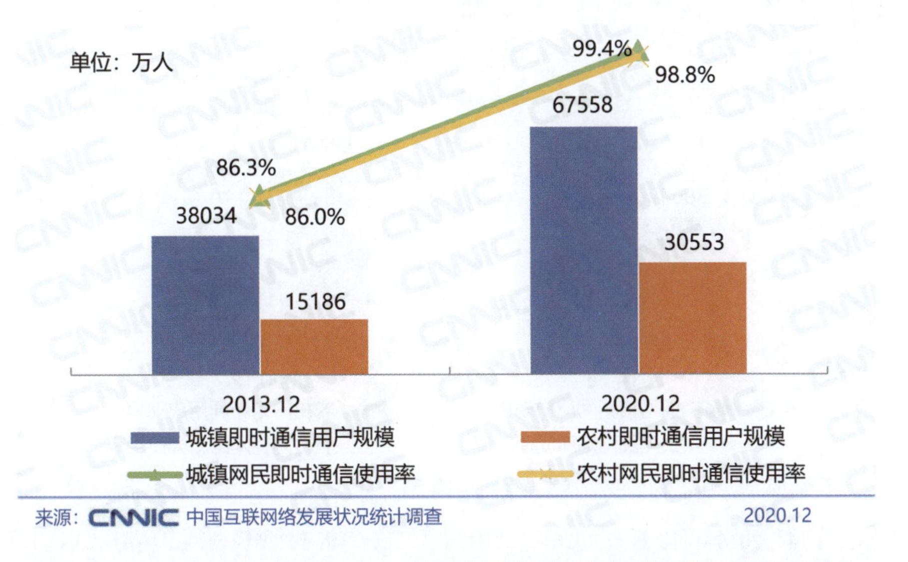

图 2-12　2013 年 12 月与 2020 年 12 月城乡即时通信用户规模及网民使用率对比

二是城乡网民搜索引擎使用率趋于稳定。2013 年 12 月至 2020 年 12 月，我国农村搜索引擎用户规模由 1.25 亿人增长至 2.02 亿人，增幅达 61.9%，农村网民使用率小幅下降 0.1 个百分点；城镇搜索引擎用户规模由 3.65 亿人增长至 5.64 亿人，增幅达 54.5%，城镇网民使用率上涨 3.5 个百分点（如图 2-13 所示）。

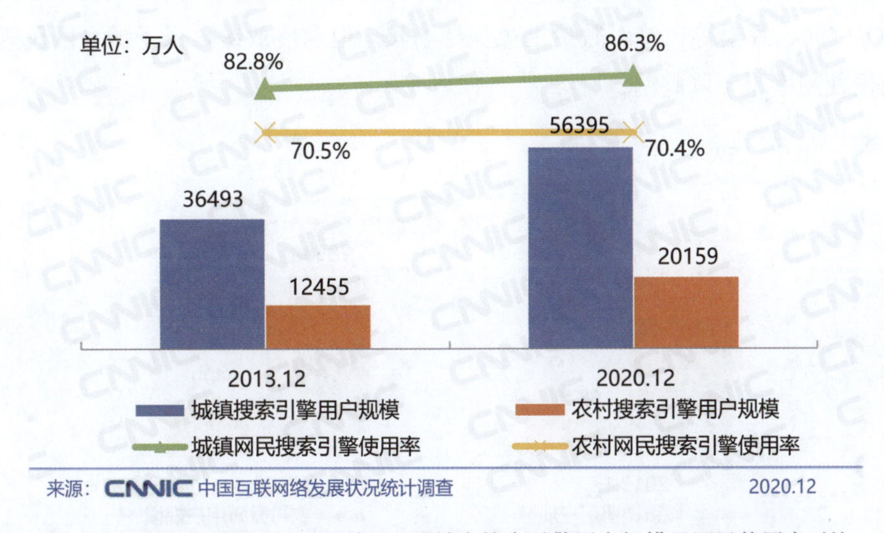

图 2-13　2013 年 12 月与 2020 年 12 月城乡搜索引擎用户规模及网民使用率对比

三是城乡网络新闻用户规模保持平稳增长。2014 年 12 月至 2020 年 12 月，我国农村网络新闻用户规模由 1.32 亿人增长至 1.94 亿人，增幅达 46.4%，农村网民使用率下降 6.4 个百分点；城镇网络新闻用户规模由 3.86 亿人增长至 5.31 亿人，增幅达 37.4%，城镇网民使用率下降 0.9 个百分点（如图 2-14 所示）。

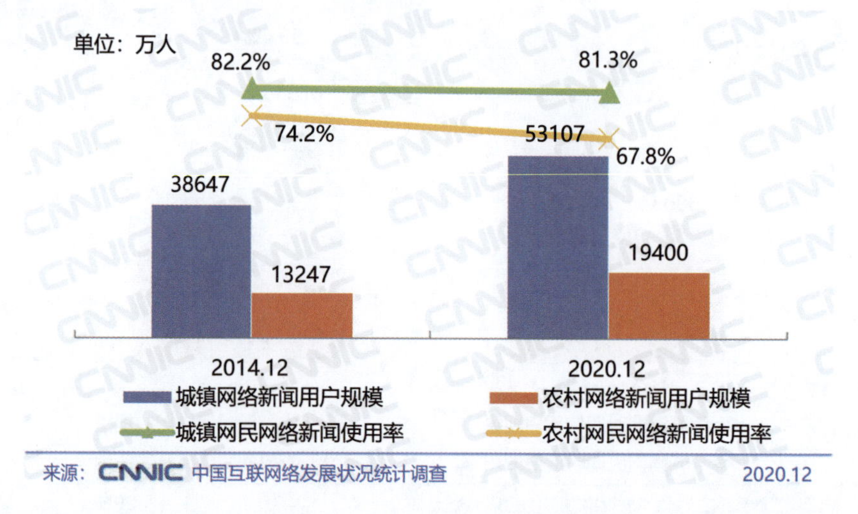

图 2-14　2014 年 12 月与 2020 年 12 月城乡网络新闻用户规模及网民使用率对比

四是城乡社交应用用户规模增长速度趋缓。截至 2020 年 6 月，我国城乡社交应用用户规模分别达 6.15 亿人和 2.54 亿人，网民使用率分别达 94.0%和 89.1%。其中，农村微博用户规模由 2013 年 12 月的 6225 万人增长至 9400 万人，增幅达 51.0%，城镇微博用户规模由 2013 年 12 月的 2.16 亿人增长至 2.86 亿人，增幅达 32.1%，城乡网民对微博的使用率分别下降 5.4 和 2.3 个百分点（如图 2-15 所示）。此外，微信朋友圈、QQ 空间、豆瓣等在绝对数量上虽保持增长，但速度放缓，低于城乡网民规模增速，网民使用率呈下降趋势。

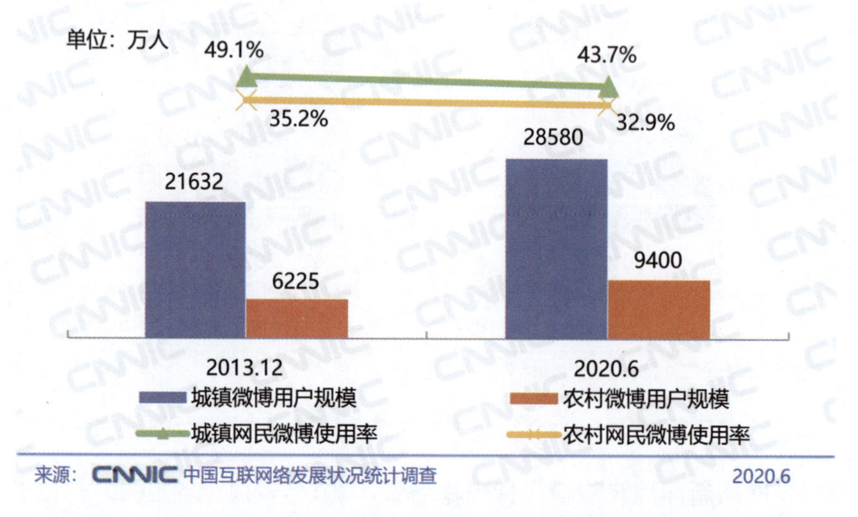

图 2-15　2013 年 12 月与 2020 年 6 月城乡微博用户规模及网民使用率对比

2. 商务交易类应用

一是网络购物用户规模增长迅猛，城乡差距进一步缩小。2013 年 12 月至 2020 年

12 月，我国农村网络购物用户规模由 5485 万人增长至 2.17 亿人，年复合增长率为 21.7%，农村网民使用率上涨 39.1 个百分点；城镇网络购物用户规模由 2.43 亿人增长至 5.65 亿人，年复合增长率为 12.8%，城镇网民使用率上涨 28.0 个百分点；网民使用率城乡差距由 24.1 个百分点下降至 13.0 个百分点（如图 2-16 所示）。

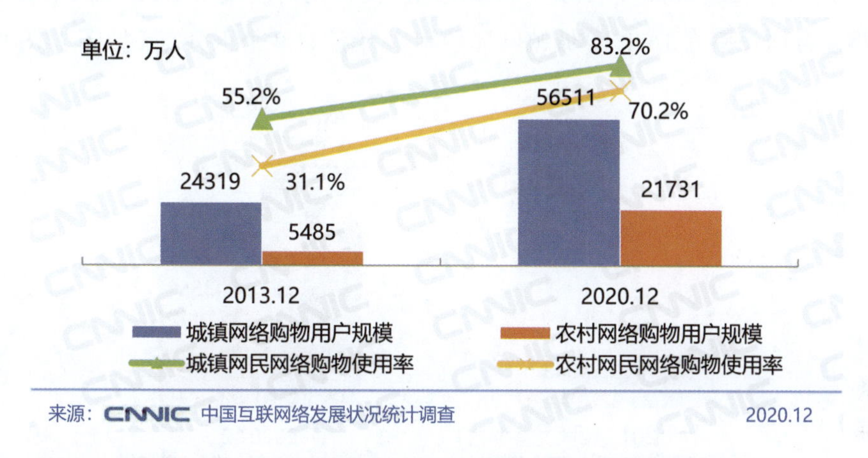

图 2-16　2013 年 12 月与 2020 年 12 月城乡网络购物用户规模及网民使用率对比

二是在线旅行预订[①]受疫情影响严重，且城乡差距较大。2013 年至 2018 年，我国农村在线旅行预订用户规模由 3910 万人增长至 7442 万人，年复合增长率达 13.7%；城镇在线旅行预订用户规模由 1.40 亿人增长至 3.36 亿人，年复合增长率达 19.1%。2020 年年初，受新冠肺炎疫情影响，在线旅行预订用户大幅缩减。截至 2020 年 12 月，城乡在线旅行预订用户规模分别达 2.82 亿人和 5893 万人；此外，城乡网民使用率差距仍较大，达 22.5 个百分点（如图 2-17 所示）。

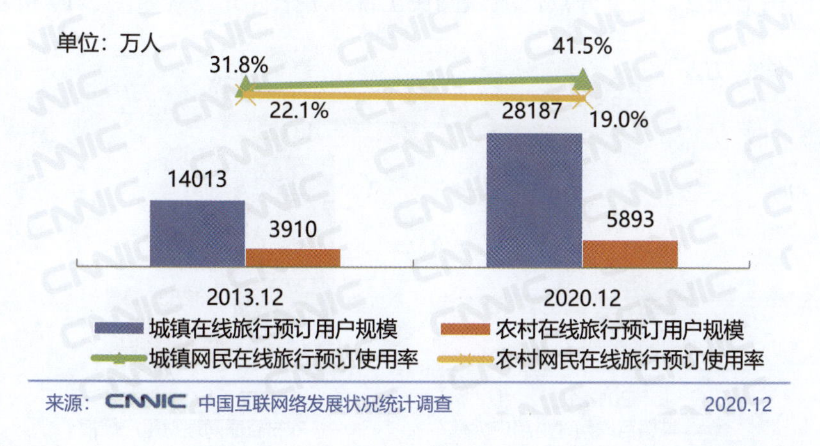

图 2-17　2013 年 12 月与 2020 年 12 月城乡在线旅行预订用户规模及网民使用率对比

① 在线旅行预订包括网上预订机票、酒店、火车票和旅游度假产品。

3. 网络金融类应用

一是城乡网民网上支付使用率呈现强劲增长势头。2013 年 12 月至 2020 年 12 月，我国农村网上支付用户规模由 4543 万人增长至 2.44 亿人，年复合增长率为 27.3%，农村网民使用率上涨 53.1 个百分点；城镇网上支付用户规模由 2.11 亿人增长至 6.10 亿人，年复合增长率为 16.4%，城镇网民使用率上涨 41.9 个百分点（如图 2-18 所示）。

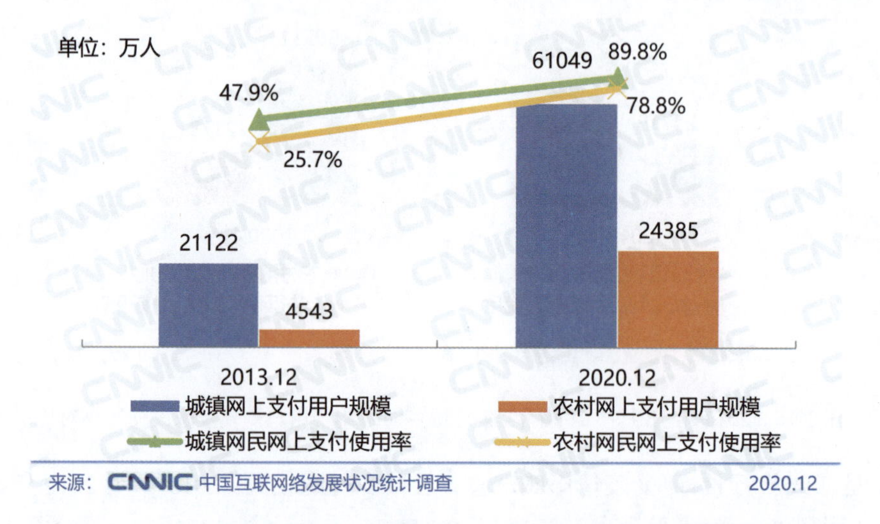

图 2-18　2013 年 12 月与 2020 年 12 月城乡网上支付用户规模及网民使用率对比

二是城乡互联网理财用户规模保持中速增长。2014 年 12 月至 2020 年 12 月，我国农村互联网理财用户规模由 1508 万人增长至 3285 万人，城镇互联网理财用户规模由 6341 万人增长至 1.37 亿人，年平均增速均超过 10%。在对互联网理财的使用率方面，农村网民上涨 2.2 个百分点，城镇网民上涨 6.7 个百分点（如图 2-19 所示）。

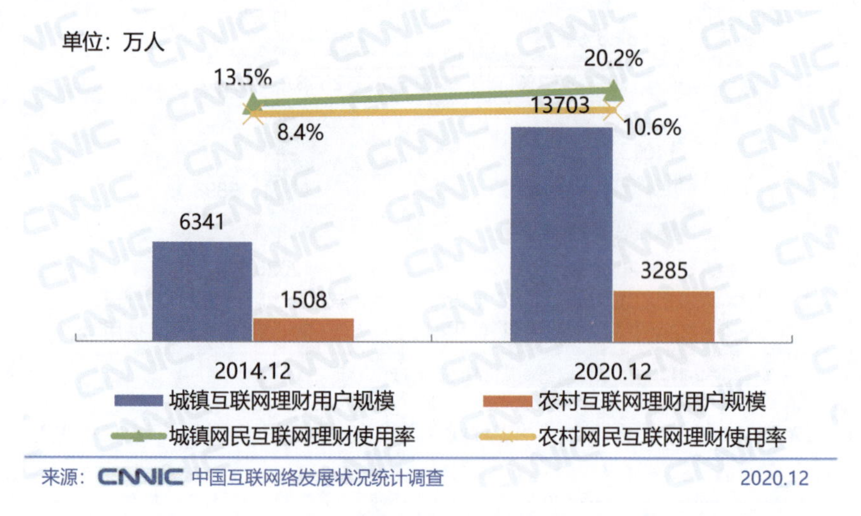

图 2-19　2014 年 12 月与 2020 年 12 月城乡互联网理财用户规模及网民使用率对比

4. 网络娱乐类应用

一是城乡网民网络音乐使用率呈现下降态势。 2013 年 12 月至 2020 年 12 月，我国农村网络音乐用户规模由 1.18 亿人增长至 1.79 亿人，增幅达 51.7%，农村网民使用率下降 8.9 个百分点；城镇网络音乐用户规模由 3.41 亿人增长至 4.79 亿人，增幅达 40.5%，城镇网民使用率下降 6.8 个百分点（如图 2-20 所示）。

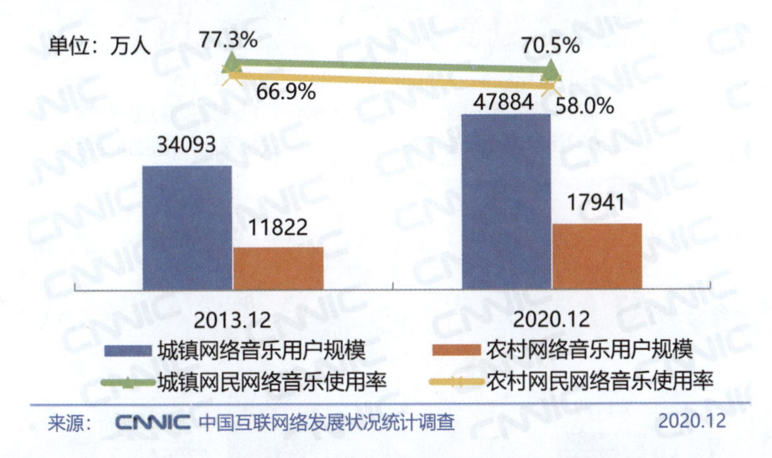

图 2-20 2013 年 12 月与 2020 年 12 月城乡网络音乐用户规模及网民使用率对比

二是城乡网民网络视频使用率差距逐渐缩小。 2013 年 12 月至 2020 年 12 月，我国农村网络视频用户①规模由 9714 万人增长至 2.86 亿人，年平均增速超过 16.7%，农村网民使用率上涨 37.3 个百分点；城镇网络视频用户规模由 3.28 亿人增长至 6.41 亿人，增幅达 95.4%，城镇网民使用率上涨 20.0 个百分点（如图 2-21 所示）。截至 2020 年 12 月，城乡短视频用户②规模的年复合增长率均超过 15%，网民使用率分别达 88.7% 和 87.5%（如图 2-22 所示）。

三是城乡网络直播③用户规模及网民使用率保持稳定增长。 截至 2020 年 12 月，我国农村网络直播用户规模为 1.78 亿人，较 2017 年 12 月上升 74.5%，农村网民使用率为 57.5%，较 2017 年 12 月上涨 8.3 个百分点；城镇网络直播用户规模为 4.39 亿人，较 2017 年 12 月上升 36.3%，城镇网民使用率为 64.6%，较 2017 年 12 月上涨 9.2 个百分点（如图 2-23 所示）。此外，城乡网民对各主要直播类型的使用率并没有较大差异（如图 1-24 所示），但从细分群体来看，城镇男性群体对游戏直播和体育直播的使用率分别达 34.8%和 30.5%，显著高于其他群体，体现出明显的行为偏好。

---

① 网络视频用户：2013 年仅包括电影、电视剧、综艺等长视频用户，2020 年包括长视频和短视频用户。

② 短视频用户指过去半年在网上看过短视频的用户。

③ 本次统计仅计入真人秀、游戏、演唱会、体育四类直播。

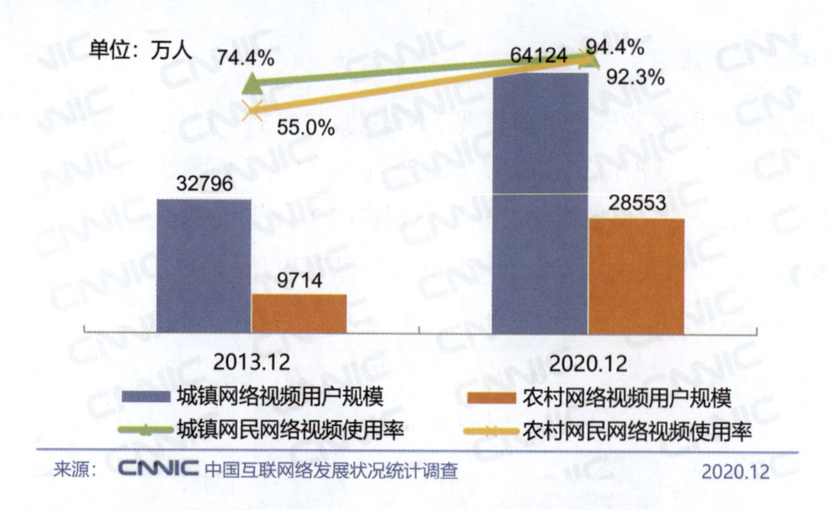

图 2-21　2013 年 12 月与 2020 年 12 月城乡网络视频用户规模及网民使用率对比

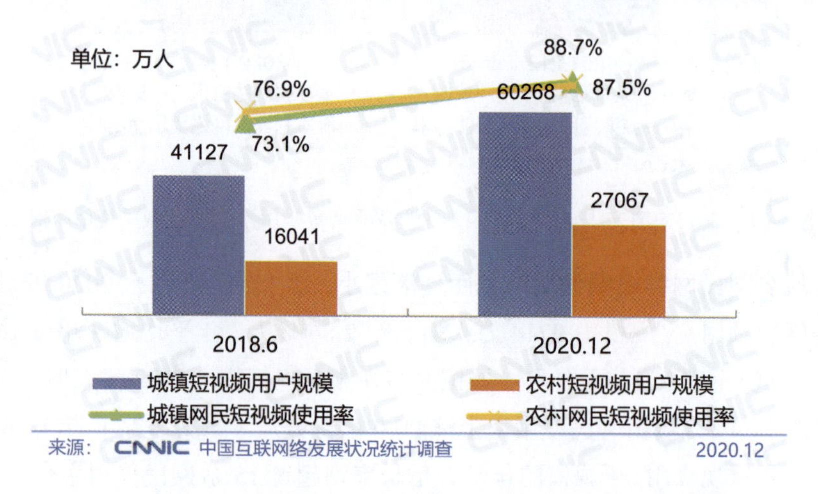

图 2-22　2018 年 6 月与 2020 年 12 月城乡短视频用户规模及网民使用率对比

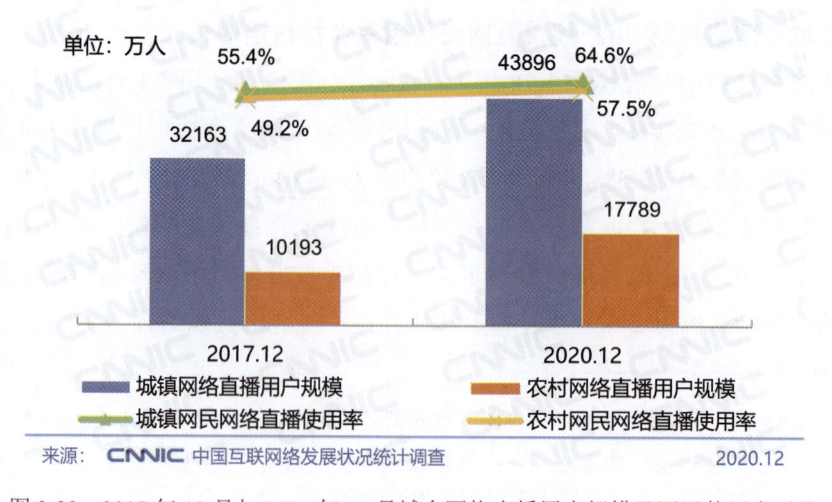

图 2-23　2017 年 12 月与 2020 年 12 月城乡网络直播用户规模及网民使用率对比

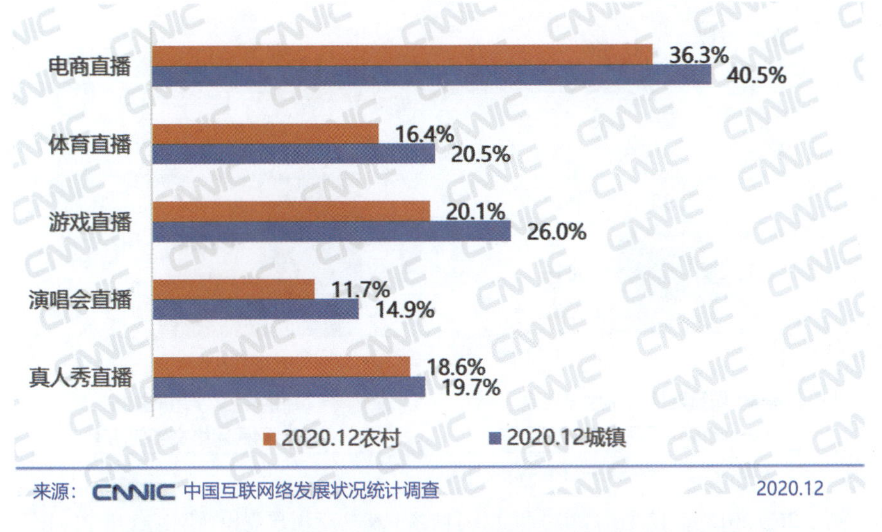

图 2-24　2020 年 12 月城乡各主要直播类型网民使用率对比

四是城乡网络游戏用户规模保持稳定增长。2013 年 12 月至 2020 年 12 月，我国农村网络游戏用户规模由 8249 万人增长至 1.31 亿人，增幅达 59.8%，农村网民使用率下降 4.5 个百分点；城镇网络游戏用户规模由 2.57 亿人增长至 3.87 亿人，增幅达 50.6%，城镇网民使用率下降 1.4 个百分点（如图 2-25 所示）。

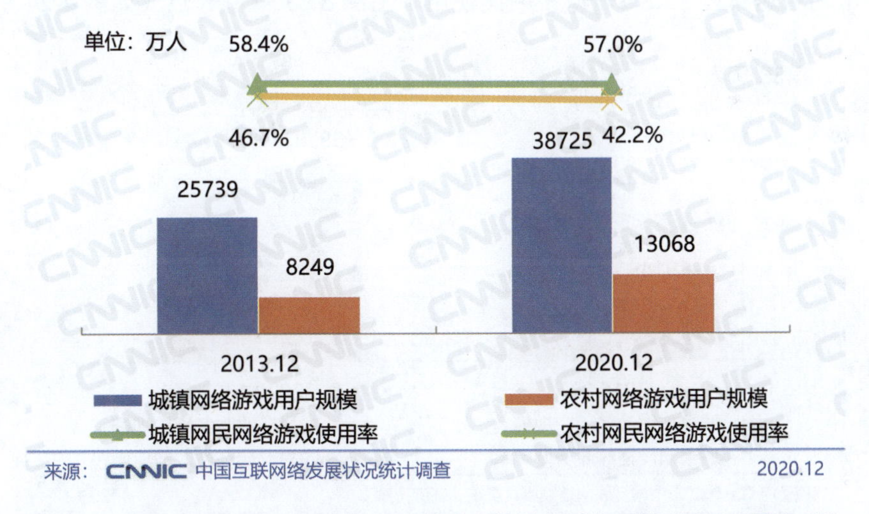

图 2-25　2013 年 12 月与 2020 年 12 月城乡网络游戏用户规模及网民使用率对比

五是城乡网络文学用户规模及网民使用率均保持良好增长态势。2013 年 12 月至 2020 年 12 月，我国农村网络文学用户规模由 6616 万人增长至 1.30 亿人，增幅达 97%，农村网民使用率上涨 4.6 个百分点；城镇网络文学用户规模由 2.10 亿人增长至 3.30 亿人，增幅达 57.1%，城镇网民使用率上涨 0.9 个百分点（如图 2-26 所示）。

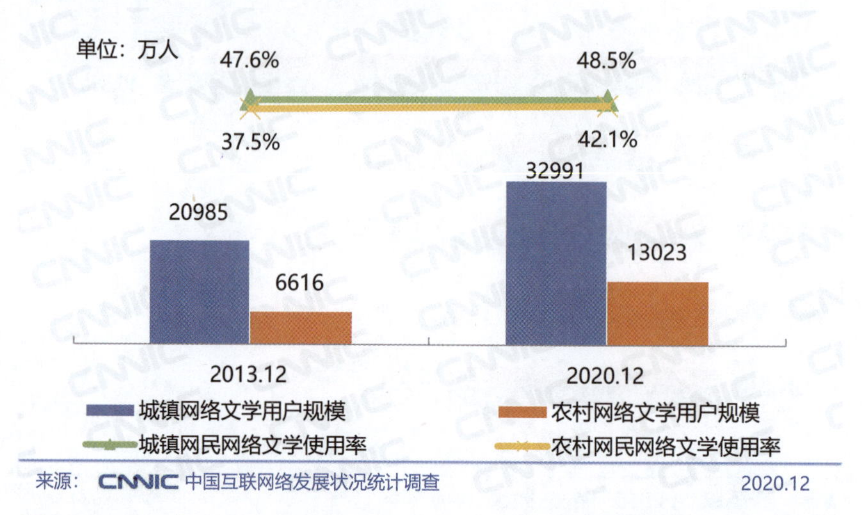

图 2-26　2013 年 12 月与 2020 年 12 月城乡网络文学用户规模及网民使用率对比

5. 公共服务类应用

一是在线政务成为城乡网民使用率涨幅最高的应用。2016 年 12 月至 2020 年 12 月，我国农村在线政务用户规模由 4693 万人增长至 2.49 亿人，年平均增速超过 51.7%，农村网民使用率上涨 56.9 个百分点；城镇在线政务用户规模由 1.91 亿人增长至 5.94 亿人，年平均增速超过 32.8%，城镇网民使用率上涨 51.3 个百分点（如图 2-27 所示）。

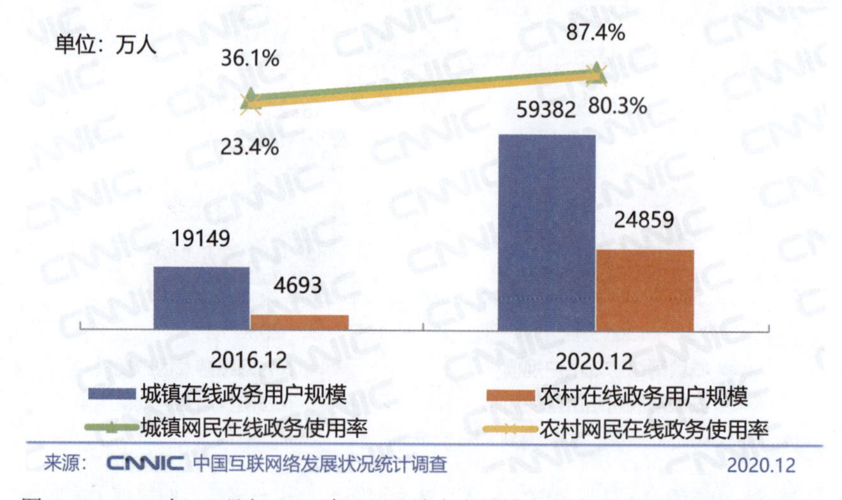

图 2-27　2016 年 12 月与 2020 年 12 月城乡在线政务用户规模及网民使用率对比

二是网约车用户规模跌至 2017 年水平。总体来看，受新冠肺炎疫情的持续影响，居民出行大幅减少，与之相关的旅行预订、网约车等应用均表现低迷，总体网民使用率较疫前水平仍存在差距。截至 2020 年 12 月，我国农村网约车①用户规模为 6064 万人，

① 网约车：包括网约出租车、专车及快车。

较 2017 年 12 月增长 411 万人，农村网民使用率达 19.6%，较 2017 年 12 月下降 7.5 个百分点；城镇网约车用户规模为 3.05 亿人，较 2017 年 12 月增长 1900 万人，城镇网民使用率达 44.8%，较 2017 年 12 月下降 5.9 个百分点（如图 2-28 所示）。

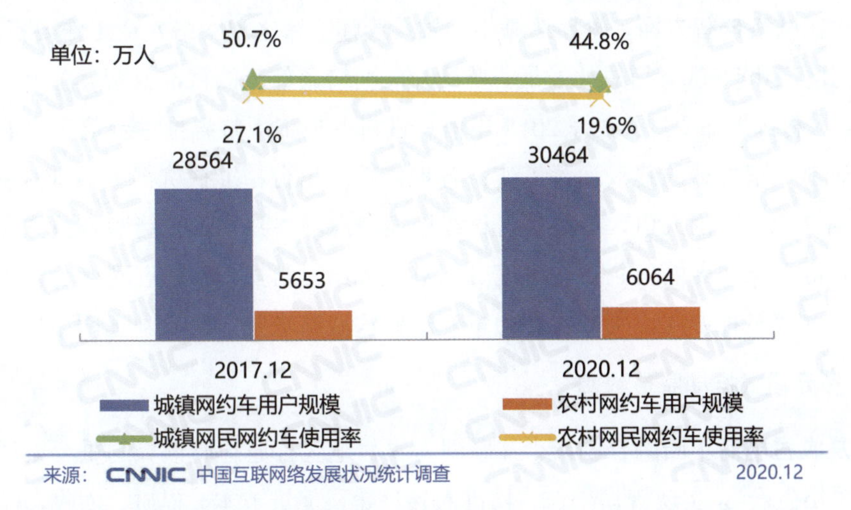

图 2-28　2017 年 12 月与 2020 年 12 月城乡网约车用户规模及网民使用率对比

2.2.3　多措并举助力网络扶贫纵深推进

近年来，互联网与农业生产、农村建设和农民生活加速融合，在农业农村现代化进程中发挥其基础性、战略性、带动性作用，促进农业农村信息化工作取得长足进步，有力支撑我国农业全面升级、农村全面进步、农民全面发展，推动脱贫攻坚取得实质性、突破性进展。

1. 形成网络扶贫政策合力

2016 年，中央网信办、国家发展和改革委员会、国务院扶贫办联合印发《网络扶贫行动计划》，指出要充分发挥互联网的先导力量和驱动作用，实施网络覆盖、农村电商、网络扶智、信息服务、网络公益五大工程。此后，中央网信办统筹协调有关政府机构，联合社会各方力量，通过加快补齐贫困地区网络基础设施短板，推广符合农业生产、农村建设、农民生活需求的网络应用等措施，进一步释放互联网在农业生产数字化、农业经营网络化、农村产业集群化、农村流通现代化、农村服务信息化、农村管理精细化等方面的重要作用，以更大的力度、更实的措施推进网络扶贫行动向纵深发展，为打赢脱贫攻坚战、实施乡村振兴战略、决胜全面建成小康社会做出贡献。

在网络覆盖方面，工业和信息化部印发《关于推进网络扶贫的实施方案（2018—2020 年）》，引导基础电信部门和企业加快贫困村通宽带进程，加强贫困地区网络应用，对深度贫困地区实施优先支持。**在农村电商方面**，《关于开展农产品电商标准体系建设工作的指导意见》《关于开展 2019 年电子商务进农村综合示范工作的通知》出台，积极推动电商扶贫通过增加农产品信任背书、改造农产品上行渠道和产业链等方式深入开展。**在网络扶智方面**，教育部每年印发《教育信息化和网络安全工作要点》，深入推进“三区三州[①]”教育信息化发展，持续开展网络条件下的精准扶智。**在信息服务方面**，农业农村部发布《关于做好 2018 年信息进村入户工程整省推进示范工作的通知》，重点部署益农信息社的建设运营工作；各地方政府出台精准扶贫档案管理实施办法，聚焦建档立卡的贫困人口，推动实现村级档案信息网络共享。**在网络公益方面**，中央网信办指导多家知名网信企业与深度贫困县达成结对帮扶，并通过网络公益平台、网络传播活动等多种方式，引导社会力量广泛参与脱贫攻坚，缔结网上网下同心圆。

2. 多元模式推动脱贫致富

一是农村电商不断融合创新。互联网为农村地区打通沟通世界的重要渠道，聚合分散的“小生产”，实现规模效益，精准对接产销，促进节本、提质、创收，以多元化的农村电商模式，全面赋能农村经济发展新动力。随着网络购物的普及，以及人们对天然绿色农产品、特色优质农产品需求的增加，农业发展在政府和相关企业的助力下搭上农村电商发展的快车。近年来，农业电商试点在全国 14 个省开展，其中电商标准体系建设和供应链创新试点工作不断开展，电商企业加速渠道整合、积极拓展农业上游生产端，为贫困地区农民脱贫致富找到内生动力。同时，中国电商扶贫联盟成立，电商企业加大对农村物流和供应链的投资力度，积极培育“电商村”，并利用互联网整合农村资源、搭建农产品销售平台、打造优良农特产品品牌，创新多种模式推动农产品上行，改善农产品滞销等问题，开拓农民增收创收的渠道。随着“田间地头+电商+商超门店”多渠道的深度融合，社交电商、内容电商等新模式向农村电商加速渗透，电商扶贫将更加多元化。

二是互联网催生乡村旅游新模式。随着城市化进程的加快，越来越多的城市居民在闲暇时间选择逃离城市快节奏的生活，回归乡村，体验乡村特有的生态环境和生活文化。通过“互联网+乡村旅游”O2O 模式，发挥互联网在流量导入、管理运营等方面的明显优势，实现线上线下紧密结合的乡村旅游新模式。近年来，我国政企联合发力，加大贫困地区旅游景点和特色旅游线路的宣传力度，为农村农民带来流量，推动农民从卖“产品”到卖“风光”，并结合观赏型、休闲型、分享型和体验型旅游，充分

---

① 三区三州：“三区”指西藏、新疆南疆四地州和四省（包括青海、四川、云南、甘肃）藏区；“三州”指甘肃的临夏州、四川的凉山州和云南的怒江州。“三区三州”是国家层面的深度贫困地区。

挖掘乡村美景美食和农场农庄的价值，利用地方特色多渠道实现脱贫致富。

3. 数字技术保障精准管理

一是互联网激发卫星数据服务网络化。2018 年 6 月，中国首颗农业高分观测卫星“高分六号”成功发射，其红边波段[①]能够显著提升其作物识别能力，实现对玉米、大豆、棉花等同期生长的大宗作物和大蒜、生姜、枸杞等经济作物的田块级精准识别，为高精度、定量化的农业生产过程和农业资源环境要素监测提供可靠的支撑手段。未来，“互联网+卫星应用+大数据分析”模式不断优化和推广，将大幅提高农业对地监测能力，加速推进“空天地”数字农业管理系统和数字农业农村建设，为乡村振兴战略实施提供精准的数据支撑。

二是物联网推动农业生产智能化。近几年，农业物联网区域试验在全国近 10 个省（市、区）开展，400 多项节本增效农业物联网产品技术和应用模式发布，进一步推动实现智能化、自动化的农业生产过程。农业物联网系统利用数字技术的集成化应用，助力农业智能监控、农业精准作业、农业产品加工等多个环节，达到降本增效的目的。同时，智慧农业云平台、智慧农业 App 研发完成并投入使用，以“科学种植、智能管理”改变以往的“靠天、靠经验”，以实际应用带动农业全产业链发展，成为未来农业发展的方向。

三是大数据实现农村管理动态化。当前，我国大数据技术应用相对成熟，通过对海量扶贫数据的搜集、分析和利用，可找准突破口和着力点，对扶贫工作进行精准监测和动态调整，为因地因户制宜，推行个性化、差异化、定制化的精准扶贫策略提供新的技术支撑。近年来，多地在大数据支撑扶贫工作上发力，建成精准扶贫大数据平台，努力实现用数据决策、用数据管理、用数据创新，提高扶贫工作效率。此外，通过对农产品从生产到销售全流程数据的挖掘和分析，可跟踪并分析全国各地主要农产品的行情与走势，促进产销精准对接，为广大农业从业者及相关机构提供决策参考。

4. 加快健全支撑保障体系

一是互联网畅通农村信息流。近年来，随着网络社交应用的普及，微博、微信、网络论坛等互动性较强、参与度较高的社交平台在促进农民交流合作、推广网络扶贫公益活动的过程中发挥了越来越重要的作用，社交网络为基层乡村赋能。例如，农村网民、合作社和企业可利用公众号、小程序等功能实现对乡村美食美景的营销宣传、消费者的早期触达和关系维护。在有关国家部委机构的统筹推进下，600 个县级融媒

---

① 红边波段是指示绿色植物生长状况的敏感性波段。

体中心在2018年先行启动建设，采取“中央厨房”模式整合县区广播电视台、报社、政府网、内部刊物、App客户端、媒体微博和微信，并融合政府服务、公共服务和文化服务等功能，在全国范围内逐步建立政府宣传与沟通的网络体系，促进政府更加贴近农村群众，促进基层更好地了解农民、引导农民和服务农民。

二是互联网协助农村人才培养。近年来，在政策驱动、资金扶持和对口支援下，各地农村在线教育发展成果显著，在硬件条件、软件维护、互动方式、教师应用等方面均有效改善，进一步促进优质教育资源共享，缩小东西区域间的发展差距。为响应精准扶贫的号召，网信企业积极参与中央网信办网络扶贫行动，对农村地区特别是西部“三区三州”深度贫困地区展开定点结对帮扶，持续改善农村学校信息化基础设施环境，利用网络直播等创新方式为农村学校输送丰富的教育资源，激活农村教育自主发展内驱力，为农村贫困与边远地区教育“换道超车”提供助力。受教育程度的提升将进一步促进农村网民挖掘和利用互联网及信息化的价值，成长为脱贫致富“带头人”、乡村振兴“生力军”。

三是互联网提高农村交通运输管理效率。智慧交通、共享出行等公共服务对农村领域的延伸，不仅为农民生活提供了便利，也为城乡货运、商贸流通提供了新的解决方案，使农民对互联网、大数据等技术发展成果有更多的获得感。目前，农村地区网约车服务供给呈现分散性、区域性和非均衡性特点，贫困、落后及受自然条件影响较大的地区供给仍存在较大困难。另外，农村地区人口居住相对分散，如何更加安全、低成本、高效地提供出行服务还有待有关主管部门和企业从软性规则和硬性保障两方面采取措施，从而进一步促进农民使用交通出行类互联网应用。

四是互联网集聚农村资金流。近年来，农民对金融的认知发生转变，网上支付、网上银行、网上借贷的操作熟练程度逐渐提高，促使更多企业逐步拓展农村互联网金融业务。随着线上线下融合发展模式的推广，互联网金融平台与“三农金融服务点”实现相互促进，激发农民的金融需求，激活农村金融服务链，为更好地服务农民发展生产、改善生活提供助力。

总体来看，在中央资金引导、各级政府协调支持和相关网信企业的大力推进下，我国农村互联网稳步发展，农村信息化建设成果得以巩固，助力脱贫攻坚工作取得决定性进展。同时，“互联网+”与“三农”深度融合，并开始从“互联网+”到“全联网”的探索实践，通过移动互联网、遥感、大数据、物联网、云计算等高新技术的集成化应用，大力发展数字农业和智慧农村，引领技术流、信息流、人才流、物资流、资金流向农业农村集聚，提供农产品产销新模式，开辟农民就业增收新渠道，创新农村管理服务新方法，以新农业、新农民、新农村为乡村振兴提供全新动力。

2.3　互联网向未成年及银发群体渗透

2.3.1　未成年及银发人群成为网民新增量

近年来，以手机为代表的移动上网设备快速普及，互联网不断向未成年及银发群体渗透，相关用户规模、使用时长均大幅增长，极大地促进了互联网人口红利的持续释放。互联网已成为不同年龄段网民共同的信息获取途径、交流沟通工具和休闲娱乐平台。

1. 人口老龄化趋势已延伸至互联网领域

数字鸿沟问题是 21 世纪经济全球化的重要障碍，易引起社会发展的不稳定、不确定因素，是世界各国共同关注的难题。我国数字鸿沟主要表现为不同地域之间、不同年龄群体之间的互联网使用差异。2013 年 12 月至 2020 年 12 月，我国网民年龄结构发生较为明显的变化，表现为 40 岁及以上的网民群体占比不断提升，涨幅达 26.0 个百分点；10～19 岁和 20～29 岁的网民群体占比大幅下降，降幅分别达 10.6 和 13.4 个百分点（如图 2-29 所示）。与此同时，九成非网民为中高龄人口（如图 2-30 所示），进一步提升互联网普及率面临挑战，须有更适合这一年龄段群体上网的易用、无障碍型终端设备和满足其特有需求的互联网应用。未来，随着互联网在中高龄人口中的渗透，我国网民年龄结构将逐渐趋向人口结构，呈现出相似的老龄化趋势。

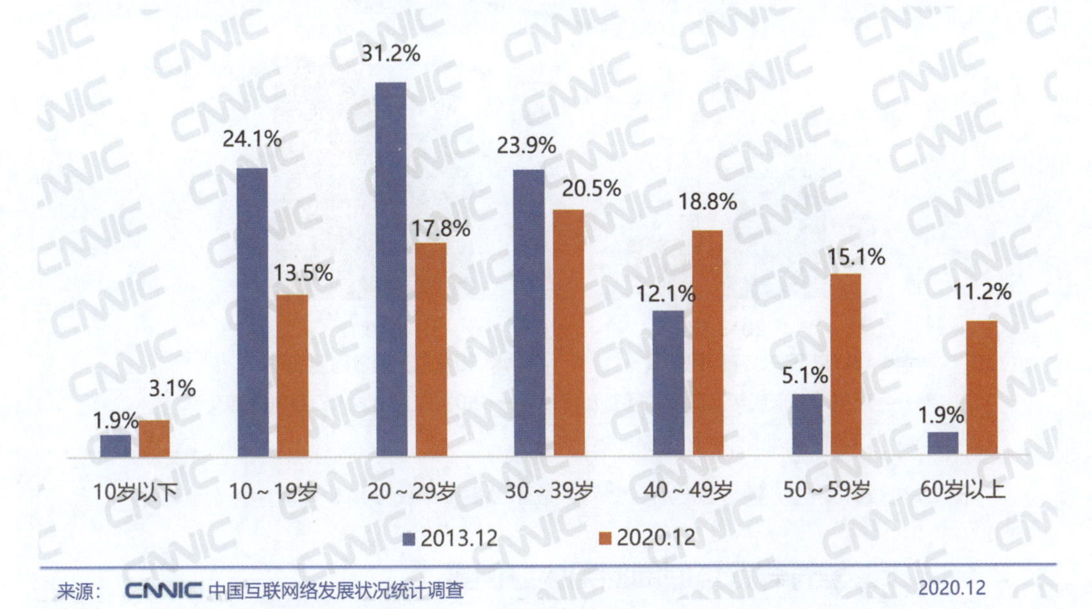

图 2-29　2013 年 12 月与 2020 年 12 月网民年龄结构对比

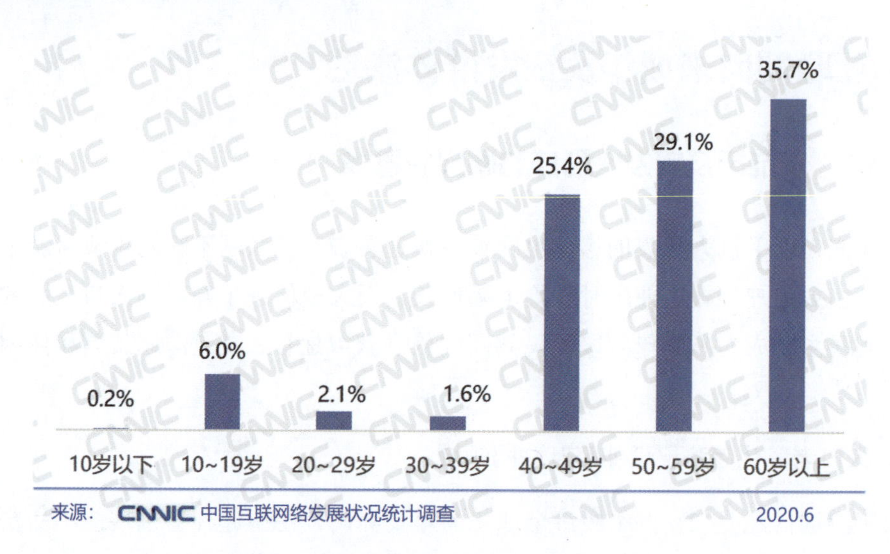

图 2-30　2020 年 6 月非网民年龄结构占比

2. 未成年及银发潮催生互联网新蓝海

2013 年 12 月至 2020 年 12 月，我国 18 岁以下未成年网民规模由 1.35 亿人增长至 1.81 亿人，未成年人口互联网普及率上涨 47.0 个百分点；50 岁以上银发网民规模由 6178 万人增长至 2.55 亿人，银发人口互联网普及率上涨 42.2 个百分点（如图 2-31 所示）。未成年及银发网民规模均保持快速增长态势，催生在线教育、互联网医疗等新蓝海。

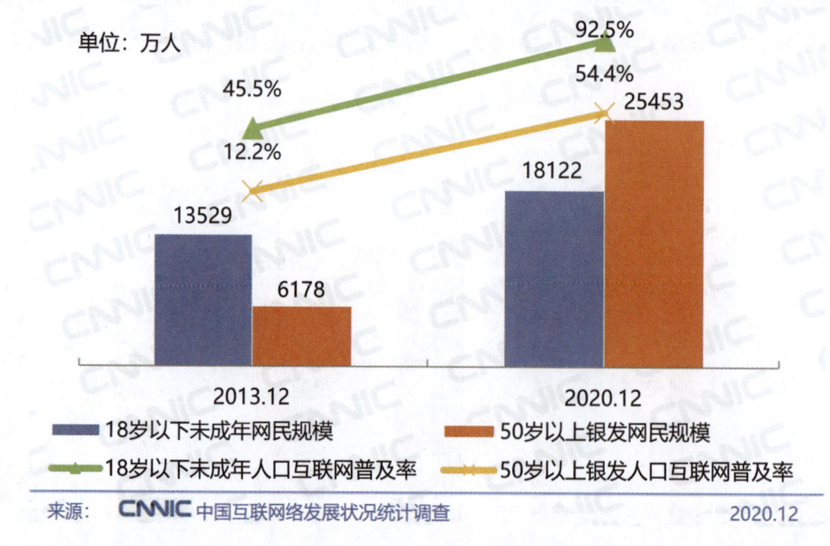

图 2-31　2013 年 12 月与 2020 年 12 月未成年及银发网民规模和互联网普及率对比

2.3.2　年龄差异导致互联网应用偏好明显

通过对比未成年及银发网民对互联网应用的使用情况，发现未成年网民对互联网应用的依赖程度更高。数据显示，未成年及银发网民使用率相差 10 个百分点以内的互联网应用有两类：一是即时通信、网上支付、网络购物、短视频等，这几类应用在各年龄段网民群体中的渗透率均较高，符合我国网民的共同需求或爱好；二是网约车、在线旅行预订、网上听书/网络电台等，未成年及银发网民对这几类应用的使用程度均较低，故差距较小。使用率差异达 25 个百分点以上的互联网应用分别为网络新闻、网络音乐、网络游戏等，反映出明显的年龄偏好。另外，银发网民对网络新闻、在线旅行预订、互联网理财等应用的使用程度高于未成年网民，体现出银发网民更偏向实际，且其网络行为受养老意识的影响，更具消费潜力。

1. 基础应用类应用

一是即时通信是未成年及银发网民使用率最高的应用。2013 年 12 月至 2020 年 12 月，我国未成年网民即时通信用户规模由 1.19 亿人增长至 1.37 亿人，增幅达 15%，未成年网民使用率上涨 11.7 个百分点；银发网民即时通信用户规模由 4228 万人增长至 2.50 亿人，银发网民使用率上涨 29.7 个百分点（如图 2-32 所示）。

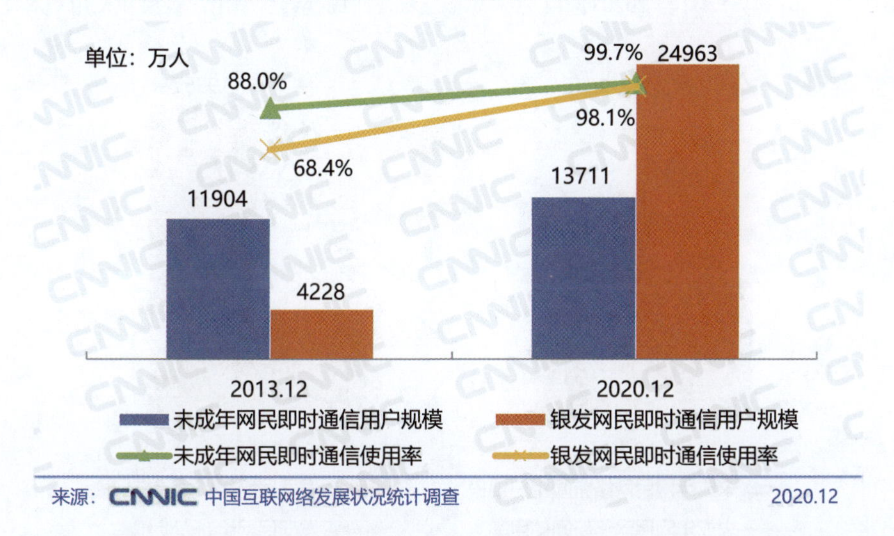

图 2-32　2013 年 12 月与 2020 年 12 月未成年及银发网民即时通信用户规模和使用率对比

二是银发网民搜索引擎用户规模增长明显快于未成年网民。2013 年 12 月至 2020 年 12 月，我国未成年网民搜索引擎用户规模由 1.06 亿人增长至 1.09 亿人，未成年网民使用率上涨 0.7 个百分点；银发网民搜索引擎用户规模由 4020 万人增长至 1.38 亿人，银发网民使用率有所下降（如图 2-33 所示）。

三是银发网民网络新闻使用率远高于未成年网民。2013 年 12 月至 2020 年 12 月，我国未成年网民网络新闻用户规模由 8560 万人减少至 6798 万人，银发网民网络新闻用户规模由 5058 万人增长至 1.94 亿人（如图 2-34 所示）。虽然银发网民在使用率方面有所下降，但相比未成年网民，银发网民显然更偏爱网络新闻，体现出银发群体对信息、资讯等的极大兴趣。

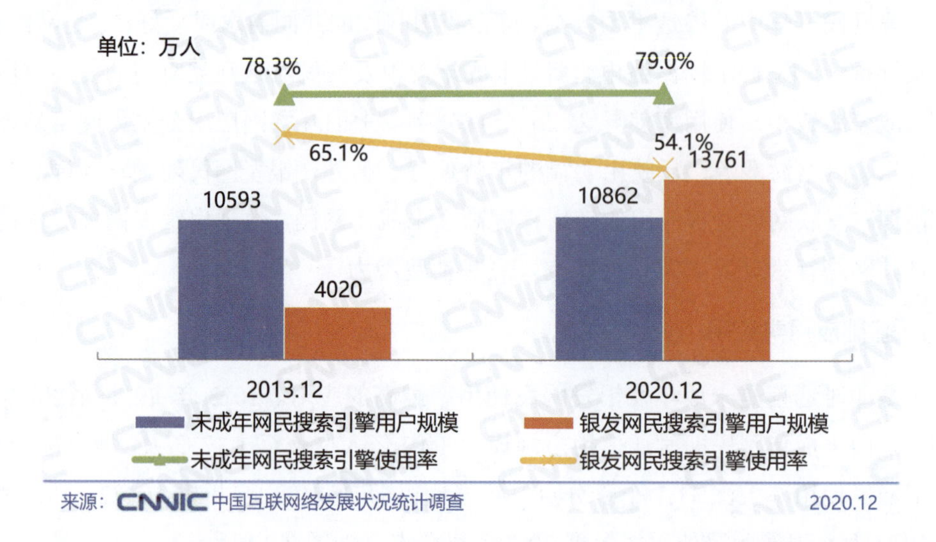

图 2-33　2013 年 12 月与 2020 年 12 月未成年及银发网民搜索引擎用户规模和使用率对比

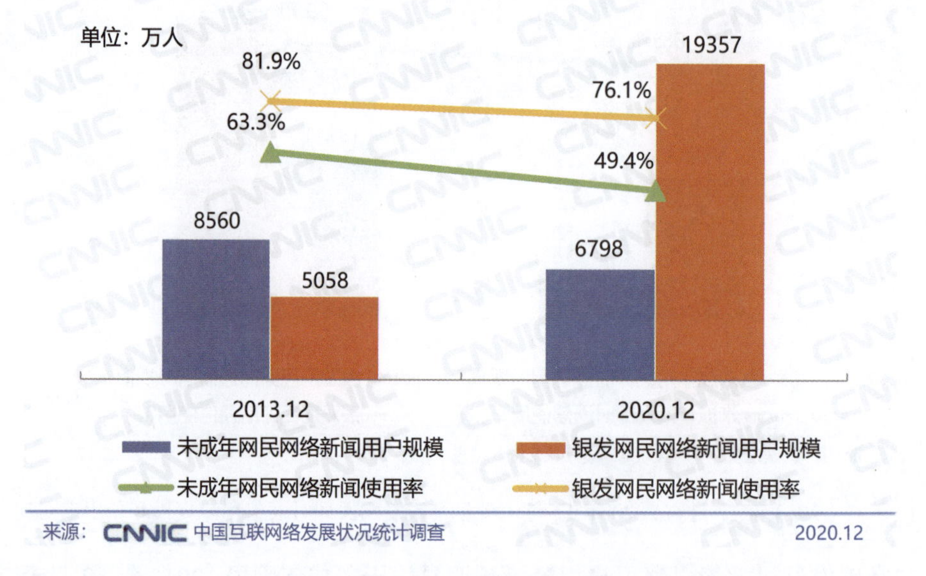

图 2-34　2013 年 12 月与 2020 年 12 月未成年及银发网民网络新闻用户规模和使用率对比

四是未成年及银发网民社交应用使用率均小幅下降。截至 2020 年 6 月，我国未成年网民微博用户规模由 2013 年 12 月的 6709 万人增长至 7335 万人，增幅为 9.3%，未成年网民使用率下降 8.4 个百分点；银发网民微博用户规模由 2013 年 12 月的 1765 万人增长至 5296 万人，增幅超过 200%，银发网民使用率下降 1.7 个百分点（如图 2-35 所示）。未成年及银发网民微博用户规模在绝对数量上虽保持增长，但速度放缓，低于未成年及银发网民规模增速，因此在使用率上呈下降趋势。

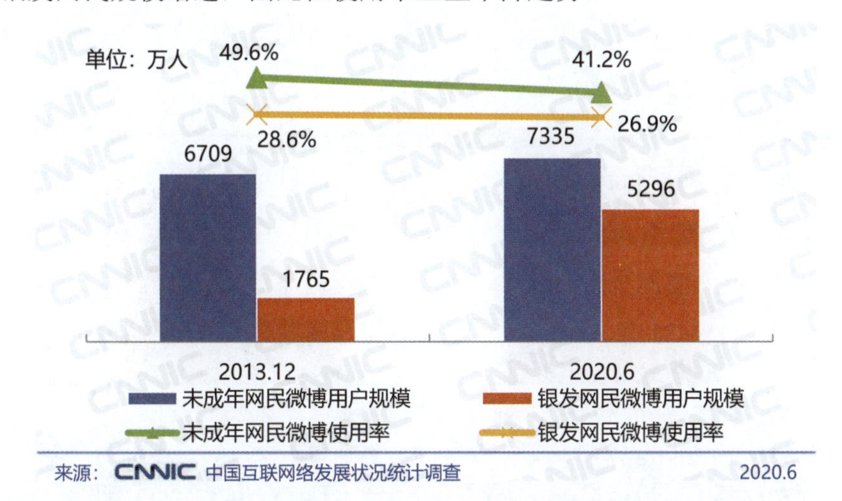

图 2-35　2013 年 12 月与 2020 年 6 月未成年及银发网民微博用户规模和使用率对比

2. 商务交易类应用

一是未成年及银发网民网络购物用户规模增长迅速。2013 年 12 月至 2020 年 12 月，我国未成年网民网络购物用户规模由 5783 万人增长至 8898 万人，未成年网民使用率上涨 21.9 个百分点；银发网民网络购物用户规模由 1949 万人增长至 1.57 亿人，银发网民使用率上涨 30.1 个百分点（如图 2-36 所示）。

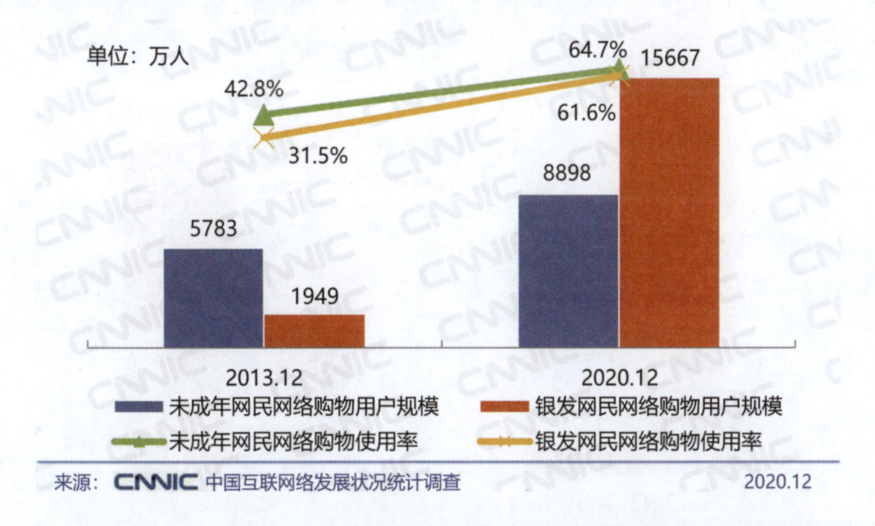

图 2-36　2013 年 12 月与 2020 年 12 月未成年及银发网民网络购物用户规模和使用率对比

二是银发网民在线旅行预订用户规模实现后发赶超。2013 年 12 月至 2020 年 12 月，我国未成年网民在线旅行预订用户规模由 2528 万人减少至 1889 万人，未成年网民使用率下降 5.0 个百分点；银发网民在线旅行预订用户规模由 1547 万人增长至 5414 万人，由少于未成年网民 981 万人变为超过未成年网民 3525 万人（如图 2-37 所示）。

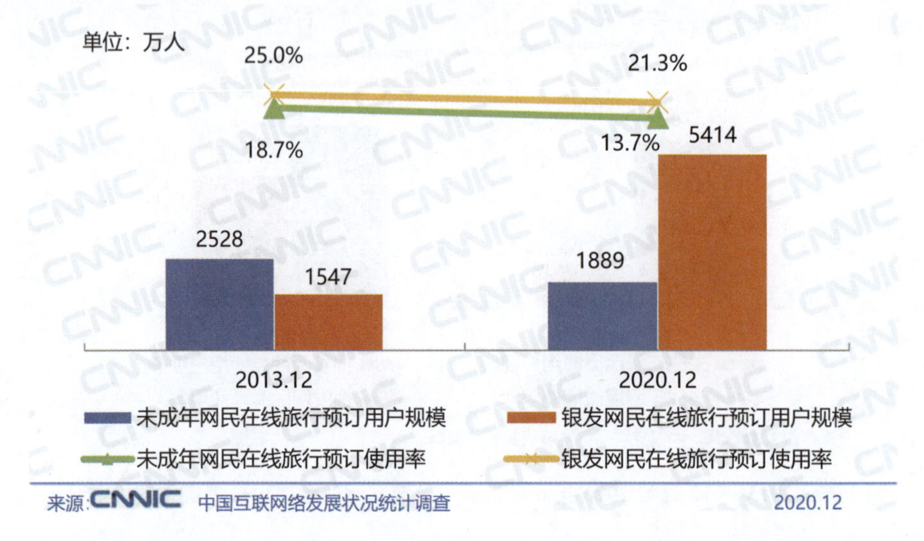

图 2-37　2013 年 12 月与 2020 年 12 月未成年及银发网民在线旅行预订用户规模和使用率对比

3. 网络金融类应用

一是未成年及银发网民网上支付使用率差距进一步缩小。2013 年 12 月至 2020 年 12 月，我国未成年网民网上支付用户规模由 4830 万人增长至 1.03 亿人，未成年网民使用率上涨 38.8 个百分点；银发网民网上支付用户规模由 1779 万人增长至 1.90 亿人，银发网民使用率上涨 46.1 个百分点（如图 2-38 所示）。

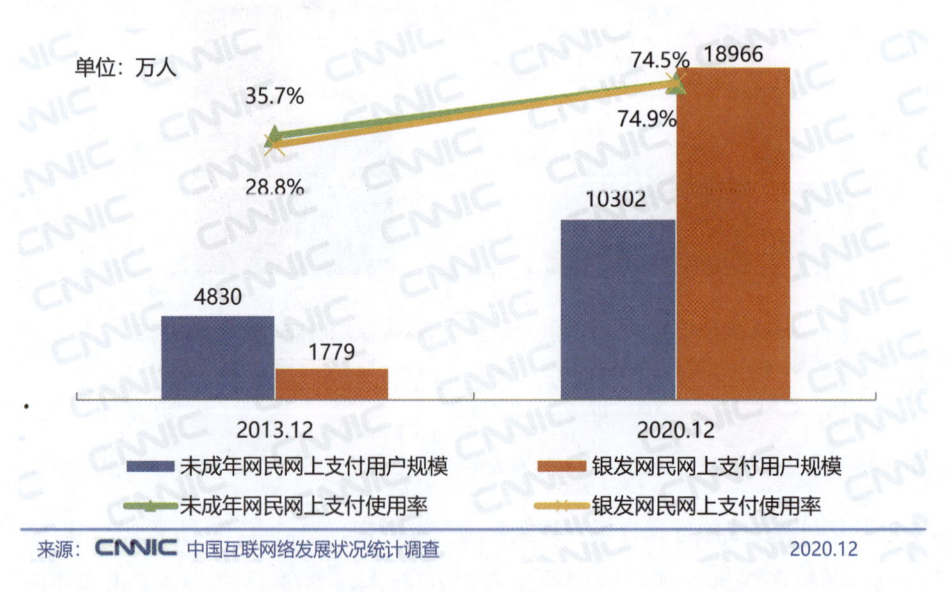

图 2-38　2013 年 12 月与 2020 年 12 月未成年及银发网民网上支付用户规模和使用率对比

二是未成年及银发网民对互联网理财产品的使用较少。截至 2020 年 12 月，未成年网民互联网理财用户规模达 826 万人，网民使用率为 6.0%；银发网民互联网理财用户规模达 2984 万人，网民使用率为 11.7%。一方面，网络支付及网上银行的快速发展，为未成年及银发网民接触互联网理财提供契机，总体用户规模保持平稳增长；另一方面，财产及隐私安全也应当引起各界的高度重视。

4. 网络娱乐类应用

一是未成年网民网络音乐使用率增长趋缓，但远高于银发网民。2013 年 12 月至 2020 年 12 月，我国未成年网民网络音乐用户规模由 1.06 亿人增长至 1.10 亿人，未成年网民使用率小幅上涨 1.6 个百分点；银发网民网络音乐用户规模由 2769 万人增长至 1.19 亿人，银发网民使用率上涨 2.0 个百分点（如图 2-39 所示）。

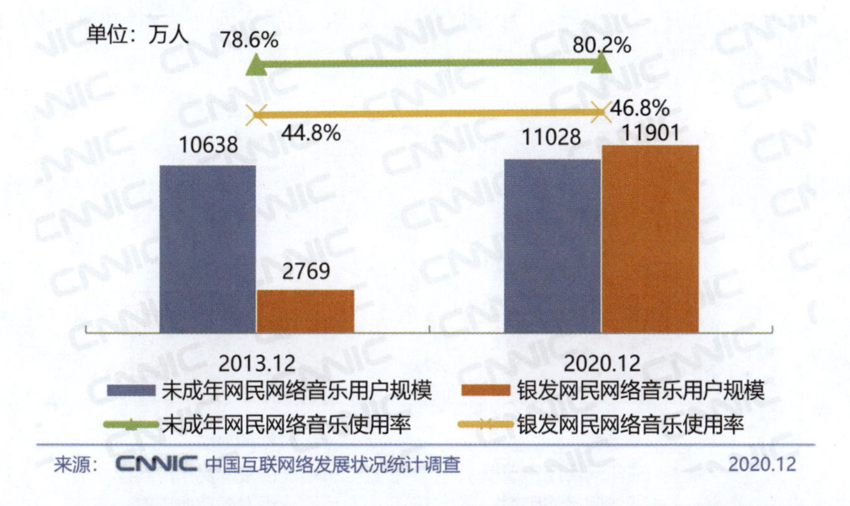

图 2-39　2013 年 12 月与 2020 年 12 月未成年及银发网民网络音乐用户规模和使用率对比

二是未成年及银发网民网络视频使用率逐渐稳定。2013 年 12 月至 2020 年 12 月，我国未成年网民网络视频用户[①]规模由 9678 万人增长至 1.30 亿人，未成年网民使用率上涨 23.0 个百分点；银发网民网络视频用户规模由 3848 万人增长至 2.21 亿人，银发网民使用率上涨 24.4 个百分点（如图 2-40 所示）。截至 2020 年 12 月，未成年及银发网民短视频用户[②]规模暴增，分别达 1.20 亿人和 2.08 亿人，网民使用率分别达 87.2% 和 81.8%；网络直播[③]用户规模分别达 9323 万人和 1.21 亿人，网民使用率分别达 67.8% 和 47.6%（如图 2-41 所示）。

① 网络视频用户指过去半年在网上收看或下载过视频的用户。

② 短视频用户指过去半年在网上看过短视频的用户。

③ 本次统计仅计入真人秀、游戏、演唱会、体育四类直播。

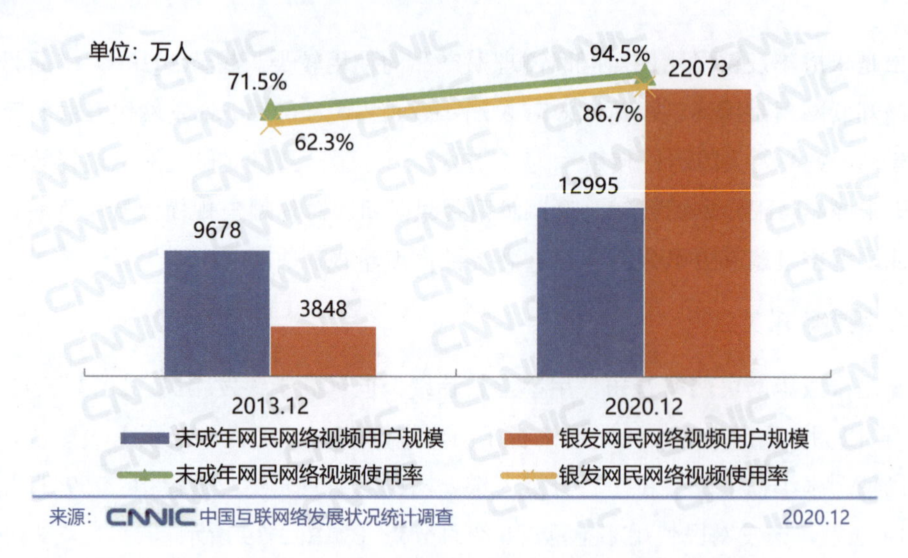

图 2-40 2013 年 12 月与 2020 年 12 月未成年及银发网民网络视频用户规模和使用率对比

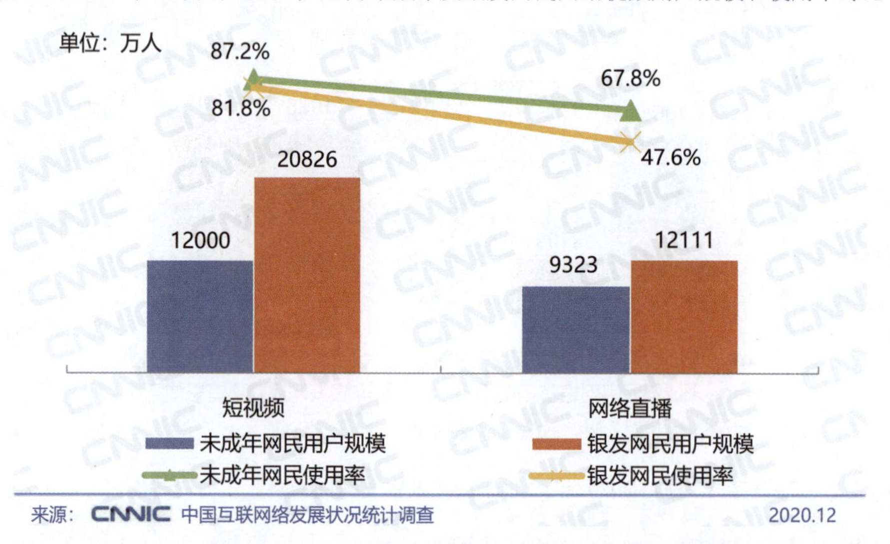

图 2-41　2020 年 12 月未成年及银发网民短视频、网络直播用户规模和使用率对比

三是未成年及银发网民网络游戏用户规模增长较缓。2013 年 12 月至 2020 年 12 月，我国未成年网民网络游戏用户规模由 1.01 亿人增长至 1.09 亿人，增幅为 7.9%，未成年网民使用率上涨 4.4 个百分点；银发网民网络游戏用户规模由 3048 万人增长至 6187 万人，增幅为 103%，银发网民使用率下降 25.0 个百分点（如图 2-42 所示）。

四是未成年及银发网民网络文学用户规模和使用率均保持良好增长态势。2013 年 12 月至 2020 年 12 月，我国未成年网民网络文学用户规模由 4777 万人增长至 6229 万人，未成年网民使用率上涨 10.0 个百分点；银发网民网络文学用户规模由 1765 万人增长至 1.02 亿人，银发网民使用率上涨 11.5 个百分点（如图 2-43 所示）。

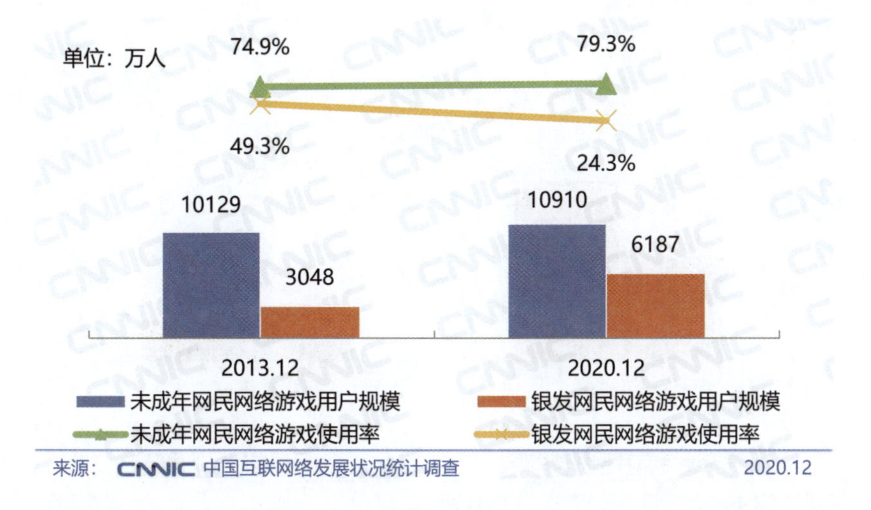

图 2-42　2013 年 12 月与 2020 年 12 月未成年及银发网民网络游戏用户规模和使用率对比

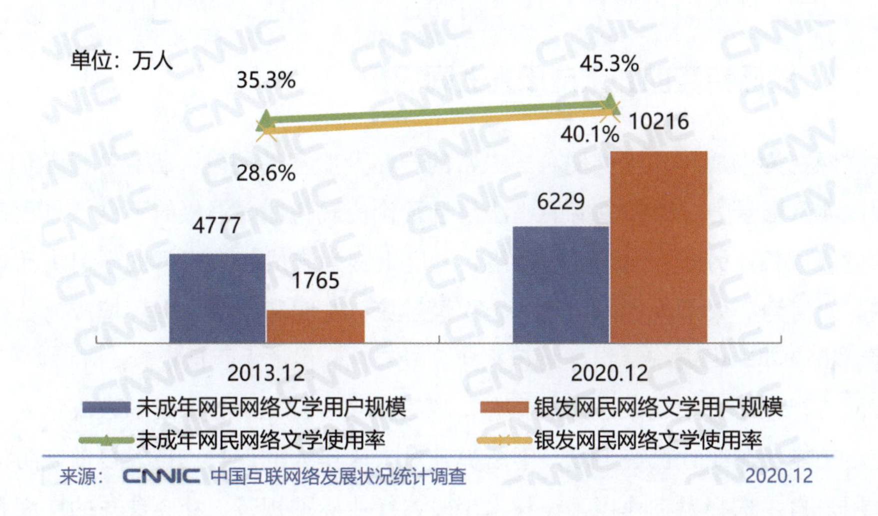

图 2-43　2013 年 12 月与 2020 年 12 月未成年及银发网民网络文学用户规模和使用率对比

5. 公共服务类应用

未成年及银发网民对在线政务的使用程度显著高于其他公共服务类应用。新冠肺炎疫情暴发以来，全员健康码、电子通行证等快速普及，在线政务在全年龄段迎来暴发式增长。截至 2020 年 12 月，未成年及银发网民在线政务用户规模分别达 1.13 亿人和 1.94 亿人，网民使用率分别达 81.9%和 76.2%（如图 2-44 所示）。此外，未成年及银发网民对网约车应用的需求较低，网民使用率仍保持在 20%左右，存在较大的发展空间。

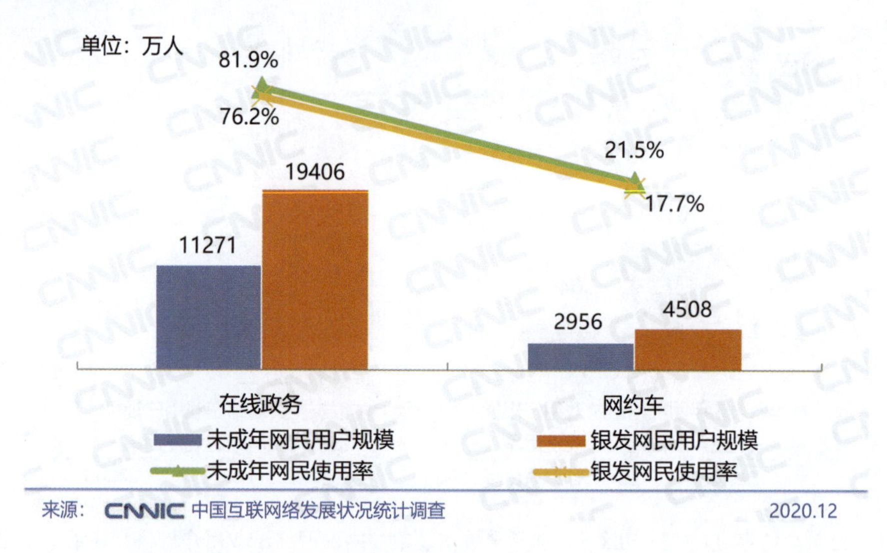

图 2-44　2020 年 12 月未成年及银发网民在线政务、网约车用户规模和使用率对比

2.3.3　软硬并重助力未成年人上网保护

互联网在为未成年人提供便利、丰富的产品及服务的同时，仍存在一定的问题：一方面，涉恐怖暴力、淫秽色情的违法信息及价值观扭曲、消极的不良信息危害未成年人的健康成长；另一方面，沉迷网络、过度上网为未成年人正常的学习生活带来负面影响。如何为广大未成年人构建一个积极健康、文明和谐的上网环境成为社会关切的问题。2019 年，中央统筹指导腾讯视频、爱奇艺、优酷、西瓜视频、哔哩哔哩等 21 家主流网络视频平台上线“防沉迷系统”，通过打造专属内容池，限制未成年人使用时段、使用功能、在线时长等手段，不断提升对未成年人的保护力度。目前，防沉迷系统依靠用户自主选择发挥作用，在技术手段、行业标准规范、社会参与的广度和深度等方面有待提升，须进一步采取“软硬并重”策略，构筑未成年人网络安全防线。

1. 完善未成年人上网软规则规范

一是尽快出台并推动落实《未成年人网络保护条例》，将未成年人的网络保护条例化、制度化，并通过拓展保护内容、明确主体责任、加大处罚力度、提升可操作性等手段，不断加强监管力度，使未成年人的网络保护有法可依。二是为进一步推动未成年人正确上网、正确用网，应及时将未成年人网络素养教育纳入国家教育法律、法规、规章体系。目前，我国相关教育法律、法规、规章没有对未成年人网络素养教育做出回应，而很多国家已经通过立法来实现对未成年人的网络素养教育，如美国的《儿童互联网保护法》等。具体而言，应当在《中华人民共和国教育法》《中华人民共和国义务教育法》《教育督导条例》等法律、法规、规章中明确未成年人网络素养教育的相关规定，不断加大对未成年人网络素养教育的投入，协调互联网企业、各地方学校共同参与，深入实施、常态化开展“未成年人网络安全教育工程”“预防未成年人沉迷网络教育引导工作”等，并在培养未成年人健康上网习惯的同时，通过组织培训、编发网上安全家长指南等，使家长对于未成年人上网具备正确的认识和教育管理技能。三是构建互联网内容分级分类管理机制，并加强未成年人健康上网标准规范建设。企业应进一步对文字类、图片类、音频类、视频类的网络产品依据年龄标准、内容标准进行分级分类，并就防沉迷系统的规则标准等形成统一的行业规范，不断推广未成年人防沉迷系统的优秀实践经验。四是建立家校合作协作机制，采取线上线下相结合的方式，对沉迷网络的未成年人加以心理分析和疏导，配合监护人开展家庭教育。此外，农村留守儿童普遍缺乏上网技能，且存在受监护力度不足等问题，应协调各地方政府进行排查探访，在条件允许的情况下适时开展集中教育和统一管理。

2. 夯实未成年人上网硬技术保障

一是探索利用多种技术手段，提高识别未成年人的精准度。一方面，可构建互联网网民身份识别体系，如全国虚拟网号系统，实现全国网民持证上网，并与个人身份信息一一对应，区分成年人和未成年人，从而打造专属于未成年人的网络环境。另一方面，加强对未成年人上网行为、习惯偏好等的研究，利用大数据、人工智能、人脸识别等技术主动发现未成年人。例如，对特定的网络视频设置声音锁，用户需要读取语句才能实现解锁，并利用人工智能技术对声音进行分析，对未成年人与成年人加以区分，从而防止未成年人接触不适宜的网络内容。二是完善并推广未成年人上网过滤系统及防沉迷系统，对不健康、不适宜的网络内容予以屏蔽，对未成年人的上网时长和行为进行适当监控。政府部门可加大投入力度，在保护未成年人隐私安全的情况下，向学校和家长免费提供家用网络管理软件或网络自动过滤器，并鼓励终端设备厂商推出未成年人专用机，在出售产品时预装相关净化软件，以保护未成年人健康成长。三是根据未成年人的年龄、性别和兴趣的不同，借助智能算法等手段，为其推荐精品课堂、趣味视频、动画动漫、运动才艺等多个领域的优质内容，引导其发现使用互联网的真正益处。同时，应建设数字书屋，搭建更多便民、利民的数字阅读公共服务平台，为未成年人提供丰富多样的音频、视频等在线阅读方面的公共产品，并探索引入 VR、AR 等新兴技术，以生动形象的数字阅读体验引导未成年人正确使用互联网资源。

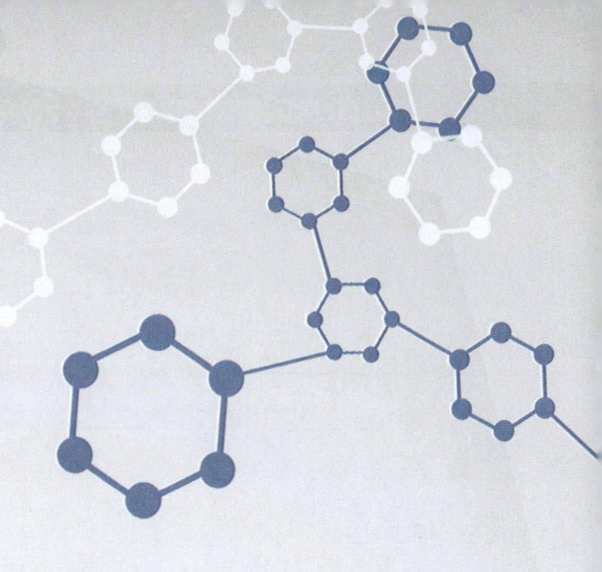

第3章

中国数字经济发展状况

摘　要：近年来，以互联网为代表的数字经济增长强劲，对传统实体经济产生重要影响。加快推进数字产业化和产业数字化，加速重构经济发展与社会治理模式，成为世界各国新一轮角逐中最重要的砝码。如何在全球新一轮角逐中走向“浪潮之巅”，瓶颈在数字经济、机遇在数字经济、核心也在数字经济。当前，我国数字经济在经历以释放人口红利为重点的数字化起步期、以共享数字红利为重点的数字化成长期后，加速向数字化转型期过渡，呈现出增长快、创新快、变革快等发展特点，其内涵不断丰富、应用更加多样、影响日益显著，为开启智能红利提供动力。在此背景下，信息消费不断扩大升级，新产品及服务层出不穷，逐渐成为社会主流消费形式；数字贸易走向全球，其规模增长、结构优化均不断加速，在推动“一带一路”高质量发展上发挥关键作用；互联网投融资及创业活动活跃度高，电商、互联网金融、企业服务等持续提升吸金引资能力，为数字经济的发展提供源源不断的动力；工业互联网进入落地加速期，持续优化组织方式，带来生产力的飞跃。

关键词：信息消费；数字贸易；投融资市场；工业互联网

从经济学角度来看，数字经济可定义为以数据资源为关键要素、以数字技术为重要驱动的新经济形态。在需求侧，推动其发展的“三驾马车”分别是信息消费、数字贸易和投融资市场；在供给侧，工业互联网的发展带来产业转型升级，成为数字经济的又一大助力。据此，本章从信息消费、数字贸易、投融资市场、工业互联网四个方面出发，反映当前我国数字经济发展态势，力求为业内和社会各界提供参考。

3.1　互联网促进信息消费扩大升级

3.1.1　信息消费成为社会消费的热点

近年来，在国家战略政策的引导和信息技术演进的推动下，我国信息消费在社会消费构成中的占比逐年提高，成为社会消费的热点。当前，信息消费发展态势总体向好，呈现出以下特点。

1. 信息消费发展水平持续提高

一是信息消费规模保持中高速增长。 据初步估算，我国信息消费规模由 2013 年的 2.2 万亿元提升至 2020 年的 6.2 万亿元，增速在近两年有所放缓，约为 11%（如图 3-1 所示）。总体来看，信息消费支出占最终消费支出的比重已超过 10%，在社会消费中的重要性日益凸显。随着新兴技术实用化步伐的加快，以往“对信息的消费”已转变为“基于信息的消费”，信息产品及服务的边界进一步扩大，促使信息消费规模持续扩大。

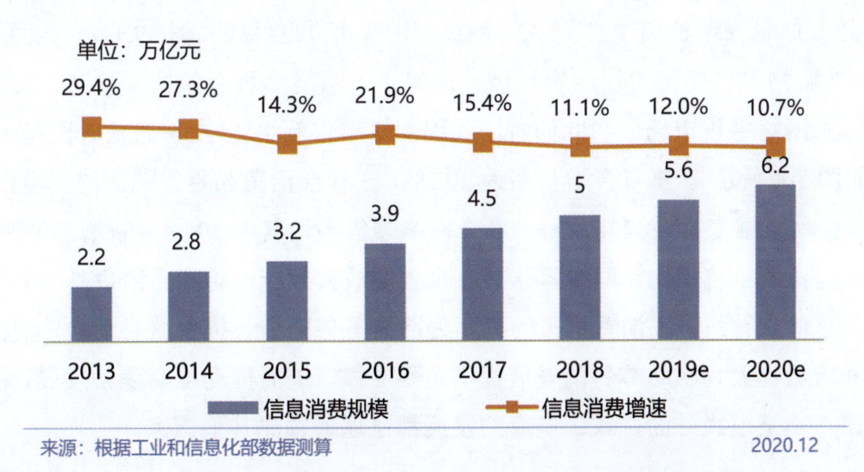

图 3-1　2013 年至 2020 年信息消费规模及增速[①]

二是人均信息消费水平不断攀升。 近年来，我国人均信息消费水平逐年提升。恩格尔系数构建的信息消费系数[②]显示，居民信息消费支出占其总消费支出的比重稳定提高（如图 3-2 所示），但仍然存在一定的发展空间。近年来，我国从提升用户技能、扩大覆盖范围、降低网络费用、优化消费环境等方面采取系列措施，为处于不同年龄

---

① 2019 年至 2020 年相关数据为估算值。

② 信息消费系数（Information Consumption Coefficient）指居民信息消费支出占其总消费支出的比重。

段、位于不同居住地的广大人民群众提供用得起、用得惯、用得好的信息产品及服务，使人们对信息消费的依赖性日益增强。

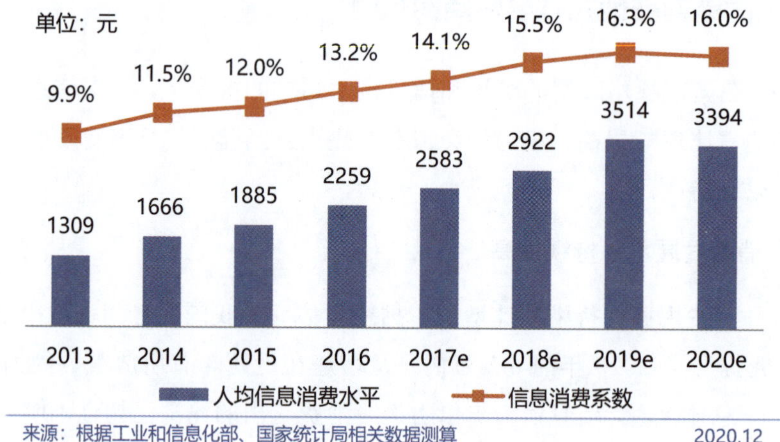

图 3-2 2013 年至 2020 年人均信息消费水平和信息消费系数①

三是网络零售额实现跨越式增长。2013 年 12 月至 2020 年 12 月，我国网络购物用户规模由 3.02 亿人增长到 7.82 亿人，网民使用率由 48.9%提高到 79.1%（如图 3-3 所示），网络购物用户规模的快速增长极大地促进了网络零售额的持续攀升，我国成为全球第一大网络零售市场。与此同时，我国网络零售额由 18 636 亿元增长到 117 601 亿元（如图 3-4 所示），年复合增长率为 30.2%，占社会消费品零售总额的比重由 7.8%提升至 24.9%。据麦肯锡测算，每 100 元网络零售额，其中 39 元为新增的消费支出。这表明，与传统零售相比，网络零售具有极强的放大效应，对社会消费具有显著的带动作用。总体来看，居民消费水平的提高为网络零售的增长提供核心动力，便捷的网上支付和智慧物流为网络零售的发展提供重要支撑，进而推动电商蓬勃发展。不管是规模方面，还是模式方面，我国电商的发展都已遥遥领先其他国家。

2. 信息消费结构逐步优化升级

一是信息服务消费的比重持续增大。移动互联网应用的蓬勃发展带动信息服务高速增长，信息服务消费规模由 2013 年的 0.6 万亿元提升至 2018 年的 2.6 万亿元，占信息消费的比重由 2013 年的 27.3%持续提升至 2018 年的 52.0%（如图 3-5 所示），首次超过信息产品消费。据估算，2019 年以来，信息服务消费规模可能超过 3 万亿元，对信息消费增长的贡献进一步增大。信息消费结构的根本性变化，不仅折射出通信服务、软件开发服务等新型信息服务的巨大活力，也是传统信息服务（如教育、医疗等）

① 2017 年至 2020 年相关数据为估算值。

信息化水平不断提高的必然结果。值得重视的是，由于信息消费与经济增长的正相关关系，信息消费结构的变化将导致经济发展的结构性差异更大。

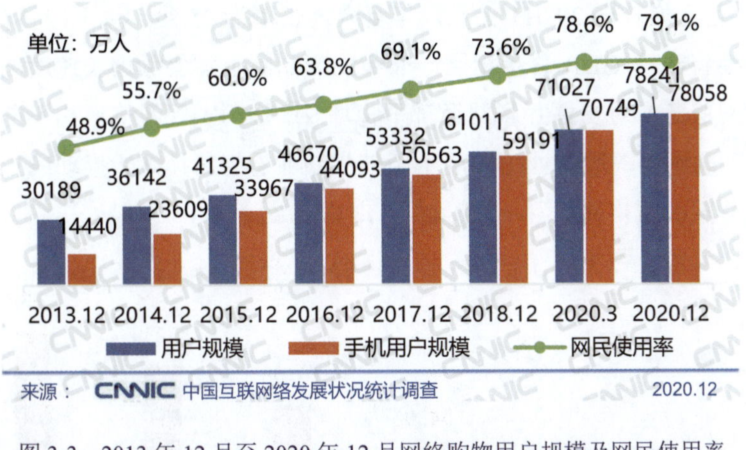

图 3-3　2013 年 12 月至 2020 年 12 月网络购物用户规模及网民使用率

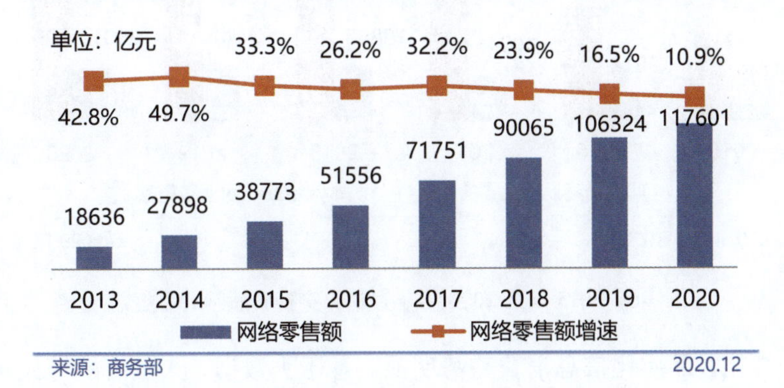

图 3-4　2013 年至 2020 年网络零售额及增速

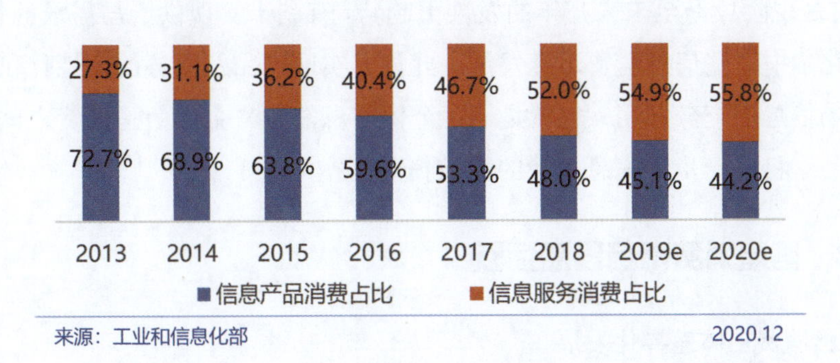

图 3-5　2013 年至 2020 年信息产品消费与信息服务消费占比[①]

① 2019 年至 2020 年相关数据为估算值。

二是非实物商品网上零售额增势强劲。2015 年至 2020 年，我国实物商品网上零售额由 32 324 亿元增长至 97 590 亿元，年复合增长率为 24.7%；非实物商品网上零售额由 6349 亿元增长至 20 011 亿元，年复合增长率为 25.8%（如图 3-6 所示）。与实物商品网上零售额及 GDP 总量相比，非实物商品网上零售额增长速度明显更高，再次表明互联网服务业对支撑互联网经济平稳增长、推动宏观经济结构不断优化的重要性。当前，互联网相关服务业的发展不断催生新业态、新模式，推动线上消费升级为消费与服务并重的新格局。

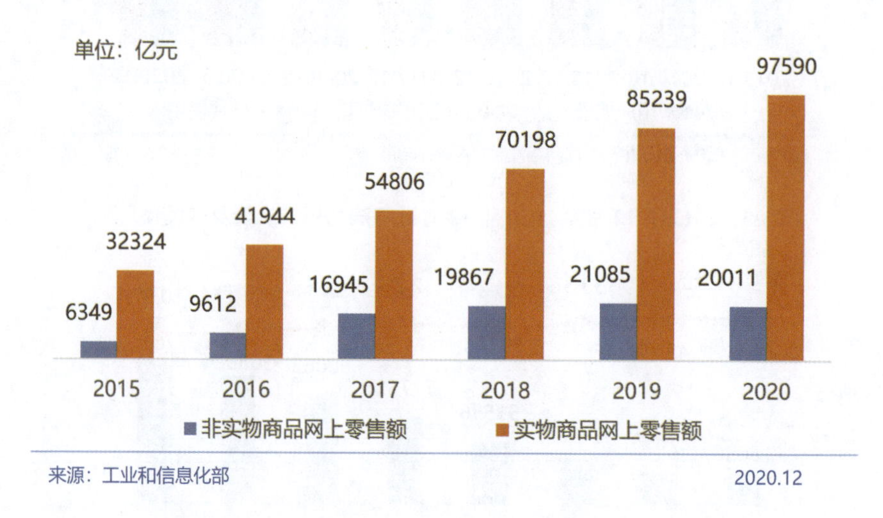

图 3-6　2015 年至 2020 年非实物与实物商品网上零售额

三是个性化、品质化信息消费趋势明显。基于大数据、人工智能等技术，企业可以有针对性地开发或优化产品及服务，满足个性化、品质化的信息消费需求，如智能手机领域的华为保时捷版 Mate 9、OPPO 巴萨定制版 R11，以及网络新闻领域的智能推送等。这是现阶段乃至未来几年的发展大趋势，有利于实现供给与需求的精准匹配，推动个性化、中高端信息消费迅速发展。此外，实现产品及服务的个性化供给依赖于企业对市场信息的充分利用，也就是说，个体信息消费与企业信息消费之间存在相互促进作用，这将进一步为信息消费的增长拓展新空间。

3.1.2　信息消费市场日益活跃

1. 信息消费主体差异化发展

消费需求、消费能力和消费行为是消费者的三大必备要素。信息消费主体的需求是引发信息消费的原动力；信息消费主体的能力（包括购买力）是信息消费能否发生、能产生多大效应的决定因素；而信息消费行为既因个体不同而产生差异，又具有部分群体共性。受收入、年龄、所处社会环境等的影响，我国信息消费主体在消费需求、消费能力、消费行为等方面均呈现差异化发展趋势。

一是中高收入群体仍为信息消费的主力军。一方面，信息消费是一种较高层次的消费活动，对信息消费主体的收入水平、信息素养等有一定的门槛要求；另一方面，信息消费需求层次本身也在不断发展变化，从低到高可划分为生活类信息消费（如网络购物）、学习类信息消费（如在线教育）、决策类信息消费（如智能决策）等。因此，一般来说，随着信息消费主体收入水平和信息素养的提高，信息消费将呈现多元化、高层次的发展趋势。数据显示，与月收入[①]低于 3000 元的网民相比，月收入高于 5000 元的网民使用台式电脑、笔记本电脑、平板电脑等上网的比例高出 10 个百分点以上（如图 3-7 所示），同时在旅行预订、网络金融等应用上的使用率高出 20 个百分点以上，是信息消费的绝对主力军。基于互联网的信息消费不仅使中高收入群体多元化的物质需求得以满足，也为满足其高层次的精神文化需求提供便利。

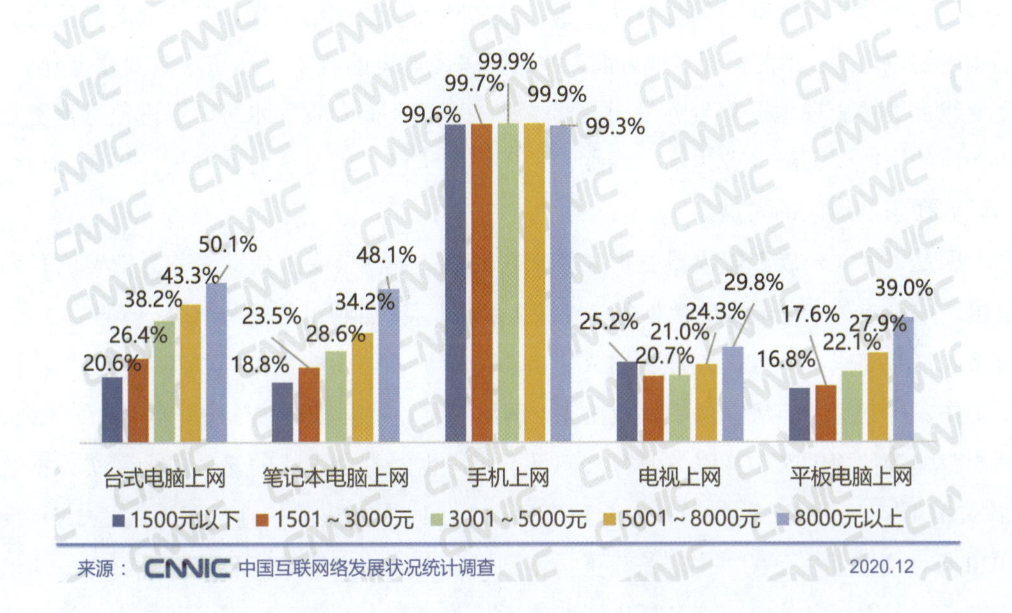

图 3-7　2020 年 12 月不同月收入群体部分上网设备使用率

二是年轻群体成为新一轮消费升级的动力。从年龄结构来看，10 岁以下和 30 岁以上网民占比不断提升，信息消费加速向低龄、中高龄群体渗透，但处于 20～29 岁

① 月收入：学生收入包括家庭提供的生活费、勤工俭学工资、奖学金及其他收入；农林牧渔劳动人员收入包括子女提供的生活费、农业生产收入、政府补贴等收入；无业/下岗/失业人员收入包括子女给的生活费、政府救济、补贴、抚恤金、低保等；退休人员收入包括子女提供的生活费、退休金等。

年龄段的年轻群体依然是占比最大的网民群体。不同于其他网民群体，“90 后”特别是“95 后”在信息消费方面呈现出求实、求新等特点。一方面，由于消费能力的限制，他们在产品选择方面受价格因素影响较为明显，在线上交易中会花更多的时间了解产品相关信息，“货比三家”的消费意识较为常见；另一方面，他们展现出对科技潮流及新兴事物的强烈追求，相比其他网民群体对优质产品和个性化服务的付费意愿更强，消费意识和消费能力逐渐觉醒，线上人均消费持续走高，成为新一轮消费升级的主要驱动力量。

三是各地区消费群体呈现不同的消费偏好。居民收入和产业供给是造成各地区信息消费水平差异最主要的因素，而这两个因素直接由地区经济发展水平决定。因此，我国信息消费的发展总体呈现与经济发展相似的梯度差异，即东部领先，中部和东北部紧随其后，而西部相对落后。然而，通过比较不同地区网民对近 20 类互联网应用的使用情况，发现信息消费还会受到社会文化环境等的影响，呈现出一定程度的区域性偏好。例如，中部网民偏爱网络音乐，西部网民偏爱网络直播，东北部网民偏爱听书类网络电台等。由此可见，一方面，各地区居民热衷的线下活动正不断向线上延伸，促使线上消费出现地区差异；另一方面，经济增长在提升收入水平、促进信息消费货币支出的同时，可能导致生活节奏加快，压缩用于信息消费的时间支出，进而影响个别领域在东部地区的发展。

四是“懒人一族”规模日益扩大带来新商机。生活节奏加快除对信息消费的时间支出造成影响外，更重要的是催生了“懒人经济”，旨在满足“懒人一族”省时、省力、省事的消费需求。例如，扫地机器人、自动洗碗机、自动擦窗机等“懒人神器”将忙于工作、社交的人们从家务中解放出来，网络购物、生鲜直送、在线外卖、网约家政、网约跑腿等便捷的 O2O 服务使得人们足不出户也能衣食无忧的愿景成为现实。据统计，2019 年“6 • 18”购物节，仅天猫平台在 1 小时内售出的扫地机器人就达 2 万台；2020 年，疫情催生下的“宅经济”更是得到迅猛发展，生鲜电商和社区电商业务均迅猛增长。人们对高效率、高品质生活的追求使得“懒人一族”规模逐渐扩大，智能技术的日益成熟为“懒人经济”的蓬勃发展提供关键支撑，这将进一步推动社会分工细化，并为智能硬件、生活服务等信息消费细分领域的发展带来新商机。

五是政府与企业信息化迅速崛起、潜力巨大。政府信息消费的内核和基础是电子政府，不仅政府在运作过程中需要大量的政府信息，社会和个人在工作、生活中也需要消费政府信息。当前，各地政府积极构建智慧政府体系，整合民生服务、道路交通、卫生健康、文化休闲、公共安全、信用服务、教育科技等众多领域的政府信息资源，实现对内共享和对外开放；同时，基于数据库与社会多方合作形成创新应用，创造可观的经济效益和社会价值。企业信息消费包括企业购买各类信息软硬件产品，以及企业在管理运营过程中对信息服务的消费。当前，在政策引导和市场驱使的双重作用下，企业上云成为大势所趋。据测算，到 2023 年，中国云计算产业规模将超过 3000 亿元，政府和企业上云率将超过 60%①，与美国（约 80%）相比仍差距较大。同时，各地大型企业和中小微企业之间存在较大差距，企业信息消费仍有巨大的增长空间。

2. 信息消费客体迭代式创新

近年来，我国信息消费客体迅速发展，形成较为完善的产业链，涵盖基础设施、联网设备、平台应用、经济社会等多个层级，涉及电商、电子政务、在线教育、智慧医疗等多个领域。

一是新型智能硬件持续深入市场化。近年来，信息技术向多领域扩展和渗透，信息产品边界不断扩展。智能手机逐渐从奢侈品变成大众生活的必备品，新一代智能硬件产品，如无人机、智能家居、智能可穿戴设备、智能车载设备等逐渐从研究探索阶段进入市场实践阶段，市场规模呈现良好的增长态势，为信息消费创造可观的增长空间。一方面，智能硬件产业多采用模块化、专业化生产，随着产出的增加，厂商不断改进生产，使得单一产品的成本不断下降，最终推动智能硬件产品的边际收益递增；另一方面，由于消费者间的攀比，智能硬件产品具有极强的正外部性②，且这一外部性随着用户的增加呈指数级增长，有利于不断吸引用户、扩大市场。在此背景下，智能硬件在市场化道路上可以获得源源不断的动力，通过更加快速的产品迭代，不断优化用户体验，适应市场需求，获得更加长远的发展。

二是内容型信息消费成为创新热点。随着“提速降费”的深入推进，内容型信息消费迎来暴发期，行业创新层出不穷，为信息消费发展带来活力。从内容生产来看，专业化的内容产品制作变为大众参与、全民创新，成为从闭门式的创新 1.0 升级为开放式的创新 2.0 最成功的实践范例之一；同时，借助 VR、AR 等新兴技术，内容产品更加丰富多样，为用户带来全新体验。从传播形式来看，内容型信息消费也在不断创新，已涵盖图文（如微博、微信、知乎）、音频（如喜马拉雅、荔枝 FM）、视频（如爱奇艺、优酷）、直播（如斗鱼、映客）、短视频（如快手、抖音）等多种形式，实现从延时互动到实时互动的发展转变。从盈利模式来看，内容型平台从“免费”到“付费”的转变，极大地推动了互联网商业模式的创新；当前，以广告为主的互联网上半

---

① 来源：国务院发展研究中心国际技术经济研究所《中国云计算产业发展与应用白皮书》。

② 正外部性指某个经济行为个体的活动使他人或社会受益，而受益者无须付出代价，直观表现为个体对某种商品的需求量随着其他人购买数量的增加而增加。

场已过渡到多种盈利方式并举的下半场，进一步拓展了信息消费的增长空间。

三是服务型信息消费增长速度迅猛。近年来，服务型信息消费的发展重点经历了从图书馆信息服务，到信息通信服务，再到互联网应用服务的转变，占总体信息消费的比重逐年提高，逐渐成为引领消费升级的关键动力。在个人服务方面，互联网技术不断拓展至教育、医疗、文化、旅游、养老等多个领域，通过多样化、个性化的服务，推动服务型信息消费快速发展。例如，2015 年至 2018 年，在线教育的用户规模年复合增长率达 22.3%，远高于内容型互联网应用的增长率；在新冠肺炎疫情的影响下，在线教育的网民使用率更是得到大幅提升，由 2019 年 6 月的 27.2%增长至 2020 年 6 月的 40.5%。同时，由于企业的“服务化”转型，传统产品的配套服务延伸至互联网平台，进而向智能交互服务演变，促使线上服务体系不断完善与升级。在企业服务方面，包括 IT 基础设施、数据服务、行业信息化解决方案、云计算等在内的企业服务已逐渐成为战略投资的关注热点，与电商、互联网金融、医疗健康等共同组成信息消费领域的“明星赛道”。2015 年至 2017 年，企业服务领域的投融资金额增长超过 5 倍；2018 年以来，在经济下行压力增大的大环境之下，相关投融资事件总数同比略有下降，但总投融资金额仍保持增长态势，说明行业发展更加注重质量，趋于理性。

四是融合型信息消费存在广阔空间。信息消费发展步入新阶段，出现大量新业态、新模式，最显著的特点为融合创新。一方面，线上线下加速融合，体验式消费、场景化消费引领潮流，带动新零售“电商”变“店商”，促进 O2O 本地服务蓬勃发展，从以往的“补贴刺激”转向“线上线下互相引流”。其中，网上外卖发展最为成熟，网民使用率由 2015 年 12 月的 16.5%提升至 2020 年 6 月的 42.3%。随着家政维修等标准化程度相对较高的细分领域逐渐被广大消费者接受，以及一些尚未被开发的垂直领域逐渐找到合适的商业模式，生活服务领域的需求潜力将被进一步释放，为横向拓展信息消费发展空间提供助力。另一方面，不同领域深度融合，“电商+内容”“电商+社交”“教育+社交”“AR/VR+旅游”等新模式为用户带来全新的消费渠道，形成完善的消费生态，为纵向挖掘信息消费发展空间创造条件。

3. 信息消费环境全方位优化

信息消费环境包括来自政策、经济、社会、技术等多方面的因素。党和国家高度重视信息消费发展，注重从多个层面构建良好的发展环境，为进一步扩大和升级信息消费提供保障。

一是信息消费政策体系逐步完善。自 2013 年以来，信息消费被连续写入《政府工作报告》，我国着力为信息消费构建一个健康积极、安全可信的发展环境。首先是战略部署更加细化。在党中央、国务院的战略指导下，相关部委进一步制订促进信息消费的工作计划，旨在通过多方参与、协同推进，形成促进信息消费发展的强大合力。其次是重点工作全面展开。为扩大信息消费覆盖面、提升其影响力，我国全力推动实质性工作进展，包括建设信息消费试点示范项目、落实消费者信息技能提升工程、开展“信息消费城市行”和“信息消费体验周”等活动。再次是监管保障逐渐完善。在信息消费领域，“放管服”改革逐步深化，“双随机、一公开”机制得以推行，市场监管正在优化。同时，以《网络安全法》《电子商务法》为代表的法律法规的出台和完善，为信息消费涉及的众多领域提供法律准绳。

二是信息消费配套体系日益成熟。在信息基础设施支撑体系方面，自“宽带中国”“提速降费”“新基建”等战略计划实施以来，我国已实现 4G 通信网络的全面覆盖，并加快推动 5G 的商用普及，为信息消费提供良好的支撑。2014 年 12 月至 2020 年 6 月，我国国际出口带宽数增长超过一倍，光纤宽带用户占固定宽带用户的比重由 34.1%提升至 93.2%，稳居全球首位，移动流量和固定宽带平均资费的降幅均达 90%以上[①]。同时，多省着力打造大区级互联网数据中心和商用云计算中心基地，为入驻政府兴办的孵化器、科技园区的信息消费企业给予电价、租金优惠。在信息消费供给服务体系方面，网上支付实现全场景覆盖，市场规模持续扩大，网民使用率由 2013 年 12 月的 42.1%提升至 2020 年 12 月的 86.4%。此外，平台企业不断加大供应链和冷链物流等关键环节的投入力度，推动智慧物流体系逐渐成形。2020 年，我国快递业务量完成 830 亿件，实现业务收入 8750 亿元，同比分别增长 30.8%和 16.7%，连续 5 年稳居世界第一[②]；快递时效逐步从“日”向“小时”“分钟”缩短。这些配套体系的快速发展为进一步扩大和升级信息消费提供了关键支撑。

三是信息消费理念和习惯逐渐形成。近年来，我国经济教育水平保持快速增长，高中以上学历人口占总人口的比重稳步提升；同时，经济发展水平不断提高，人均可支配收入和人均消费支出分别由 2013 年的 18 311 元和 13 220 元增长到 2020 年的 32 189 元和 21 210 元[③]，用于交通通信、医疗保健、教育文化娱乐的消费支出占比逐年增长。在此背景下，社会公众的信息技能进一步提升，具有巨大消费潜力的中等收入群体人数快速增长，中高品质的商品和服务的新需求得以激发。同时，开放合作、可持续发展等社会思想意识成为主流，促进资源分享、绿色低碳等消费意识逐渐形成，并渗透到房屋住宿、交通出行、生产制造等多个方面，推动共享化、绿色化的信息消

---

① 来源：中国信息通信研究院《中国宽带发展白皮书（2020 年）》。

② 来源：国家邮政局《2020 年中国快递发展指数报告》。

③ 来源：国家统计局《中国统计年鉴》。

费发展壮大。此外，互联网免费时代成为过去时，多数用户养成对优质内容付费的习惯，对新事物的接受度和参与度有效提高，有力驱动信息变现，为信息消费的发展构建积极的经济社会环境。

四是信息消费相关技术不断突破。从我国信息消费环境发展历程来看，高新科学技术的应用和发展是社会信息消费环境深刻变化的动力，是信息消费更加智能、更加便捷、更加个性的“引燃剂”。一方面，技术通过打破传统媒介的边界，促成多种信息消费渠道的融合，建构“处处皆中心，无处是边缘”的互联互通环境；另一方面，技术直接推动信息消费行为的演变，从被动型消费到主动型、互动型消费，使信息消费中的个性化与社会化并存。近年来，大数据、云计算、VR、人工智能、物联网、5G 等核心技术取得突破性进展。我国在 5G 领域相关专利申请件数超过 5000 件，占比约为 34%；在 AR/VR 领域专利申请量超过 18 000 项，占比约为 30%[①]；在人工智能领域发表论文超过 7 万篇，占比超过 24%[②]，均处于世界领先地位，体现出我国技术实力稳步提升。除新兴技术外，基础支撑技术如内容分发网络（CDN）技术、微机电系统（MEMS）及空间信息消费技术等也经历更新换代，通过与其他信息技术的集成应用，不断驱动信息消费模式创新。

3.1.3 信息消费将进一步扩容增效

党中央、国务院高度重视信息消费的发展，注重从顶层设计、地方扶持、行业监管等多个层面，发挥政策措施的导向作用、协调作用和管理作用，促进信息消费健康、可持续发展。未来，在政策、市场利好的推动下，信息消费环境将进一步改善。随着我国经济及教育水平的不断提升，中高端需求潜力将进一步得到释放，不仅为信息消费领域自身的发展带来质量变革、效率变革和动力变革，还可拉动包括数据中心、CDN、传感器在内的基础领域获得新发展，更为相关企业的战略转型提供助力。当前，我国已步入以创新为引领的新阶段，新兴技术的快速发展将重塑信息消费生态。2019 年，5G 商用正式开启，人工智能技术落地速度加快、应用范围变广。5G 和人工智能的双核驱动加速万物互联，通过与 AR、VR、物联网等高新技术的集成化应用，为信息消费的发展提供源源不断的创新动力。

1. 促发展与抓监管并重

一是战略政策将进一步落实。随着《国务院关于进一步扩大和升级信息消费 持

① 来源：德国专利数据公司 IPlytics。

② 来源：中国新一代人工智能发展战略研究院《中国新一代人工智能发展报告 2019》。

续释放内需潜力的指导意见》和《扩大和升级信息消费三年行动计划(2018—2020 年)》的先后发布，信息消费的顶层设计逐渐完善。为贯彻落实国家战略文件，多个省级政府出台实施意见或方案，为信息消费的发展明确了工作目标、重点工程和政策措施。在此背景下，围绕信息消费发展的新需求、新应用、新模式，未来将有更多的市、县级政府出台相应的实施细则，多措并举进一步落实国家要求。2019 年上半年，《信息消费示范城市建设管理办法（试行)》《新型信息消费示范项目遴选实施方案》出台，"信息消费城市行"和"深入推进宽带网络提速降费专项行动"正式启动。这进一步推动全国各地信息消费推进工作的系统部署和有序开展，通过政策解读、互动体验等方式，达到了以下效果：其一，向公众展示信息消费产业取得的丰硕成果，进一步扩大信息消费的影响力；其二，向企业提供产品推介和签约的机会，为信息消费供需双方有效对接创造条件；其三，发挥优秀城市及项目的示范作用，为更好地发展信息消费提供借鉴。

二是监管体系将进一步完善。随着相关法律法规、管理制度的颁布实施和专项行动的持续开展，信息消费监管体系将日趋完善，推动形成高效、安全、有序的信息消费环境。在消费者权益保护方面，为充分适应互联网时代发展要求，我国正逐步加大对网络消费者权益的司法保护力度，并通过对"全国 12315 互联网平台"功能的不断完善，为消费者提供畅通便捷的诉求渠道，让广大消费者能消费、敢消费、愿消费。在网络安全保障方面，与关键信息基础设施、个人信息和重要数据、网络产品和服务相关的一系列法律法规、管理规章和技术标准有望在未来几年内出台，不断加强《网络安全法》的配套体系建设，为构建安全可信的信息消费环境提供准绳。在防范不正当竞争方面，越来越多的自律性行业组织成立并发挥积极作用；同时，随着知识产权保护等专项行动的持续开展，信息消费领域的市场行为将得到进一步规范。

2. 中高端需求潜力得到释放

一是信息消费规模将进一步扩大。信息消费具有极强的自乘效应，具体体现在：信息消费客体对某一种消费者的价值不仅取决于该客体本身，还取决于有多少人消费该客体。当某种信息消费客体的消费者数量积累到一定的临界点时，就会有越来越多的人觉得该客体物有所值，从而加入消费队伍中，促使该客体不断得到推广与普及。由此可见，我国信息消费规模将进一步扩大：一方面，随着信息消费影响力的逐渐扩大，越来越多的小镇居民、农村居民、低龄居民及银发居民，甚至是外国居民将加入信息消费主体中来，使信息消费活动的价值不断提升；另一方面，众多新型信息产品及服务将由市场起步期进入快速成长期，在现有用户群体的基础上不断拓展市场规模，形成信息消费新蓝海。在未来 2～3 年内，信息消费规模将保持 11%左右的增长速度。

二是信息消费领域将迎来重大变革。在政府主导和市场协同的有力推动下，中高端信息消费需求逐步得到释放，信息消费领域将迎来三大重要变革。其一，质量变革。一方面，经济高质量发展成为新时期我国发展的重要方向和趋势，推动信息消费产业转变为以质量竞争为主，即不再依靠价格优势获客，或者依靠成本优势获利，而是将高质量的产品、差异化的服务作为商业价值主张；另一方面，“互联网+”促使信息消费需求侧与供给侧深度融合。随着人们对高品质消费的需求更加旺盛，信息消费供给侧的质量水平必将不断攀升。其二，效率变革。信息消费不断向生产生活方方面面渗透，将打通各领域间的边界，加速构建一个集聚、高效、智能的产业合作网络，实现资源的统筹规划、优化配置，从而推动效率提升。其三，动力变革。过去几年，以智能手机为载体的移动互联网应用为信息消费的快速发展提供了关键驱动力。当前，智能手机的普及率及增速逐渐下滑，移动互联网应用从暴发期迈入平稳期，信息消费领域的发展重点将逐步向新业态转变。未来，智能联网硬件、“互联网+实体经济”等有望为信息消费贡献新动力。

三是基础支撑领域将出现全新变化。其一，数据中心将进一步优化布局。作为新兴技术，云计算在对传统数据中心产生冲击的同时，也必须依托数据中心承载大量服务器。因此，云计算数据中心的发展将改善数据中心领域盲目规划、重建轻用等现状，推动全面范围内的数据中心清查清理、优化布局工作，促进数据中心向集约化发展、向信息化发展水平较低区域进一步转移。其二，CDN 将迎来新一轮行业变化。随着人们对视频节目的要求逐渐向超高清化转变，以及 AR、VR 新应用对时延等性能要求的大幅提升，互联网流量的存储、传输和计算能力面临挑战。未来，CDN 行业在技术实力、网络性能等方面的竞争将更加激烈，通过融合边缘计算、人工智能等新技术，进一步扩大市场规模、提高技术水平，实现行业转型升级，促使市场格局发生变化。其三，传感器将迎来更深层次的技术升级。作为支撑车联网、智能家居、可穿戴设备等领域发展的新型信息基础设施，物联网是新一轮信息消费发展的热点。智能传感器可实现对信息进行采集、处理、分析和传输，是发展物联网必不可少的组成部分，也是当前急需发展的重要电子器件之一。未来，智能传感器将更加集成化、微型化、多功能化、低能耗化，进一步推动处理器、芯片等领域的技术创新。

四是个性化需求赋能企业战略转型。当前，我国信息消费群体重品牌、重服务、重享受、重精神的趋势日益凸显，旺盛的个性化需求将成为推动企业战略转型的力量。未来，信息消费相关企业将致力于在标准化产品和个性化需求之间寻找平衡点，呈现以下趋势。其一，制造产品与提供服务融合发展。过去，以产品制造为主是我国企业发展的主流。随着服务业地位的逐渐提高，制造业开始服务化转型，而服务业也逐渐吸取标准化生产等理念，深耕“服务产品化”战略。当前，传统制造企业利用互联网平台提供智能化的配套服务，而互联网企业纷纷布局家居、交通等智能产品，通过已有流量积累助推线上用户向线下的转换。可以预见，“产品+服务”这一融合业态将成为未来发展的新主流。其二，“软硬结合”是大势所趋。多数企业将不再聚焦于单一化的生产硬件或开发软件，而是选择在发展壮大的过程中采取硬件和软件相结合的平台模式，通过连接产业上下游，不断完善消费生态，形成竞争优势。其三，企业合作模式更加多元化。未来，信息消费产业内外合作将成为常态，通过打造创新技术平台、品牌跨界合作等模式，实现能力互补、资源共享，共同创造新的产品，以满足用户的个性化需求。

3. 细分领域迸发新活力

一是联网硬件产品深耕智能化、便携化。未来，智能硬件领域将迎来新变化。一方面，电信运营商、设备制造商纷纷布局 5G 终端产品，5G 手机加快实现量产，为智能手机行业带来新增长；另一方面，传统平板电脑、4G 手机等智能终端趋于市场饱和，新型联网硬件迎来快速增长，市场竞争将更加激烈。在可穿戴设备领域，AR 眼镜将通过语音交互、手势交互等方式，在游戏功能的基础上推广拍照、视频录制、人脸识别、物体识别等新功能；智能手表和手环将在现有搜索、定位、监测、支付等功能的基础上，不断推出通知提醒、情感互动等增强功能，促使可穿戴设备成为便携版智能手机。在智能家居领域，当前，除智能音箱外，其他智能家居产品的市场表现一般。这是因为目前智能家居仅将不同终端的数据实现互联，尚不能对数据进行有效处理和分析，智能化较为不足。未来，智能家居产品将强化“自学习”技能，更好地满足用户需求、提升使用体验。这将导致智能手机的替代品越来越多，“冰箱报新闻”“马桶放音乐”“洗衣机播电视剧”有望成为现实，无处不在的智能屏将彻底改变人们的生活。在智能车联网领域，进入无人驾驶时代的汽车将充分释放人们用于出行的时间，改变人们的出行娱乐方式。此外，随着柔性屏等技术的成熟，智能产品将更加便携，显示屏的形态也不再局限于传统液晶显示屏的矩形，异形显示、球形显示、虚空显示都具有可能性。

二是泛内容领域将全面视频化、互动化。5G 网络具有“极高的速率、极大的容量、极低的时延”三大特点，其对信息消费的影响已在泛内容领域体现出来。其一，内容流、信息流进一步视频化。近年来，视频与文字、图片、音频等媒介形式深度融合，并进一步探索与传感技术的跨界融合，为受众带来视觉、听觉、触觉的全方位感受。5G 时代，视频的生产与传播更加迅捷、内容形式更加丰富，视频有望成为包括新闻资讯、影视动漫、文学游戏等一切内容的载体，成为互联网传播的中心。同时，人工智能技术将助力视频内容的生产、审核、分发，促进全链条、全环节的智能化，进一步推动全面视频化。其二，大屏时代即将回归。基于 5G 网络的 4K、8K 超高清视频时代来临，在推动赛事直播、演出直播、课程直播等视频业务快速增长的同时，将促使受众回归大屏，重返电视机前。其三，互动影视和 AR/VR 游戏将成为前沿热点。当前，B 站、爱奇艺、腾讯等多个视频网站探索推出互动视频功能，用户通过屏幕上的互动选择，可操控主人公行为、决定剧情走向，从“观看者”转变为“参与者”，这极大地增强了影音内容的游戏化。同时，5G 商用将点燃 AR/VR 产业，推动沉浸式、互动型的游戏和影视走出展厅，为大众带来全新的娱乐体验。

三是在线教育、智慧医疗将更加个性化。随着人们对文化教育、医疗健康重视程度的提升，在线教育、远程医疗具有广阔的发展前景。在线教育产品品类的增加、品质的提升，以及在线乡村课堂的深入开展，推动其在不同地区、不同年龄段的消费群体中加速渗透，市场规模将进一步扩大。三、四线城市的居民有望成为推动在线教育发展的新动力。同时，以人工智能技术驱动的个性化学习将成为在线教育最具潜力的应用场景：依托人工智能和大数据技术，以高级算法为核心，有针对性地构建学生画像，在提供最佳的个性化学习解决方案的同时，增加课堂趣味，达到提高教学水平和完善学习效果的目的。在医疗领域，当前，全国国家级贫困县县医院已实现远程医疗全覆盖，而 5G 等新技术的应用将为远程医疗的发展提供新助力，推动优质医疗资源继续向全国各地延伸。同时，人工智能技术辅助医生诊断病情、制订治疗方案，大幅提高医疗效率，加速实现从医疗信息化到智慧医疗的过渡。

3.2 互联网推动数字贸易走向全球

3.2.1 数字贸易发展机遇与挑战并存

20 世纪后期，我国的电商以蓬勃之势迅猛发展，交易额逐年攀升，不断催生新兴的商业模式，成为发展最为快速、创新最为活跃的互联网细分领域之一。数字贸易本质上是基于电商平台和配套体系的贸易形式，可降低交易成本、提高效率和效益，为国际贸易优化体制、简化流程、激发潜力提供强劲动力，是数字经济国际合作发展的重点领域之一。数字贸易是一个相对广泛的概念，不仅包括互联网上消费产品的销售和在线服务的供应，还包括支持全球价值链、支持智能制造的服务及无数其他平台和应用的数据流[①]。由此可见，数字贸易的发展，既是适应国内外环境深刻变化的客观要求，也是推动我国对外贸易向高质量发展转变，从而推动经济高质量发展、提升全球

① 汤婧．国际数字贸易监管新发展与新特点[J]．国际经济合作，2019（01）．

治理能力的现实需要。

1. 全球发展环境复杂多变

一是全球经济增速放缓，外部需求减少。近些年，人口老龄化趋势显著、资本投资持续低迷、新兴科技革命尚未形成有效生产能力和产业组织形态，成为制约全球经济恢复至快速增长通道的关键因素。经济增长变缓影响收入水平、动摇市场信心，进而导致需求不振，借助强劲外部需求的“以量取胜”增长模式难以持续。

二是全球价值链加速重构，竞争日益激烈。一方面，更多发展中国家在初级要素供给上更具低成本优势，挤占全球价值链分工体系的中低端；另一方面，发达国家纷纷重塑制造业竞争新优势，以技术创新和产业创新抢占全球经济增长制高点并主导新一轮经济全球化。

三是全球贸易摩擦频发，“逆全球化”来袭。美国等发达经济体采取“堵截”战略，利用贸易手段对新兴经济体发起“排挤战”。同时，欧盟、北美自由贸易区等区域一体化进程不断深化，形成更加密切的经贸集团。在此背景下，我国倡导的“一带一路”建设迫切需要向更高质量发展转变。

2. 我国数字经济发展具备优势

目前，我国数字经济总量不断增加，对 GDP 的贡献率逐年提高。以互联网、云计算、大数据等为代表的信息技术创新应用，重塑生产方式、服务模式和组织形态，创造巨大的经济价值和社会价值。一方面，我国在数字经济发展上已积累一定的资源和经验，有利于以分享中国智慧和方案为纽带，探索一揽子合作计划，释放数字贸易发展潜能，推动“一带一路”向高质量发展转变；另一方面，数字经济可通过扩大使用规模进一步增加效益。数字化信息和知识具有可共享、低成本复制等特点，遵循边际效益递增定律，对其使用和改进越多，创造的价值越大。截至 2020 年 12 月，我国网民规模已达 9.89 亿人，市场上监测到的 App 在架数量达 345 万款。在本国使用的基础上，优质数字化产品“出海”发展，将为我国与“一带一路”各参与国共享数字红利提供助力。

3. “一带一路”发展潜力巨大

一是“一带一路”沿线国家规模不断扩大，国际影响力不断提升。截至 2019 年 8 月 1 日，列入“中国一带一路网”国家名录的国家已达 138 个。根据综合测算[①]，“一带一路”沿线国家人口总数为 47.1 亿人，较 2017 年增长 2.6%，占全球人口的 62.0%，较 2017 年提升 1.0 个百分点；GDP 之和约 22.3 万亿美元，较 2017 年增长 7.7%，占

① 来源：世界银行、国际电信联盟、世界贸易组织（WTO）等。

全球 GDP 的 26.0%，较 2017 年提升 0.3 个百分点（如图 3-8 所示）。按人均 GDP 测算，“一带一路”沿线国家中有 5 个高收入国家，43 个中高收入国家和 19 个中等收入国家，中等收入以上国家个数较 2017 年增长 6 个[①]。

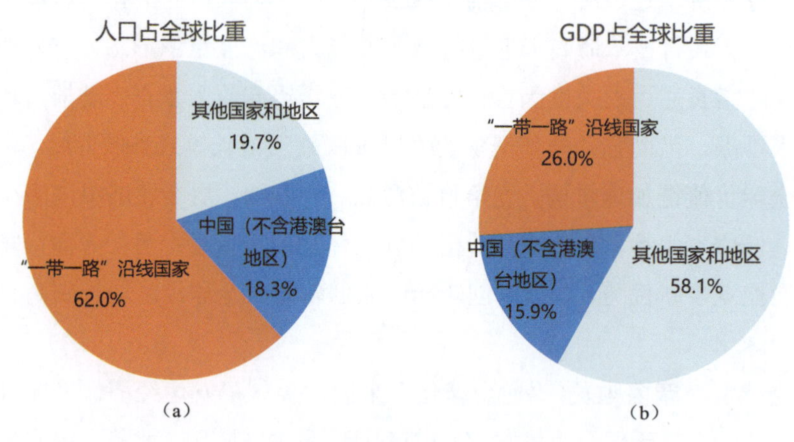

图 3-8 “一带一路”沿线国家人口、GDP 占全球比重

二是“一带一路”在全球经贸版图中地位提升，合作吸引力增强。 2018 年，“一带一路”沿线国家商品贸易额占本国 GDP 比重的平均值为 67.3%，高于世界的 46.2%和我国（不含港澳台地区）的 38.2%，且贸易总额占全球的比重达 34.9%；此外，各国获外国直接投资的净流入（BoP）之和达 2.5 千亿美元，占全球总额的 23.2%（如图 3-9 所示），投资规模的扩张拓展国际合作新空间。由此可见，在“一带一路”的倡议下，开放型经济体联盟初步形成，为联盟内进一步开展高质量合作奠定坚实基础。

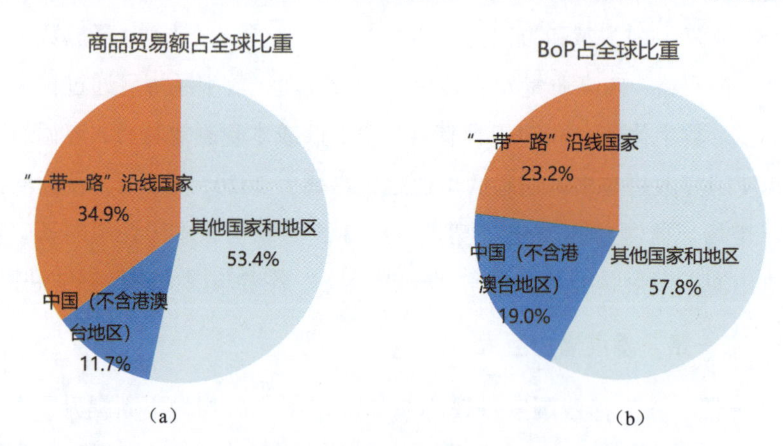

图 3-9 “一带一路”沿线国家商品贸易额、BoP 占全球比重

① 根据世界银行数据，2018 年人均 GDP 超过 44 705.9 美元的国家为高收入国家，9200.5～44 705.9 美元的为中高收入国家［其中我国（不含港澳台地区）2018 年的人均 GDP 为 9770.8 美元］，5484.0～9200.5 美元的为中等收入国家。

三是“一带一路”市场需求释放，合作空间巨大。一方面，78.2%的“一带一路”沿线国家为发展中国家和新兴经济体，大批国家正在加速进入新型工业化、全面现代化的发展新阶段，在网络互联、新兴技术等领域的需求扩大，中国-东盟信息港、网上丝路宁夏枢纽工程等重点项目陆续开展，跨境电商零售进口渗透率[①]由 2014 年的 1.6%迅速攀升至 2017 年的 10.2%，我国网信企业“走出去”面临广阔的发展空间；另一方面，随着“一带一路”国际影响力的提升，越来越多的发达国家从观望质疑转向合作支持，发挥其在风险投资、技术创新等方面的优势，为拓展第三方市场合作模式带来新机遇。

3.2.2　数字贸易持续加快全球布局

近年来，在网络互联、跨境电商、互联网应用的大力推动下，我国数字贸易快速发展，推动“一带一路”区域合作、协同发展走深走实，为世界经济发展注入了新动能、开辟了新空间。与此同时，2020 年 11 月，东盟 10 国和中国、日本、韩国、澳大利亚、新西兰共 15 个亚太国家正式签署了《区域全面经济伙伴关系协定》。该协定于 2012 年发起，历经 8 年、31 轮谈判，是东亚经济一体化建设近 20 年来最重要的成果。据测算，区域全面经济伙伴关系（RCEP）国家总人口达 22.7 亿人，GDP 高达 26 万亿美元，出口总额达 5.2 万亿美元，占全球总量的比重均达到 30%[②]。RCEP 自由贸易区的建成，意味着全球约 1/3 的经济体量将形成一体化大市场，为数字贸易的发展再添助力。

1. 网络互联为数字贸易奠定基础

自 1993 年中日海底光缆开通以来，我国海缆系统稳步发展，已实现与北美、亚洲沿海、欧洲和非洲的直接通达，以及与美国、英国、日本、新加坡等国家的网络直联，成为我国连接全球最重要的方式和渠道。与此同时，数据中心、光纤陆缆、5G 网络建设也在陆续开展，促进全方位协同发展。在此过程中，我国信息通信产业不断提升从传输设备、系统集成到建设施工、运营保障等各环节的自主能力，不断推动与周边国家和重要节点国家之间的网络互联向全球延伸，帮助落后国家与世界相连，逐渐成为全球又一重要的信息枢纽。其中，作为“一带一路”建设的优先行动，“网上丝绸之路”建设有序开展，许多优秀网信企业积极走出国门，将我国的资金、技术、人才等带到“一带一路”沿线国家，多边及区域性信息通信技术（ICT）合作机制持续深

① 跨境电商零售进口渗透率指通过跨境电商购买进口商品的人数占网购人数的比重。

② 来源：商务部。

化，沿线国家信息基础设施互联互通稳步推进，促进各国加速信息化、全面现代化步伐，为更好地推动数字贸易发展提供基础支撑。

在交流沟通方面，我国与多个国际组织及国家建立共同发展的信息通信领域伙伴关系，与国际电信联盟签署《关于加强“一带一路”框架下电信和信息网络领域合作的意向书》，确定中国-东盟电信部长会议、中国-东盟电信周、中非信息通信合作论坛等常规化的交流活动，积极参与亚太电信组织 ICT 部长会议等国际活动，不断加强与其他国家在政策协调、创新研究等方面的沟通合作；同时，逐渐形成稳定的技术人才交流机制，华为、中兴等企业为沙特阿拉伯、约旦、秘鲁等国家的合作伙伴提供专业通信技术人员培训，为这些国家信息通信业的发展提供强大的助力。

在基础建设方面，中国-东盟信息港、中国-阿拉伯国家网上丝绸之路等先导性试验区建设率先启动；中缅、中巴、中吉、中俄跨境光缆信息通道建设稳步开展；与吉尔吉斯斯坦、塔吉克斯坦、阿富汗签署“丝路光缆合作协议”，陆续启动“丝路光缆项目”；与土耳其、伊朗、巴基斯坦开展联合通信项目，建设横跨欧亚的信息通信高速公路；我国基础运营商与互联网企业加快布局全球数据中心，并推动传统数据中心云化转型，深入拓展全球市场的本地化。通过开展广泛合作，我国网信企业不断扩大服务范围，逐渐形成连接亚欧非大陆的信息大通道，形成推动全球互联互通的发展大格局，在信息传输、存储和处理等各个环节为世界提供更高质量的服务。

在标准输出方面，由中国移动通信集团公司联合 14 家单位合作研发的第四代移动通信系统（TD-LTE）成为两大主流 4G 国际标准之一，在包括俄罗斯、印度在内的多个“一带一路”沿线国家中实现商用；地面数字多媒体广播和数字音视频编解码等领域的标准陆续输出，为古巴、老挝等国家的数字广播电视发展贡献了中国方案。当前，5G 时代加速到来，新的技术标准、行业标准正在形成，我国有望通过标准输出获得更多的主动权，更好地参与和引领这个新时代的发展进程。作为数字经济国际合作的基础支撑，各国就信息基础设施的重要战略地位达成共识。随着全球数字经济的深入推广和大数据时代的到来，国际互联网流量增长将持续提升，对信息基础设施的建设需求将越来越大，对信息基础设施的性能要求将越来越高，这一领域的国际合作存在极大的发展空间。

2. 跨境电商推动数字贸易规模扩大

据估计，在数字贸易得以充分发展的基础上，到 2030 年我国数字出口价值将增长 207%，达到 5 万亿元①。当前，数字贸易仍以跨境电商为主要形式，通过整合上下

① 来源：中国与全球化智库、韩礼士基金会《数字革命：中国如何在国内外吸引数字贸易机会》。

游产业链、提供平台化服务等，形成庞大的数字贸易生态圈，为众多中小企业的发展提供了巨大的空间，极大地推动了数字贸易规模的不断扩大。

在政策环境方面，2018 年，商务部等 6 部委联合印发《关于完善跨境电子商务零售进口监管有关工作的通知》，进一步扩大享受优惠政策的商品范围；海关总署配套制发《关于跨境电子商务零售进出口商品有关监管事宜的公告》，明确了跨境电商监管的适用范围、参与主体责任等要求，进一步强化了对跨境电商的监管；部分地方政府积极响应扩大对外开放的要求，创设便捷通道，简化通关手续，不断优化跨境电商的营商环境。下一步，我国将在现有 35 个跨境电商综合试验区的基础上新增一批试点城市，对跨境电商零售出口落实无票免税政策，出台更加便利企业的所得税核定征收办法，完善跨境电商统计体系。这将进一步优化跨境电商的发展环境，推动数字贸易蓬勃发展。

在配套体系方面，跨境电商需求增加加速电商企业和快递物流企业的国际化进程。阿里巴巴世界电子贸易平台（eWTP）在马来西亚、卢旺达等国家落地，更好地帮助中小微企业发展，助力构建互联网时代的全球贸易新规则；京东物流国际供应链已在五大洲设立超过 110 个海外仓，原产地覆盖率达到 100%；顺丰陆续开通包括“成都—仁川”“深圳—印度金奈”在内的多条国际航线，并不断扩充全货机机队规模，为日益增长的国际快递业务提供保障。数据显示①，2019 年国际/中国港澳台快递业务量已达 14.4 亿件，支撑跨境网购零售额 4400 亿元，新增 24 条国际货运航线，国际快递网络覆盖全球 60 多个国家及地区。

在规模增长方面，近年来，“丝路电商”合作蓬勃兴起，我国已与 17 个国家签署电商合作谅解备忘录，建立双边电商合作机制，加快企业对接和品牌培育的实质性步伐；俄罗斯、巴西、印度等新兴市场迅速崛起，信息消费加速向国外人口辐射。2015 年至 2019 年，通过中国海关跨境电商管理平台的零售进出口商品总额由 360.2 亿元增长至 1862.1 亿元，其中，出口总额增长至 944.0 亿元，年均增速 60.5%，进口总额增长至 918.1 亿元，年均增速 27.4%②，2020 年前三季度零售进出口商品总额达 1873.9 亿元，同比增长 52.8%（如图 3-10 所示）。与此同时，2020 年，我国跨境电商进出口总额为 1.69 万亿元，同比增长 31.1%，其中，出口 1.12 万亿元，同比增长 40.1%，进口 0.57 万亿元，同比增长 16.5%③。未来，我国将不断完善数字贸易生态圈，以网络平台为核心，以跨境电商为依托，以大数据、物联网、云计算等信息技术为支撑，借

① 来源：国家邮政局《2019 年度快递市场监管报告》。

② 来源：商务部。

③ 来源：国务院新闻办公室新闻发布会。

助物流体系实现全方位一体化的服务，推动数字贸易保持快速发展态势。

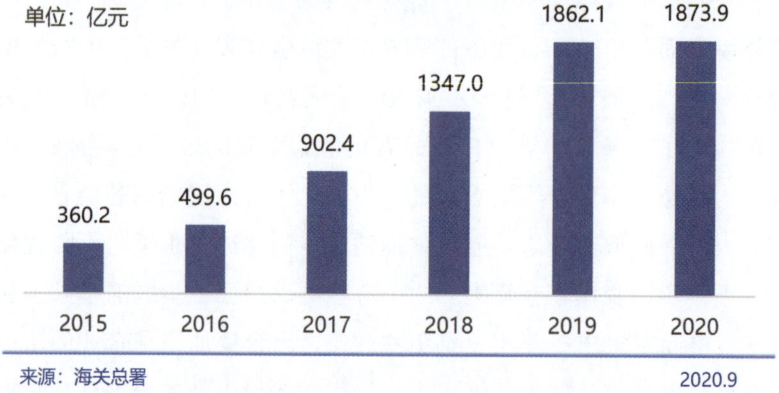

单位：亿元

2015	2016	2017	2018	2019	2020
360.2	499.6	902.4	1347.0	1862.1	1873.9

来源：海关总署　2020.9

图 3-10　2015 年至 2020 年跨境电商零售进出口商品总额[①]

3. 互联网应用加速出海发展

近年来，我国互联网应用蓬勃发展，在核心技术、商业模式、创新驱动、用户体验等方面均有显著进步，形成独具特色的发展成果。基于高度成熟、用户庞大的互联网应用，我国互联网行业的优势溢出效应、叠加效应得以发挥，在全球范围内掀起中国热潮。在此背景下，我国互联网企业完成从模仿者到创造者的蜕变，并进一步出海发展，不断加深全球化进程，将成熟的技术、商业模式、发展经验带到海外。在方式上，从过去以贴牌代工为主的“借船出海”，到以投资并购为主的“买船出海”，再到以“本地合作伙伴+技术合作”为主的“造船出海”，互联网企业的出海方式不断升级，加速赋能海内外相关领域快速发展。在产品上，从单纯的工具软件输出，到游戏、影视、娱乐的内容输出，再到共享经济、新零售等的创新模式输出，越来越多的互联网企业开始向海外扩张，为海外用户提供丰富的互联网产品及服务。总体来看，我国互联网企业出海态势良好，为进一步输出我国优势产能、经验智慧提供助力。

在移动支付方面，迅猛增长的跨境游客将我国移动支付迅速带入日本、东南亚等国家和地区。数据显示，到 2018 年，我国出境游客使用移动支付的交易额占总交易额的 32%，首次超过了现金支付[②]；2019 年以来，越来越多的中国游客在境外旅游时使用银联、支付宝、微信支付等进行付款，推动移动支付进一步加速海外发展的步伐。在银联方面，截至 2020 年 11 月，全球已有 179 个国家和地区支持银联卡，其中 61 个

---

① 2020 年的数据为前三季度数据。

② 来源：尼尔森（Nielsen）、支付宝《2018 年中国移动支付境外旅游市场发展与趋势白皮书》。

国家和地区开通了银联移动支付服务，境外 14 个国家和地区落地了约 90 个银联标准电子钱包；在支付宝方面，截至 2019 年 9 月，境外线下支付已覆盖超过 56 个国家和地区，接入了包括吃喝玩乐、交通出行等领域的数十万家海外各类商户门店，海外用户超过 3 亿人；在微信支付方面，截至 2019 年 4 月，欧洲地区的商户覆盖数量同比增长 3.5 倍，截至 2020 年 1 月，其跨境业务已合规接入 60 个国家及地区，支持 16 个币种的直接换算，覆盖超过 150 家境外国际机场和百万家境外商户[①]。

在生活娱乐方面，美团平台已收录巴西、印度、东南亚等国家和地区的餐厅和景点，随着经济的快速发展，有超过 30%的华人自由行游客在出境时会选择大众点评作为境外消费指南。抖音旗下的国际短视频产品 TikTok 于 2017 年上线，已覆盖全球 150 多个国家和地区，并迅速成为日本、美国、俄罗斯、泰国、越南等国的爆款 App，多次登上当地 App Store 或 Google Play 总榜的首位。此外，2020 年，我国自主研发的游戏在海外市场中的实际营销收入为154.50亿美元，较2019年增加38.55亿美元，保持高速增长态势，多款国产游戏在全球不同国家和地区的下载榜或畅销榜中占据头部，美国、日本、韩国等仍是我国自主研发的游戏出海的主打市场，营收合计占海外总收入的 60.27%。由此可见，我国网络游戏行业已实现从引进到反哺的转变。

在远程医疗方面，新疆跨境远程医疗服务平台，借助云计算、大数据、多融合网络和移动互联网等技术，涵盖中、英、俄、阿拉伯四种语言，连接北上广、乌鲁木齐等地多家知名医院，以及境外吉尔吉斯斯坦、哈萨克斯坦和格鲁吉亚等国家的大型医院，实现新疆各医疗机构对周边国家的常态化远程会诊业务开展。通过打造云端医院集群网络格局，我国实现优质互联网医疗服务的成功输出，促进我国与周边及沿线国家在医疗卫生领域互利共赢。2020 年，新冠肺炎疫情为全球的公共卫生健康带来挑战，我国的医药、医疗器材、医学技术及服务等纷纷借势出海，开拓新的市场，得到广泛认可。

3.2.3　数字贸易活力有待进一步释放

2019 年 11 月，中共中央、国务院发布《关于推进贸易高质量发展的指导意见》，指出要加快数字贸易发展，积极参与全球数字经济和数字贸易规则制定，推动建立各方普遍接受的国际规则，构建开放合作、包容普惠、共享共赢的国际贸易新局面。在此背景下，数字贸易亟待进一步释放活力，向更加平衡和充分的方向转变，助力贸易

---

① 来源：移动支付网《2020 年中国支付业跨境与出海报告》。

高质量发展，从而推动经济高质量发展。

1. 实现更加协调的数字贸易格局

一是提高区域内贸易比重。发展成熟的经贸联盟组织必然以区域内贸易市场为主，如北美自由贸易区的 3 个成员，分别拥有 100 多个贸易伙伴，但成员之间货物贸易往来份额占比仍较高，达 40%左右，高于“一带一路”沿线国家（包括我国）区域内贸易往来份额的占比（约 30%）①。因此，数字贸易向高质量发展首先要加强区域内国家之间的贸易联系，巩固区域内开展经济合作的基础条件。

二是促进区域内贸易平衡发展。“一带一路”沿线国家区域内的贸易往来集中于少数国家。近年来，我国与韩国、越南、印度、新加坡及俄罗斯等 10 位贸易伙伴的进出口总额占我国与“一带一路”沿线国家的进出口总额的比重合计超过 60%②。为提高贸易抗风险能力、突破需求不足等约束，“一带一路”沿线各国应充分挖掘区域内其他市场，利用贸易互补性，打造区域利益共同体。

三是提升我国中西部地区外贸竞争力。我国对外开放和贸易合作具有东强西弱的特点。数据显示③，我国西部 12 个省（区、市）进出口总额合计约为北京的 90%，获外资企业投资总额不到北京的 10%。依托产业在国内区域间的梯度转移，实现价值链向中西部地区的延伸，带动其进出口和投资，是数字贸易高质量发展的重要内容。

2. 实现更加均衡的数字贸易结构

一是扩大服务业领域的开放程度。据 WTO 相关数据测算，我国服务贸易出口额远小于进口额，而货物贸易则是出口额略大于进口额；同时，服务贸易额占贸易总额的比重仅为 10%～20%。与其他国家相比，我国在金融服务、知识产权服务等方面存在劣势；ICT 服务相对发展迅速，出口额不到印度的 50%（如图 3-11 所示）。当前，全球经济结构趋于软化，贸易结构逐渐向服务业倾斜，全球经济规则不断向服务业领域拓展和深化，数字贸易已成为服务贸易发展新趋势。因此，推动高端服务型数字贸易发展，是数字贸易向高质量发展转变的应有之义。

二是推动高端制造业服务化、智能化转型。近年来，随着我国产业结构的调整和升级，制造业出口低品质、低附加值的情况逐渐改善。自动数据处理机、无线电话传输工具及电子集成电路成为我国对“一带一路”沿线国家出口比重最高的商品类型。

---

① 根据 2018 年 WTO 的相关数据测算。

② 来源：《“一带一路”贸易合作大数据报告（2018）》。

③ 根据“中国一带一路网”相关数据测算。

从显示性比较优势指数（RCA）①测度结果来看，这三类出口商品的 RCA 值均大于 1 且高于美国等发达国家，表明其在国际市场上具有较强的竞争优势。当前，WTO 各成员对于数字贸易究竟是适用货物贸易规则（GATT）还是服务贸易规则（GATS）还未达成一致意见。随着数字贸易的定义越来越广泛，利用数字化平台打造智慧供应链，提升贸易环节的流通效率，推动消费层贸易向产业层贸易转变，逐渐成为数字贸易发展新趋势②。据此，推动高端制造业服务化、智能化转型，并与数字贸易实现协同发展，也成为推动数字贸易高质量发展的一大方向。

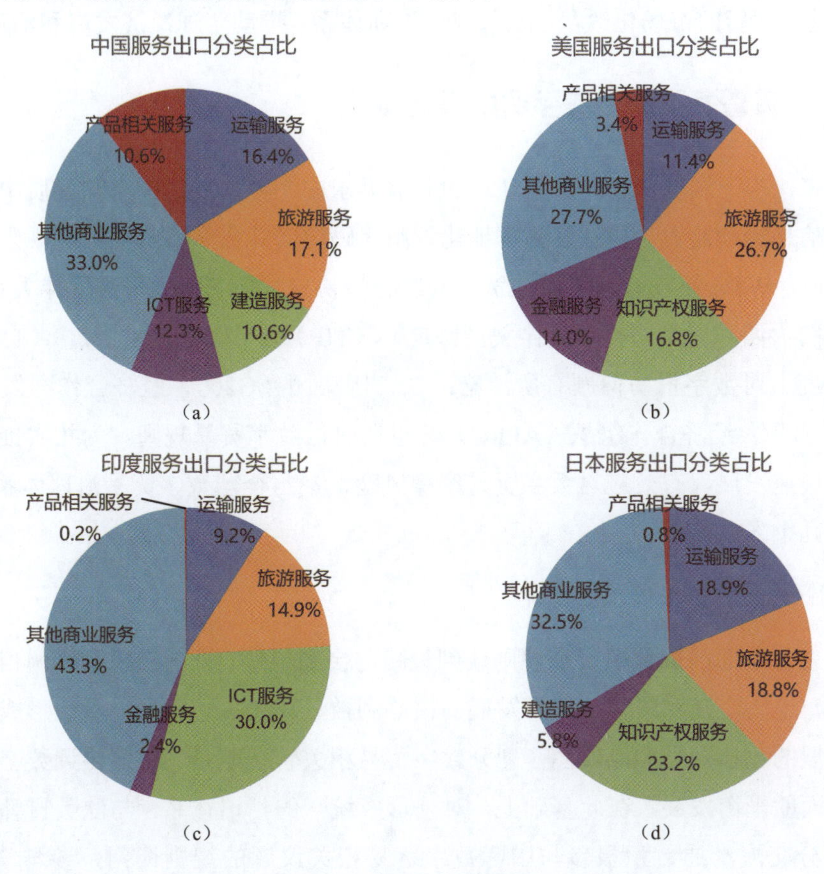

图 3-11　中、美、印及日四国服务出口分类占比

3. 实现数字治理能力和话语权的提升

一是从“经贸合作”升级为“全方位合作”。为充分发挥数字贸易的带动作用，我

---

① 显示性比较优势指数（RCA）是衡量一国商品或产业在国际市场上的竞争力的指标。RCA 值大于 1，表示该商品在该国中的出口比重大于在世界中的出口比重，则该国的此商品在国际市场上具有比较优势，具有一定的国际竞争力。

② 来源：浙江大学《世界与中国数字贸易发展蓝皮书》。

国有待以数字贸易为合作交流的契机，实现合作对象从双边、区域到全球多边，合作领域从基础设施建设、跨境电商到科教文卫等现代服务业，合作范围从贸易延伸到投资、知识产权保护和规则制定的转变。

二是探索提出基于发展中国家利益的国际新规则。当前，WTO 表示将由日本、美国、欧盟、澳大利亚和新加坡等国家和组织主导，制定有关数字贸易的国际规则，现行全球经济治理规则和体系面临调整和变革。在此背景下，我国作为最大的发展中国家，应从以往的被动接受者转变为积极参与者，积极推进“一带一路”建设，通过自主、渐进、创新的市场化改革，融入现代国际体系，推动全球经济发展和治理变革。

3.2.4 多管齐下促进数字贸易再提质

近年来，由于发展水平、发展理念和利益诉求的不同，发达国家和发展中国家之间在跨境信息流动监管、基础设施本地化、源代码访问等数字贸易的国际规则上产生分歧。目前，WTO 还没有关于数字贸易的综合性协定，但《跨太平洋伙伴关系协定》（TPP）、《跨大西洋贸易与投资伙伴关系协定》（TTIP）及《服务贸易协定》（TISA）均在不同程度上对数字贸易问题有所涉猎；二十国集团（G20）、经济合作与发展组织（OECD）和亚太经济合作组织（APEC）等也在研讨数字贸易规则。为扎实推动我国数字贸易快速发展，有效应对数字贸易摩擦风险，参与全球数字贸易治理体系构建，应从以下几个方面着手。

1. 加快完善数字治理顶层设计

一是完善跨部门的数字贸易规则谈判策略与会商机制。我国应统筹协调相关部门协同工作，尽快明确我国数字贸易发展的核心利益、重要关切问题，梳理形成我国数字贸易发展的总体规划和路线图，划分数字贸易相关管理职责、统筹协调数字贸易各个重要方面的平衡发展。在此基础上，对外形成统一的话语体系，与欧美日韩等优势经济体充分交流沟通，积极参与国际数字贸易相关议题的规则谈判，参与 WTO、APEC、G20 等重要多边会商机制，引领“一带一路”沿线国家、“金砖国家”制定数字贸易协定及相关领域的合作倡议，在国际数字贸易市场中获得更充分的话语权和更有利的国际地位。

二是加快出台数据安全管理相关的法律法规。数据安全是网络安全的基础，我国须配合《网络安全法》的出台与实施，尽快研究、制定相关配套的法律法规、规章及标准，形成完整、可操作的数据安全保护机制，明确政府、组织、企业在数据安全保护方面的责任与义务，对数据搜集、存储、传输、使用等各个环节的安全管理做出要求，做好数据出境安全评估标准的制定和实施工作，形成合理可行的数据跨境流动机制。同时，我国须处理好与其他经济体数据流动机制的衔接问题，以推动友好合作、互利共赢为原则，坚持双边对话机制，做好我国数据跨境流动相关机制的解释工作，开展更多的数字领域的互通合作。

2. 推动全球数字贸易规则的制定

一是积极引导 WTO 制定数字贸易规则。WTO 争端解决机制为国际贸易摩擦和纠纷设置了一套完备的裁判程序，以使成员之间的贸易纠纷非政治化，使争端各方依据法律和规则来解决摩擦和冲突，遵循国际贸易秩序，避免大国凭借强权滥用规则。我国一贯坚持自由贸易，主张维护以 WTO 为核心的多边贸易体制，主动承担国际责任，与其他成员共同维护多边贸易体制。目前，WTO 框架下的数字贸易规则谈判进展缓慢，在电商领域达成的实质性成果有限。因此，我国应尽快推动 WTO《贸易便利化协定》条款适用于电商领域，推动 WTO 制定数字贸易规则，为创建公平竞争的国际数字贸易环境发挥建设性作用。

二是积极参与数字贸易领域的国际交流与合作。在保障网络安全、维护公民权益、合理推动数字贸易发展等方面，我国与俄罗斯、印度、印度尼西亚、巴西等新兴数字市场具有相似的价值诉求。未来，我国在 WTO、APEC、G20 等多边机制下应加强同这些国家的联合，协调各方立场，以应对部分成员的激进提案，反对将强制性削弱行政监管的政策措施纳入数字贸易规则体系，确保各国享有独立自主的“网络主权”。同时，我国要坚持在国际多边场合中发声，继续全面深入参与在 APEC、上海合作组织、东盟等组织的各项事务活动，使国际组织在数字贸易领域中发挥积极的协调与促进作用，推进区域合作。此外，我国还应积极参与区域性自由贸易协定谈判。例如，我国正在参与 RCEP、中日韩、中国-挪威、中国-新加坡、中国-新西兰等国际自由贸易协定谈判。我国应抓住机遇，借鉴当前发达国家数字贸易规则的发展经验，积极推动区域性自由贸易协定谈判，在涉及电商和数字产品议题时引导建立并推动符合新兴市场国家利益的互惠体系。

三是积极构建平等共赢的数字贸易对话和交易机制。在全球化趋势下，国家间的利益高度融合，在数字贸易领域，我国与发达经济体间本质上是互利共赢的关系，扩大数字贸易摩擦与冲突，不符合任何一方的利益。我国应积极构建平等的全球数字贸易新规则、治理新体系，结合我国创新、开放型数字市场的发展，通过外贸相关部门、行业组织、出海企业，面向发达经济体建立市场导向的交流和交易平台，逐步提升我国市场透明度和开放度；加强同发达经济体的双边投资协定谈判，消除双边投资壁垒，开拓数字产业创新模式和技术转让渠道；积极开展市场调研，了解发达经济体的数字贸易政策规章和诉求，同时对外开展我国数字贸易发展路线的推广、市场诉求的解释，在制度安排、规则建设上充分尊重各方的实际情况和不同诉求，实现全球数字贸易的包容性增长。

3. 积极促进数字市场开放创新

一是促进在技术专利等知识产权领域的高效合作。我国应进一步优化知识产权保护环境，推进制度体系建设，营造更好的营商环境；加快推动相关专利法律的修改，持续健全数字内容知识产权立法；厘清各部门的职责与权限，推进商贸、信息化、文化、税务、出入境管理、互联网监管等多部门配合；整合并协调各方监管力量，切实加强对网络空间的监管力度，持续严厉打击专利、电影、音乐、软件、书籍和期刊版权的假冒侵权行为，进一步强化知识产权行政保护，营造良好的知识产权贸易环境。此外，我国应深入实施专利质量提升工程，大力培育高价值核心专利，并大力促进知识产权交易转化，推动国内外企业开展正常的技术交流与合作，通过中国国际专利技术与产品交易会、中国专利年会等大型展会，为国内外企业专利技术的交易转化提供平台支撑。同时，深化知识产权国际合作，推动构建联动、协调、开放、包容的知识产权国际规则；积极参与世界知识产权组织框架下的多边事务，深入推进“一带一路”知识产权合作；进一步扩大专利审查高速路（Patent Prosecution Highway）对外合作网络，推动我国授权专利在更多国家直接登记生效，方便国内企业在海外获权，参与全球竞争与合作。

二是逐步扩大互联网市场开放范围，推动互联网企业“走出去”。2018 年 9 月，国务院批准设立中国（海南）自由贸易试验区，将增值电信业务外资准入审批权下放给海南省，取消国内多方通信服务业务、上网用户互联网接入服务业务、存储转发类业务外资股比限制，允许外商投资国内互联网虚拟专用网业务（外资股比不超过50%）。海南自由贸易试验区的建立是我国扩大互联网市场开放范围的关键一环，为提升我国在全球数字经济价值链中的地位打下坚实基础。我国要进一步推动互联网市场开放，吸引全球资本、人才，把国内市场做好做强；鼓励国内互联网企业“走出去”，提升我国在全球数字贸易市场的影响力；加强政企沟通，协助互联网企业预测数字贸易风险、合理应对数字贸易摩擦；加强研究工作，制订海外风险应对预案和国际纠纷解决方案；鼓励互联网企业在海外寻求差异化发展，避免恶意竞争，做好舆论引导工作，积极营造良好的出海营商氛围；鼓励互联网企业加快海外数据节点和数据中心布局，增强对全球经济和贸易数据资源的获取能力。

4. 持续跟踪数字贸易发展态势

为推动数字贸易持续健康发展，我国须加强对数字贸易热点、敏感问题的调查研究。一是借鉴国际经验，建立对数字贸易的清晰认知，加强对数字贸易在国家经济发展中的影响的量化研究，从而更好地实现资源的调控配置，推动数字贸易更好更快发展；二是加强对我国数字内容产品与服务国际竞争力的研究，与美国、日本等数字内容强势出口国对比，剖析我国数字内容产品在原创能力、制作能力和运营能力方面的差距，提高我国数字文化产品国际竞争力、增强国家文化软实力；三是加强对数字贸易相关产品与服务的知识产权国际规则的研究，使我国的知识产权保护实践与国际通行做法更好地相互衔接、相互促进，寻求共同利益，建立有效的协同合作体系，解决各国间知识产权保护、转化、转让问题，推动创新合作；四是加强数字经济下的税制研究，WTO 相关规定历时已久，部分内容或已不再适应当前数字贸易的规模与流程，数字音乐、视频、游戏等数字内容已成为主要的传输内容，须对数字化企业税收模式、电子传输免税额度等加以研究和更新；五是开展对数字贸易促进因素的研究，特别是研究不同限度的数据流动对数字贸易的影响程度，促进数字贸易协调发展。

3.3　投融资助推数字经济做大做强

3.3.1　资本为数字经济产业增添活力

当今世界，数字经济已成为培育现代经济体系的“沃土”，而金融资本的支持则是推动数字经济产业发展、释放数字经济创新活力的关键动能。同时，金融资本的助力与融通促使数字经济更好地赋能传统产业升级，助力更多优秀企业进一步发展壮大，而投资者也得以分享数字经济的发展红利。纵观我国数字经济领域相关企业的发展历程，无论是知名企业，还是新兴之秀，资本在其创业、发展、成熟、壮大的每个阶段，都发挥着重要的支撑和助力作用。

1. 投融资市场发展环境不断优化

多项利好政策陆续出台，推动形成资本融通新生态。近年来，我国不断加强政策协同，加大数字经济领域投融资体系的建设力度，推动数字经济投融资市场发展环境持续优化，形成共建、共享、共赢的投融资生态圈，为数字经济产业发展提供强大助力。2016 年 7 月，中共中央、国务院发布《关于深化投融资体制改革的意见》，指出要建立完善的新型投融资体制。2017 年 10 月，财政部、国家税务总局印发《关于支持小微企业融资有关税收政策的通知》，为小微企业融资提供融资税收优惠。2018 年

3 月，中央网信办和中国证监会联合印发《关于推动资本市场服务网络强国建设的指导意见》，大力推动网信事业和资本市场协同发展；同年 4 月，国务院出台对创业投资企业和天使投资个人投向种子期、初创期科技型企业，按投资额 70%抵扣应纳税所得额的优惠政策，为天使投资领域创造了良好的政策环境。2019 年 1 月，中国证监会发布《关于在上海证券交易所设立科创板并试点注册制的实施意见》，不断增强资本市场对提高我国高新技术创新能力的服务水平。2020 年以来，有关部门陆续发布了一系列重磅政策，包括《政府工作报告》提出的“稳健的货币政策要更加灵活适度”“大幅增加小微企业信用贷、首贷、无还本续贷”等，在强化金融领域监督和管理的同时，也加大了对企业稳定发展的金融支持。

投融资联盟组织相继成立，提升数字经济领域投融资对接效率。为推动数字经济高质量发展，我国政府通过广泛吸纳行业协会组织、研究机构、企业等形成联盟组织，并建立专业高效的投融资服务平台，为企业和金融资本搭建沟通和对接的桥梁。2019 年 9 月，在国家互联网信息办公室（以下简称国家网信办）的指导下，中国互联网投资基金、国家互联网应急中心、中国信息通信研究院等相关单位共同发起数字经济投融资联盟，吸引包括知名投资机构、大型网信企业、高校研究机构及券商机构在内的上百家成员参与。同时，为聚集地方性的产业投资资源，越来越多的地方政府联合当地行业协会，打破信息不对称的局面，形成投融资沟通协调机制。例如，在上海市经济和信息化委员会的领导下，上海移动互联网产业促进中心联合 30 多家知名投资机构，发起互联网产业投资联盟。此外，为引导投资机构对不同发展阶段的数字经济企业提供资本支持，一些具有针对性的投资联盟不断涌现。例如，在相关政府部门的支持下，中国互联网金融投融资联盟成立，旨在促进全国范围内的小微企业获得有效融资。这些投融资平台的建立，能够进一步发挥好政府及行业协会的引导和带动作用，充分激发社会投资动力和活力，畅通投资项目沟通交流渠道，极大地提升投融资对接效率。

2. 投融资市场发展态势总体平稳

数字经济投融资市场降温后回暖，行业加快转型与调整步伐。2013 年至 2018 年，我国数字经济领域投融资事件数量于 2015 年达到最高点后逐步下降；而投融资规模则实现了高速增长，年复合增长率超过 60%。2019 年，在经济下行压力的影响下，投融资市场活跃度低位运行，总投融资金额数跌幅较大，行业自身发展进入调整期；2020 年，受新冠肺炎疫情的影响，资本市场热度仍保持减缓态势，但随着我国对疫情的有效防控和利好政策的深入推进，我国数字经济领域投融资规模止跌回升，投融资市场呈现复苏态势。

投融资市场更加理性和规范，资本逐渐向精品项目集中。一方面，单笔投融资均额保持高位水平。2013 年至 2020 年，数字经济领域单笔投融资事件涉及的金额由 6147 万元增长至 23 410 万元（如图 3-12 所示）；另一方面，越来越多的数字经济细分领域走向成熟，投融资轮次后移趋势逐渐显现。2020 年，早期投融资事件占比较 2013 年下降 36.3 个百分点：其中，种子及天使轮占比由 47.9%下降至 13.7%，A 轮占比由 38.3%下降至 36.2%（如图 3-13 所示）。这意味着相比过去“广撒网”的投资方式，金融资本开始向优秀、成熟的精品项目集中，更愿意为高价值项目提供充实的资金保障，形成“马太效应”。据此，投融资市场逐渐趋于理性，推动了金融资本与数字经济产业的良性互动。

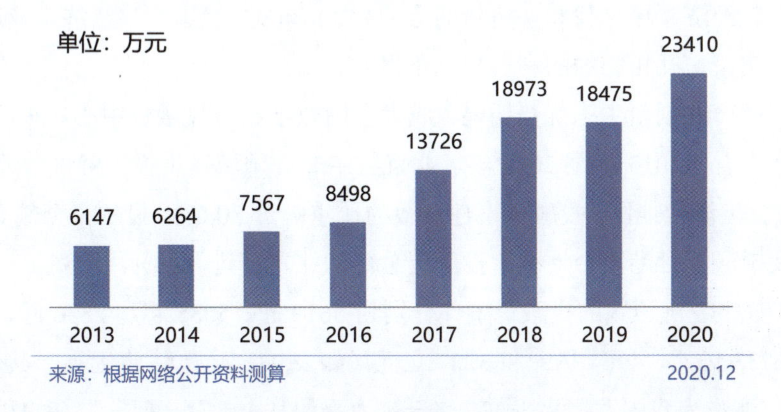

图 3-12　2013 年至 2020 年数字经济领域投融资事件涉及金额平均数

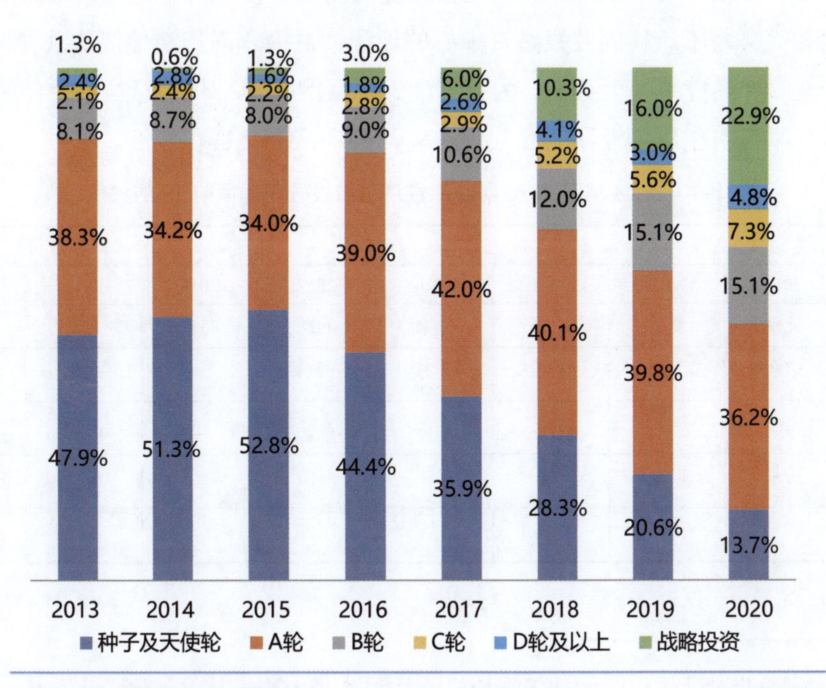

图 3-13　2013 年至 2020 年数字经济领域投融资事件的轮次分布

产业资本加速聚合投入，头部企业着力打造产业生态圈。在产业协同共进的大趋势影响下，战略投资①占比逐年增加，由 2013 年的 1.3%上涨至 2020 年的 22.9%，在投融资轮次排名中位列第二。近年来，投资成为头部企业补充业务板块的抓手，促使产业资本成为资本市场的重要力量。数字经济相关领域的头部企业，特别是互联网企业，如阿里巴巴、腾讯、百度等通过投资合作，既支持众多创业企业迅速扩张成为独角兽企业，也以资源互补促进自身业务发展，不断拓展自身战略布局，形成庞大的产业生态圈。与此同时，这些正在崛起的独角兽企业成为紧跟“大巨头”的“小巨头”，其本身也在新经济领域寻找和扶植新的标的。由此可见，我国数字经济企业通过投资，形成了犬牙交错、互相制约的利益与竞争格局。

北上广浙产业创新生态优势明显，成为全国数字经济投融资中心。从投融资事件的区域分布来看，2013 年至 2020 年，北京数字经济领域发生投融资事件近 1 万起，占我国（不含港澳台地区）投融资事件总数的比重超过 30.0%，投融资金额高达 1.6 万亿元，占我国（不含港澳台地区）投融资总额的比重超过 40.0%，位列第一；上海、广东、浙江数字经济领域的投融资事件分别为 5619 起、5085 起和 2836 起，投融资金额分别为 6733 亿元、4964 亿元和 3227 亿元（如表 3-1 所示），也远高于其他省（区、市）。北上广浙作为我国发展水平高、综合实力强的几个地区，拥有丰富的科技人才储备和科学技术成果，数字经济领域的上市企业数量也远多于其他地区，形成显著的产业创新生态优势，不断稳固其投融资中心的地位，进而辐射周边地区实现协同发展。当前，各地政府高度重视大数据、人工智能、物联网等新一代信息技术及创新创业工作，多措并举吸引创新创业团队和项目进驻，推动产业集群化发展。

表 3-1　2013 年至 2020 年数字经济领域投融资规模前 10 的省份

序号	年份							
	2013	2014	2015	2016	2017	2018	2019	2020
1	北京	北京	北京	北京	北京	北京	北京	北京
2	广东	上海	上海	上海	广东	上海	上海	上海
3	上海	浙江	浙江	广东	上海	广东	广东	广东
4	山东	广东	广东	浙江	浙江	浙江	浙江	浙江
5	四川	江苏	江苏	江苏	江苏	江苏	江苏	江苏

① 战略投资指对企业未来产生长期影响的资本支出，具有规模大、周期长、基于企业发展的长期目标、分阶段等特征。一般来说，战略投资方多为业内人士，以战略布局为主，注重彼此合作，看中长远布局。

续表

序号	年份							
	2013	2014	2015	2016	2017	2018	2019	2020
6	浙江	福建	四川	福建	四川	湖北	天津	天津
7	江苏	四川	福建	湖北	湖北	福建	四川	贵州
8	天津	湖北	重庆	四川	福建	四川	福建	四川
9	福建	天津	湖北	海南	山东	天津	辽宁	山东
10	湖北	安徽	天津	天津	湖南	安徽	湖南	湖北

来源：根据网络公开资料测算

3. 明星赛道投融资热度居高不下

资本不断向产业互联网倾斜，企业服务仍是最热门的投资赛道。近年来，由于 2C 业务（消费端业务）正面临流量红利式微、市场整体趋近饱和的危局，以往以 2C 端业务见长的互联网科技巨头，纷纷向 2B 端业务（企业端业务）延展，加速向产业互联网迈进。2013 年至 2020 年，从投融资事件数来看，企业服务所占比重为 22.0%，在投融资事件数占比排名中位列第一，较位列第二的文体娱乐高 8.5 个百分点（如表 2-2 所示）；从投融资规模来看，企业服务所占比重为 15.5%，位列第二，仅低于位列第一的汽车交通 0.3 个百分点（如表 3-3 所示）。随着数字经济与实体经济融合程度的逐渐加深，云计算、人工智能等技术手段帮助实体企业完成数字化转型，或者开拓新的商业体系，为更多传统产业赋能。

传统明星赛道持续获资本关注，行业发展成熟度不断攀升。作为同样长期受到资本青睐的领域，电商、互联网金融分别位列投融资事件数占比排名中的第三、第五位（如表 3-2 所示），以及投融资规模占比排名中的第五、第三位（如表 3-3 所示），从横向比较来看具有相对更强的吸金引资能力。但从纵向比较来看，以电商为例，其投融资事件数由 2015 年的 855 件下降至 2020 年的 135 件；投融资规模于 2018 年达到高点（680 亿元）后也呈现下降态势，于 2020 年跌至 322 亿元。这是因为互联网金融、电商等领域发展至今已较为成熟，行业格局较为稳定，具有稳定回报的优质企业成为资本投资焦点。在此背景下，初创企业面临较大挑战，将不断通过科技创新、模式创新“突围求生”，这将进一步激发出互联网金融和电商领域的发展新活力，从而巩固其明星赛道的地位。

技术创新和市场需求促使硬件、民生领域投融资活跃度不减。作为数字经济的新基础设施，智能硬件是各行各业数字化的重要支撑，具有庞大的市场需求。为响应党和国家的号召，金融资本正发挥其资源配置作用，成为硬件核心技术自主创新的推动力，更好地缓解关键领域投融资不足的问题。在此背景下，硬件领域的投融资事件数和规模均位于前列，属于较为稳定的明星赛道。与此同时，人民日益增长的美好生活需要促使本地生活、教育、医疗健康等民生领域的投融资热度保持较高水平。例如，在医疗健康领域，其所具有的刚需属性使其优质企业往往能产生稳定的利润与回报；而人口老龄化趋势和公众对健康问题关注度的日益提升成为医疗健康企业技术研发的直接驱动力，使得医疗健康领域获资本关注度持续提升。

表 3-2　2013 年至 2020 年各领域投融资事件数占比（按事件总数的占比排序）

领域	年份								总计①
	2013	2014	2015	2016	2017	2018	2019	2020	
企业服务	18.1%	18.3%	17.9%	21.9%	24.6%	23.7%	26.9%	26.2%	22.0%
文体娱乐	20.6%	17.3%	14.1%	15.7%	13.3%	11.1%	8.5%	8.2%	13.5%
电商	13.2%	11.3%	14.1%	11.5%	9.4%	8.9%	7.8%	7.2%	10.8%
硬件	7.3%	8.2%	7.8%	9.7%	11.0%	12.7%	12.0%	10.3%	10.0%
互联网金融	5.3%	8.1%	8.6%	8.2%	7.6%	8.6%	5.9%	4.7%	7.7%
医疗健康	4.2%	4.9%	5.4%	5.8%	5.7%	7.6%	8.1%	10.1%	6.3%
本地生活	5.4%	6.8%	8.1%	5.8%	5.8%	4.7%	4.7%	4.8%	6.0%
教育	6.0%	6.1%	5.6%	5.4%	5.7%	6.9%	7.1%	5.2%	5.9%
汽车交通	4.7%	5.0%	5.6%	4.9%	5.8%	5.1%	5.5%	6.2%	5.4%
其他	4.2%	4.1%	4.8%	4.0%	3.8%	3.0%	2.5%	1.8%	3.7%
工具软件	6.3%	4.4%	2.8%	3.0%	2.5%	1.9%	1.8%	0.8%	2.7%
社交网络	3.5%	3.9%	3.1%	1.7%	1.7%	1.7%	1.2%	0.8%	2.2%
物流	1.0%	1.4%	1.7%	1.7%	2.1%	2.2%	3.0%	2.1%	1.9%
产业互联网	0.2%	0.2%	0.4%	0.7%	1.0%	1.9%	5.0%	11.6%	1.9%

来源：根据网络公开资料测算

表 3-3　2013 年至 2020 年各领域投融资规模占比（按规模总额的占比排序）

领域	年份								总计②
	2013	2014	2015	2016	2017	2018	2019	2020	
汽车交通	5.6%	8.2%	12.1%	19.8%	21.7%	12.7%	13.2%	19.4%	15.8%
企业服务	8.0%	12.1%	8.6%	9.7%	22.3%	14.6%	24.3%	14.3%	15.5%
互联网金融	2.7%	7.6%	18.9%	19.2%	6.2%	12.2%	7.2%	3.7%	10.9%
文体娱乐	15.0%	14.8%	8.8%	10.4%	9.2%	12.4%	9.2%	6.5%	10.1%
电商	14.2%	12.5%	9.7%	7.2%	8.3%	8.8%	7.3%	7.3%	8.5%
硬件	6.5%	11.9%	4.2%	5.0%	7.0%	11.1%	5.4%	8.0%	7.4%
物流	19.4%	3.9%	2.5%	11.9%	6.0%	7.3%	10.5%	4.7%	7.3%

① 此为 2013 年至 2020 年单个领域投融资事件数占所有领域投融资事件总数的比重。

② 此为 2013 年至 2020 年单个领域投融资规模占所有领域投融资规模总额的比重。

续表

领域	年份								总计
	2013	2014	2015	2016	2017	2018	2019	2020	
医疗健康	3.0%	4.0%	3.8%	4.4%	2.4%	6.6%	8.9%	10.3%	5.8%
其他	2.4%	5.8%	5.2%	2.8%	5.4%	5.3%	4.9%	5.9%	4.9%
本地生活	7.4%	7.3%	7.8%	4.8%	7.0%	2.3%	2.5%	2.6%	4.6%
教育	1.6%	3.9%	3.0%	2.9%	2.5%	3.8%	3.2%	8.8%	3.8%
工具软件	11.4%	4.6%	14.2%	1.3%	1.4%	0.8%	0.6%	0.3%	3.0%
产业互联网	0.1%	0.0%	0.0%	0.2%	0.3%	1.4%	2.4%	8.1%	1.7%
社交网络	2.7%	3.4%	1.2%	0.4%	0.3%	0.7%	0.4%	0.1%	0.7%

来源：根据网络公开资料测算

文体娱乐、物流和汽车交通领域单个项目吸金引资能力最强。2013 年至 2020 年，文体娱乐领域（含文化、体育、游戏、传媒等）共发生 3933 起投融资事件，投融资过亿元的事件数超过 400 起；物流领域共发生 565 起投融资事件，投融资过亿元的事件数占比超过 30%；汽车交通领域获资本投资的企业有 737 家，投融资过亿元的事件数占比为 20%。这导致文体娱乐领域、物流领域和汽车交通领域分别以 5.1 亿元、4.6 亿元和 3.6 亿元成为单个项目获投融资金额最高的三大领域（如图 3-14 所示）。作为电商领域和本地生活领域的重要支撑服务，物流行业快速发展，通过贯穿基础设施、运输、仓储、信息、经营等各个环节的战略联盟，形成辐射全国的物流网络系统。随着物流企业开始向转型、跨界、融合、整合、物流科技、供应链等方向演进，生态型企业并购重组将愈演愈烈。此外，随着城市化进程的加快、居民出行需求的增加、“互联网+”的不断渗透，汽车交通领域的资本将极大地向智能交通、共享交通等优质企业集中，使其单个项目获投融资金额进一步增加。

4. 新兴细分领域逐渐获资本青睐

新兴细分领域发展势头强劲，逐渐成为投融资新风口。2016 年 11 月，国务院颁布《“十三五”国家战略性新兴产业发展规划》，指出要形成新一代信息技术、高端制造等 5 个产值规模 10 万亿元级的新支柱，并在更广领域形成大批跨界融合的新增长点。近年来，在利好政策陆续出台和“新三板”市场[1]全面深化改革的助力下，在大数据、云计算、人工智能、物联网等新一代信息技术的支撑下，我国数字经济各细分领域迸发出创新活力，新产品、新服务、新模式层出不穷，吸引各路资本积极谋划、参与布局。

---

① “新三板”市场指中关村科技园区非上市股份有限公司进入代办股份系统进行转让试点，因挂牌企业均为高科技企业而不同于原转让系统内的退市企业及原 STAQ、NET 系统挂牌企业。

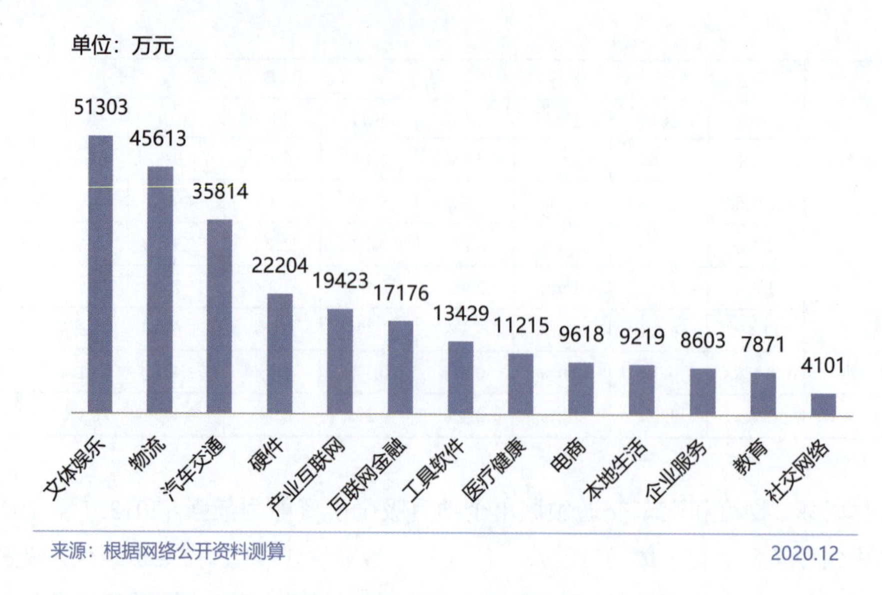

图 3-14　2013 年至 2020 年各领域投融资事件涉及金额平均数

在企业服务领域，数据服务、前沿技术、IT 服务（含云服务）获资本关注，推动企业级服务生态繁荣发展。一方面，对比 2013—2016 年和 2017—2020 年企业服务细分领域投融资金额分布发现（如图 3-15 所示），数据服务占比增加 3.4 个百分点，增幅达 26.6%。当前，数据成为企业的核心生产力，数据分析逐渐成为新兴的规模化需求，围绕数据源、数据存储、数据分析应用、数据安全等，数据服务领域将产生更多的投资机会。同时，在数字化转型的驱动下，企业对云计算、人工智能等产品和服务的需求不断增加，推动前沿技术投融资金额占比由 3.6%增长到 10.7%；而以云服务为代表的 IT 服务则实现了从无到有的转变。另一方面，IT 基础设施、行业信息化及解决方案等传统企业服务领域投融资金额仍然占据较大比重，成为孵化独角兽企业的两大主要方向。

在电商领域，生鲜食品和母婴玩具获资本关注，极大地顺应了社会发展的新态势。随着传统电商的日益成熟和消费升级步伐的加快，金融资本开始将注意力投向新兴电商产品及服务。我国人口众多，生鲜需求量大，市场规模稳步增长，亿元以上交易市场中农产品交易规模超过 3 万亿元①，风口之下，资本闻风而动，包括每日优鲜、美菜网、百果园、食得鲜在内的多家生鲜电商企业获得资本青睐，推动生鲜食品投融资金额占比由 2013—2016 年的 18.3%提升至 2017—2020 年的 24.9%（如图 3-16 所示）。与此同时，随着消费品类多样化和消费群体年轻化趋势的加快，母婴玩具类消费需求持续释放，相关电商消费市场呈现井喷式发展，促使其投融资金额占比显现出来，达 3.5%。

① 来源：国家统计局。

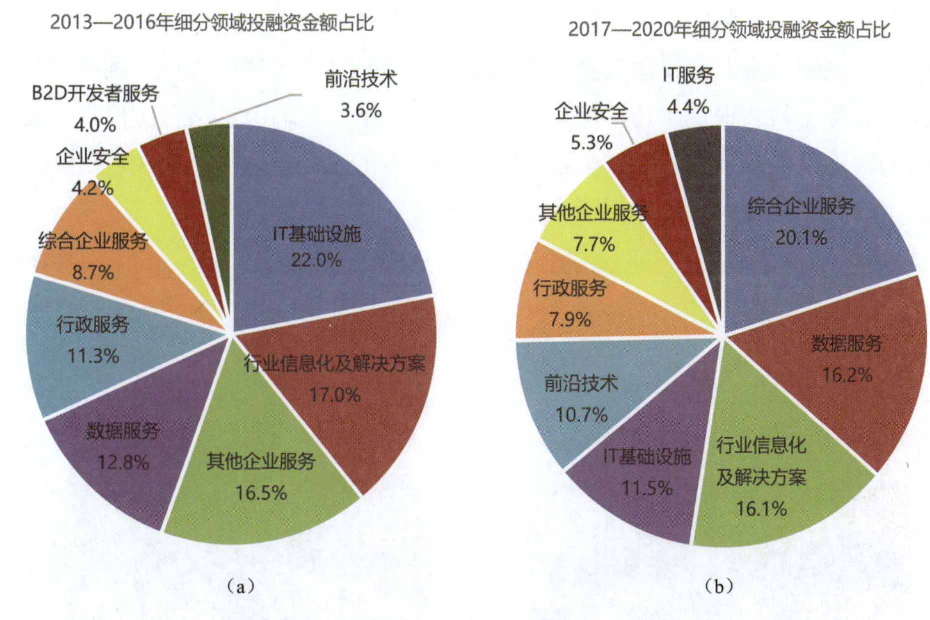

图 3-15　企业服务细分领域投融资金额分布对比

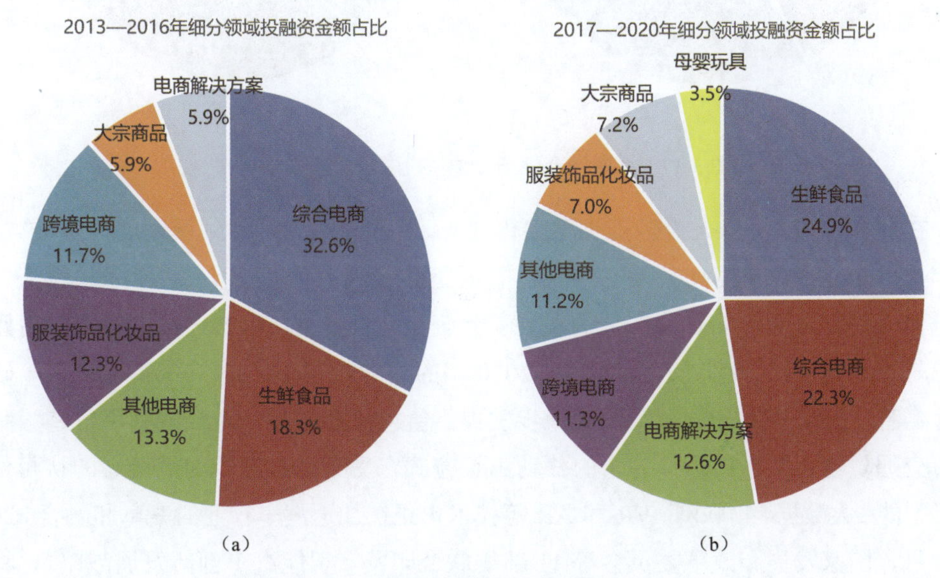

图 3-16　电商细分领域投融资金额分布对比

在互联网金融领域，保险、借贷、理财等金融产品，以及金融综合服务仍然保持强劲势头，金融信息化和虚拟货币成为行业新热点。2013—2020 年，互联网金融从“高速增长、野蛮扩张”逐渐进入“规范自律、持牌合规”的发展新阶段。在此过程中，资本对其的广泛关注一直没有间断，从最早的对金融 IT 类企业的投资，到对 P2P 的投资，再到对资产端、资金端的分开投资，对股票社区和配资的投资，多样化的金融产品及服务始终是投资热点。因此，保险、借贷、理财投融资金额占比提升 9.0 个百分点，成为吸金引资能力最强的互联网金融细分领域（如图 3-17 所示）。在多元化的行业发展热潮下，金融综合服务投融资金额占比下滑至 21.8%，但利用新兴金融科技为传统金融机构服务仍是共识。此外，在金融科技的推动下，金融信息化和虚拟货币成为行业关注的前沿趋势，小微及农村金融、汽车金融、供应链金融等新模式、新业态也快速发展，为互联网金融增添发展活力。

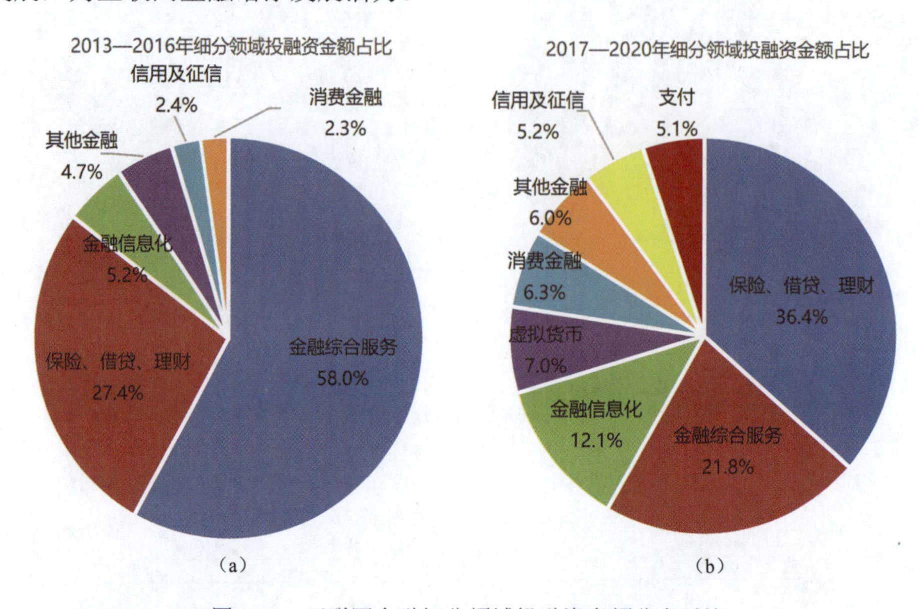

图 3-17　互联网金融细分领域投融资金额分布对比

在硬件领域，机器人投融资热度大幅提升，智能化成为硬件领域发展的主要方向。近年来，企业“以机器代替人工”的愿望正变得强烈，工业机器人、手术机器人、物流机器人等细分领域均具备广阔的发展前景。在此背景下，机器人投融资金额占比由 2013—2016 年的 11.9%提升至 2017—2020 年的 29.7%（如图 3-18 所示）。此外，硬件组件、智能家居等细分领域均保持稳步发展。值得注意的是，为合理利用日趋紧张的城市交通资源，共享出行作为新的移动出行方式，受到越来越多的消费者的认可，而人工智能、大数据、物联网、VR 和 AR 等技术也正在加速汽车行业的变革和融合。2020 年 2 月，国家发展和改革委员会等 11 部委联合印发《智能汽车创新发展战略》，将进一步推动智能汽车发展热潮，车载及出行智能硬件投融资规模将呈现大幅增长态势。

在医疗健康领域，医疗信息化和医药电商投融资热度持续走高，推动打造完整的医疗服务产业链。近年来，医疗信息化投融资金额占医疗健康投融资总额的比重由 17.4%提升至 25.8%，增幅达 8.4 个百分点，医药电商所占比重由 18.6%提升至 21.1%，增幅达 2.5 个百分点，成为医疗健康领域吸金引资能力最强的两个细分领域，极大地挤占了医疗综合服务的传统优势地位，使其投融资金额占比降幅达 5.0 个百分点（如图 3-19 所示）。近年来，医疗服务的平台属性日趋显著，高效运营和管理成为其核心价值，产生寻医诊疗、医药电商、医生助手、健康管理、医疗知识五类模式平台，为人们提供了便利的医疗服务。2020 年，新冠肺炎疫情席卷全球，促使公众更加重视个人健康和公共卫生。未来，随着大数据、人工智能等新兴技术和医疗健康领域的结合，医疗健康产业将迎来令人振奋的发展机遇，同时也将应对前所未有的挑战。

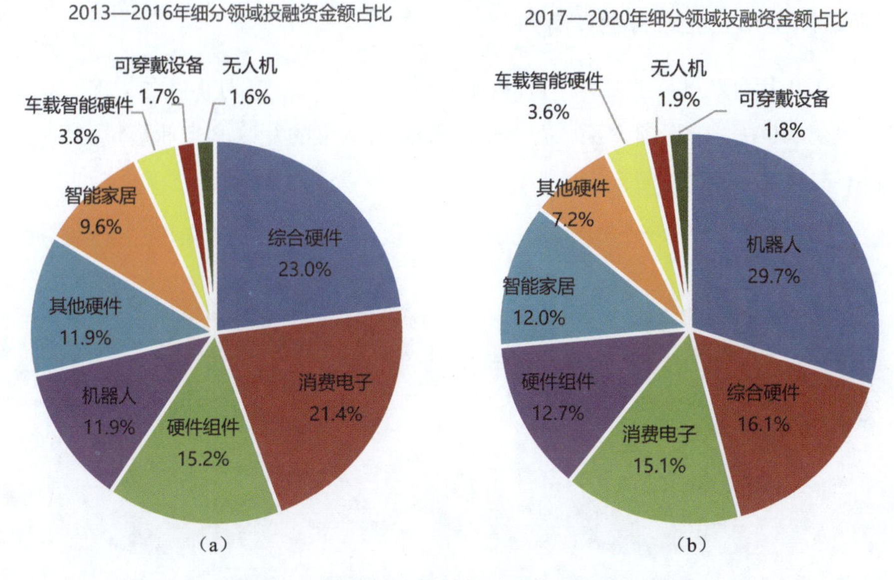

图 3-18　硬件细分领域投融资金额分布对比

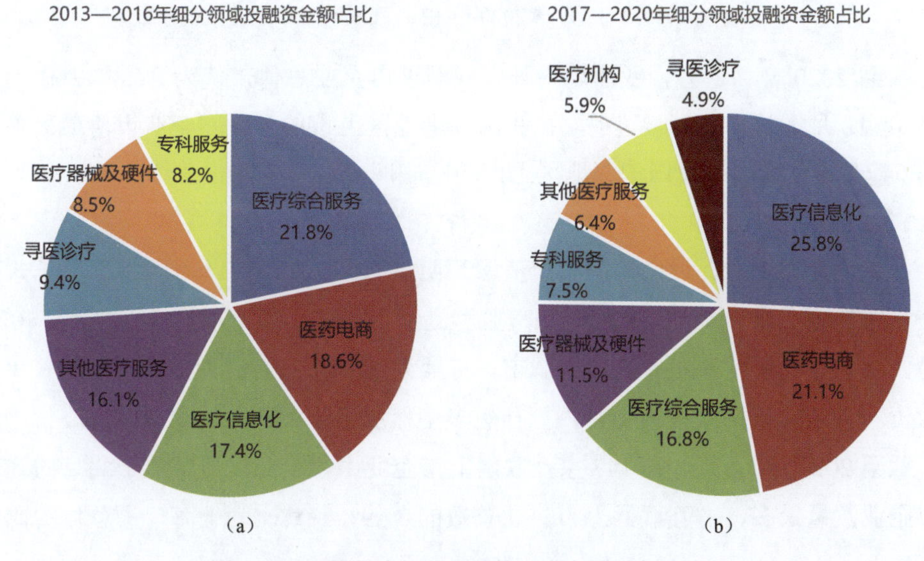

图 3-19　医疗健康细分领域投融资金额分布对比

3.3.2　资本为网信企业发展提供助力

总体来看，我国多层次资本市场稳步发展，并逐渐向具有国家战略格局、拥有核心技术和竞争力的企业倾斜，市场资源配置作用得以进一步发挥，极大地促进了金融资本与技术、人才、服务等其他要素的深度融合。在资本“催化剂”的积极推动下，我国网信企业行稳致远、做大做强，不断加快优秀科技成果转化，在深耕国内市场的同时加速拓展海外市场，为我国乃至世界经济发展做出杰出贡献。

1. 互联网上市企业跻身世界前列

截至 2020 年 12 月，我国境内外互联网上市企业[①]总数为 147 家，较 2019 年 12 月增长 8.9%。其中，在我国沪深、香港地区及美国上市的互联网企业数量分别为 48 家、38 家和 61 家（如图 3-20 所示）。

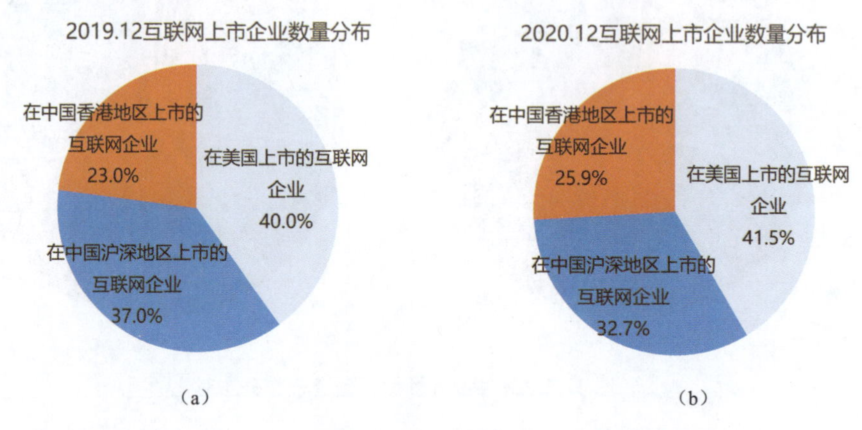

图 3-20　2019 年 12 月与 2020 年 12 月互联网上市企业数量分布

截至 2020 年 12 月，我国境内外互联网上市企业总体市值为 16.80 万亿元，较 2019 年 12 月增长 51.2%。其中，在我国香港地区上市的互联网企业市值最高，占总体的 54.6%；在美国和我国沪深地区上市的互联网企业市值各占总体的 41.4%和 4.0%（如图 3-21 所示）。

从市值分布来看，近两年港股市值增长明显。自 2019 年 11 月阿里巴巴正式在香港交易所挂牌上市，成为首家同时在美股和港股上市的中国互联网企业之后，2020 年网易、京东等企业相继在香港二次上市，持续为港股注入新活力。未来，随着我国多层次资本市场体系持续改革完善，预计更多中概股将回归港股或 A 股上市。

截至 2020 年 12 月，在 147 家互联网上市企业中，工商注册地位于北京的互联网上市企业数量最多，占互联网上市企业总数的 32.9%，其次为上海，占总体的比重为

---

① 互联网上市企业指在我国沪深、香港地区及美国上市的，互联网业务营收比例超过 50%的上市企业。其中，互联网业务包括互联网广告和网络营销、个人互联网增值服务、网络游戏、电商等。定义的标准同时参考了其营收过程是否主要依赖互联网产品，包括移动互联网操作系统、移动互联网 App 和传统 PC 互联网网站等。

18.2%，深圳、杭州、广州紧随其后，互联网上市企业分别占总体的 11.9%、11.2%和 4.9%（如图 3-22 所示）。

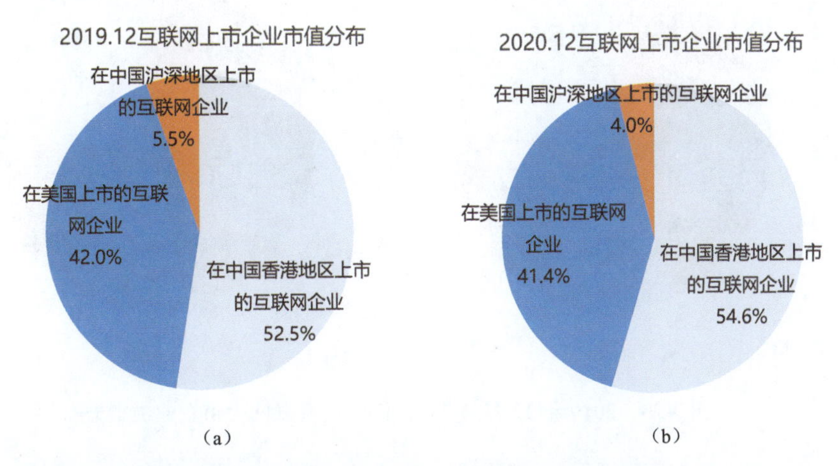

图 3-21　2019 年 12 月与 2020 年 12 月互联网上市企业市值分布

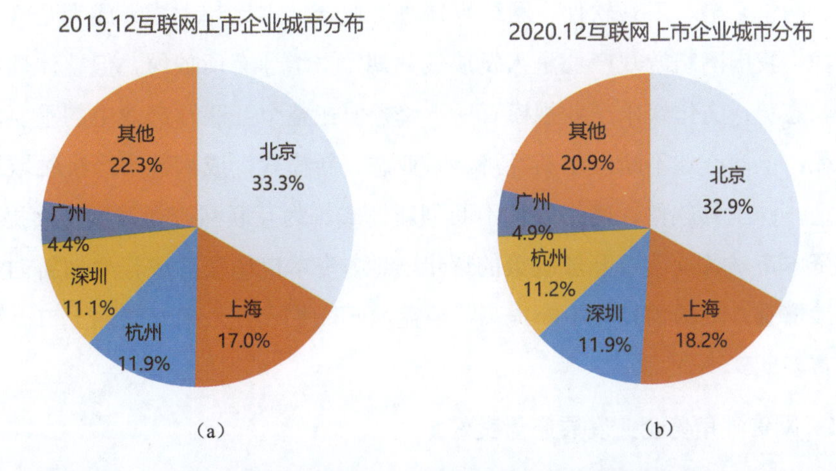

图 3-22　2019 年 12 月与 2020 年 12 月互联网上市企业城市分布

从城市分布来看，集聚效应初显，北京、上海、深圳、杭州依然领先，这些城市的经济发达度、产业成熟度、政策优惠、人才质量、基础设施等均居全国前列，从而吸引更多的资金和人才聚集，形成产业聚合。随着我国经济发展的均衡化程度不断提升、互联网产业范围的持续扩大及多层次资本市场的改革完善等，未来互联网上市企业有望在更多的地区产生。

截至 2020 年 12 月，在互联网上市企业中，网络游戏类企业数量仍持续领先，占互联网上市企业总数的 24.5%，其次是文化娱乐类企业，占总体的比重为 16.1%，电商、网络金融和工具软件类企业紧随其后，占比分别为 12.6%、10.5%和 7.7%（如图 3-23 所示）。

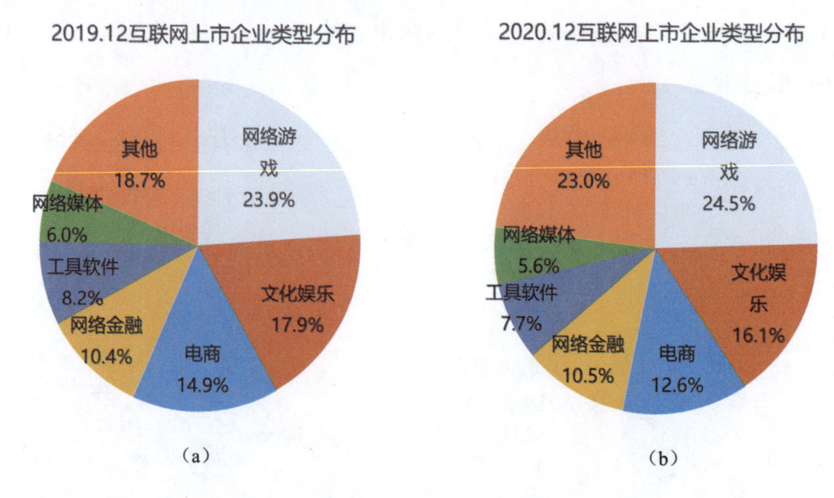

图 3-23 2019 年 12 月与 2020 年 12 月互联网上市企业类型分布

从类型分布来看，传统互联网业务类型仍占主导，近两年网络游戏、文化娱乐、电商、网络金融、工具软件、网络媒体等产业合计占比超七成，成为互联网产业的重要支撑。我国网络游戏产业进入发展成熟期，虽增速有所放缓，但整体规模仍呈现稳定增长态势；文化娱乐产业规模有所下降，但在整个互联网产业中的重要性和价值依然凸显；电商产业不断催生新经济、新业态、新模式，成为数字经济领域最具活力的要素之一；工具软件、网络媒体不断创新模式，为互联网产业发展持续提供新动力。随着资本市场各项改革开放政策的逐步落地，资本市场服务成长型创新创业企业的能力持续增强，市场包容度不断提高，覆盖面不断扩大，未来互联网上市企业类型将更加丰富多元。

2. 网信独角兽企业发展态势良好

根据创业企业的融资数据和一级市场主流投资机构对企业的估值水平进行的双向评估，截至 2020 年 12 月，我国网信独角兽企业①总数为 207 家，较 2019 年 12 月增加 20 家，增幅为 10.7%。

从地区分布来看，截至 2020 年 12 月，网信独角兽企业除集中分布在北京、上海、广东和浙江外，江苏的网信独角兽企业数量也有所提升，五地区总占比达 94.2%。其中，北京的网信独角兽企业数量最多，为 88 家，占网信独角兽企业总数的 42.5%；其次为上海，网信独角兽企业数量为 42 家，占总数的 20.3%；广东和浙江紧随其后，网

① 网信独角兽企业指最近一次融资时企业估值超过 10 亿美元的新生代未上市网信企业。定义的标准同时参考了创业企业的融资数据和一级市场主流投资机构对企业的估值水平。

信独角兽企业数量分别为 32 家和 22 家，占总数的比重分别为 15.5%和 10.6%；江苏的网信独角兽企业数量为 11 家，占总数的比重为 5.3%（如图 3-24 所示）。

从行业分布来看，截至 2020 年 12 月，全国 50%以上的网信独角兽企业集中在电商、企业服务、汽车交通、金融科技和医疗健康五个行业。其中，电商类企业组成第一梯队，占企业总数的 15.0%；企业服务类和汽车交通类企业组成第二梯队，占比分别为 13.0%和 9.7%；金融科技类和医疗健康类企业组成第三梯队，占比均为 8.7%（如图 3-25 所示）。

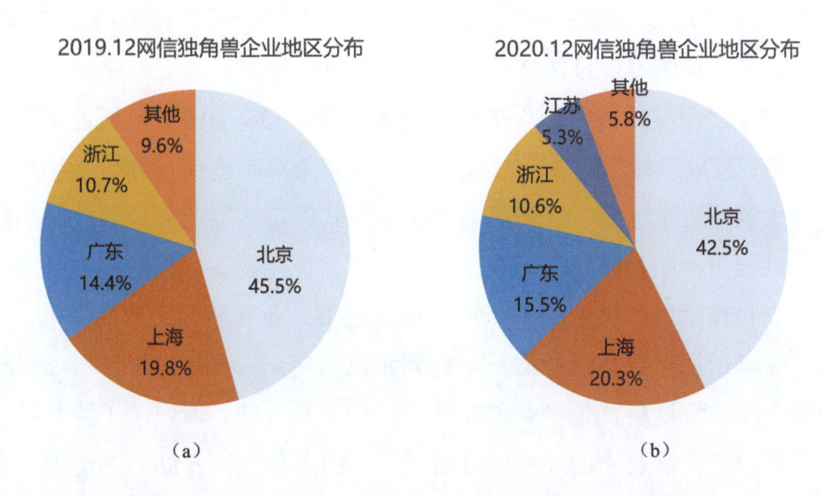

图 3-24　2019 年 12 月与 2020 年 12 月网信独角兽企业地区分布

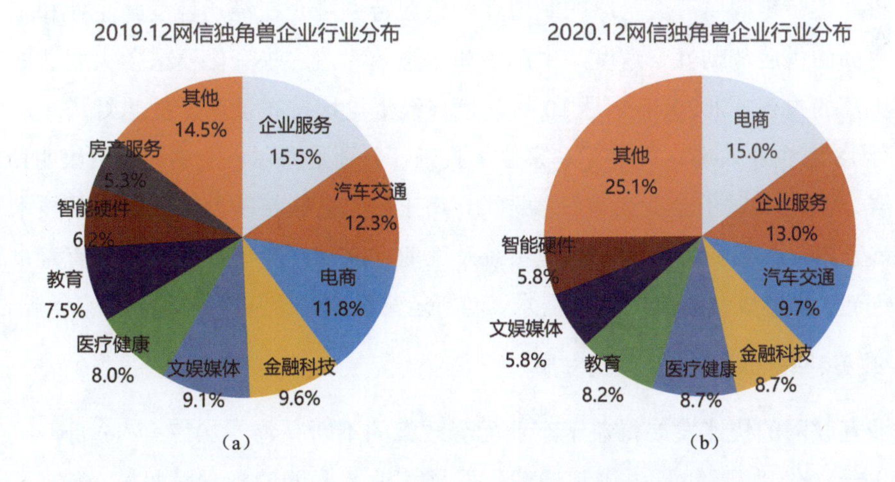

图 3-25　2019 年 12 月与 2020 年 12 月网信独角兽企业行业分布

3.4 工业互联网促进工业产业发展

3.4.1 全球工业创新趋势日益凸显

1. 世界“灯塔工厂”引领发展新方向

受到多重因素影响，全球制造业面临新的发展机遇。当前，新兴经济体将继续推进工业化，由此带来了能源、矿产和水等资源需求的大幅增加。随着全社会对碳排放和气候变化影响的关注，制造企业需要减少能源与材料使用量，采用可持续化工艺，提高价值链效率，从而实现可持续化经营。联合国环境规划署报告显示，致力于在21世纪中叶前实现“净零排放目标”的国家越来越多，126个国家已通过、宣布或正在考虑实现“净零排放目标”①。科技发展日新月异，全球制造业也逐步受到物联网发展的影响，传感器、边缘计算、智能机器人、嵌入式设备、工业通信等技术的综合运用在智能制造过程中不断发挥作用。在生产车间里，智能设备、机械和控制系统的互通性越来越强，科技赋能制造业成为主流，也促进了工业互联网产业的发展。

世界“灯塔工厂”对制造业的发展起到示范作用。自“灯塔工厂”项目正式启动以来，全球范围内最具科技含量和创新性的工厂不断入选，体现了工业科技创新的发展趋势。世界经济论坛发布的《全球灯塔网络：四大持久转变助力制造业实现大规模重建》报告，揭示了制造业和供应链领域的最新发展趋势如何助力全球摆脱新冠肺炎疫情危机并逐步走向复苏。全球的制造业和供应链领域正在经历巨变，企业和工厂必须具有更高的供应链韧性、速度、生产率和生态效率，这些变化要求各大企业要对技术进行更高的投入。2020年1月10日，世界经济论坛发布了新一批“灯塔工厂”名单，共有18家企业入选，其中有6家位于我国，分别是海尔、宝钢、福田康明斯、强生、宝洁、潍柴②。对于企业而言，入选“灯塔工厂”意味着在大规模采用新技术方面走在世界前沿，并在业务流程、管理系统及工业互联网、数据系统等方面有着卓越而深入的创新，能形成快速响应市场需求、创新运营模式、绿色可持续发展的全新形态。

2. 政策利好推动工业互联网发展

工业互联网的快速发展得益于产业配套政策的不断完善。2017年11月，国务院发布《关于深化“互联网+先进制造业”发展工业互联网的指导意见》，确定了工业互联网“323行动”。2018年6月，工业和信息化部发布《工业互联网发展行动计划

---

① 来源：联合国环境规划署。

② 来源：环球网。

（2018—2020 年）》，细化了工业互联网起步阶段的发展目标和重点任务。2020 年 2 月，中共中央政治局会议强调，推动生物医药、医疗设备、5G 网络、工业互联网等加快发展。近年来，我国工业互联网发展态势良好，不断提升产业融合创新水平，加快制造业数字化转型步伐，推动实体经济高质量发展。各地也不断发布相关政策：北京发布了《北京市 5G 产业发展行动方案（2019 年—2022 年）》，开展 5G 自动驾驶、健康医疗、工业互联网、智慧城市、超高清视频应用五大类典型场景的示范应用；上海发布了《上海市制造业转型升级“十三五”规划》，以创新驱动、提质增效为主线，坚持高端化、智能化、绿色化和服务化，大力发展新技术、新产业、新业态、新模式，加快构建战略性新兴产业引领、先进制造业支撑、生产性服务业协同的新型工业体系；天津发布了《天津市关于加快推进智能科技产业发展的若干政策》，以智能制造产业链、创新链的重大需求和关键环节为导向，重点支持传统产业实施智能化改造。

工业互联网推动各产业融合升级，促进产业经济的发展。我国工业互联网产业增加值规模超过 3 万亿元，成为促进我国 GDP 增长的重要因素[①]。截至 2020 年 6 月，制造业重点领域企业关键工序数控化率和数字化研发设计工具普及率分别达到 51.1%和 71.5%[②]。云计算、大数据、物联网、人工智能、区块链等新技术蓬勃发展，数字经济发展势头良好，对国民经济增长的贡献率不断提高。工业互联网创新不断深入，标准体系持续完善，先进制造业集群加快发展壮大。截至 2020 年 6 月，具备行业、区域影响力的工业互联网平台超过 70 个，连接工业设备数量达 4000 万台，工业 App 突破 25 万个，工业互联网平台服务工业企业数近 40 万家[③]。

3.4.2　工业快速发展带动创新变革

1. 科技创新支撑新兴制造发展

新兴制造为工业互联网创新提供了发展基础。目前，各地积极扩大有效投资，数据中心、5G、人工智能等新型基础设施建设项目稳步推进。以 5G 发展为例，2020 年 3 月，工业和信息化部发布《关于推动 5G 加快发展的通知》，围绕 5G 各类典型技术和车联网、工业互联网等典型应用场景，健全完善数据安全管理制度与标准规范。2020 年上半年，中国电信持续与中国联通开展 5G 网络共建共享，建成并开通 5G 基站约 8 万个，在用 5G 基站接近 21 万个；中国移动在超过 50 个城市累计开通 18.8 万个 5G

① 来源：中国工业互联网研究院《中国工业互联网产业经济发展白皮书（2020 年）》。
② 来源：工业和信息化部。
③ 来源：中国工业互联网研究院《中国工业互联网产业经济发展白皮书（2020 年）》。

基站，提供商用服务；中国联通可用 5G 基站累计达到约 21 万个，其中中国联通自建超过 10 万个，在超过 50 个重点城市实现连续覆盖[①]。5G 网络、大数据中心等“新基建”为工业互联网的落地提供了支撑，工业互联网的创新也将反哺“新基建”的发展。

2. 制造业需求支撑工业互联网发展

高端制造寻求技术支撑，工业互联网迎来发展机遇。随着 5G、半导体、新能源、新材料等生产制造需求的增加，对高精度加工等高端制造技术提出了更高要求，工业互联网在未来制造业中承担重要角色。工业互联网依托平台向上提供开发接口及存储计算、工具资源等支持，向下实现对各种软硬件资源的接入、控制和管理，覆盖不同行业、不同领域的业务应用，有利于全面赋能传统产业，提高行业整体资源配置效率，培育形成网络化协同、个性化定制、按需制造、共享制造等新模式、新业态，打造经济高质量新动能[②]。工业互联网作为制造业数字化、网络化、智能化发展的核心支撑，可以应用于研发设计、生产制造、运维服务等各个环节。制造业的设备预测性维护、供应链协同管理、生产工业优化、资源协同配置等典型场景实践有利于进一步加快工业互联网的落地，加速构建研发协同化、生产智能化的新型制造体系。当前，电子、材料和电池等新兴制造领域的智能制造需求增加，给工业互联网提供了落地的基础。

3.4.3 工业互联网供给层次多样化

1. 新兴技术在工业领域不断落地

人工智能和工业的结合形成了新的发展热点。“AI+工业”领域越来越受到制造业的关注，视觉检测成为发展热点。一方面，新冠肺炎疫情对国内生产复工影响较大，一些人工智能机器人代替传统人工检测，大大降低用工成本；另一方面，随着企业生产工艺的升级，检测标准不断提升，高端制造业对于使用智能化产品来降本增效的需求更加迫切。传统方式既无法满足大规模标准化生产的需求，又易导致误检率、漏检率偏高等问题，产品出厂品质难以保障。以人工智能为基础的识别技术，通过深度学习算法不断优化识别效果，结合工业相机、机械手臂、自动化生产线等设备，广泛用于各种工业场景下的检测、搬运等。当前，人工智能视频识别技术可以广泛应用在智能制造领域，主要以供应链的形式为机器人企业、智能设备企业和工业互联网解决方案企业提供技术服务。智能视觉涵盖内容较多，包括 3D 视觉与自主路径规划、机器

---

① 来源：中国工业互联网研究院。

② 来源：中国工业互联网研究院。

视觉技术一体化解决方案、视觉图像算法、智能视频解决方案等。

工业机器人创新引领无人工厂和工业物流的革新。中国机器人产业联盟（CRIA）发布了 2018 年我国工业机器人市场统计数据。数据显示，我国工业机器人年销量连续 6 年位居世界首位，自主品牌机器人销量保持稳步增长。2018 年，多关节机器人在我国市场中的销量位居各类型机械人首位，全年销售 9.72 万台，同比增长 6.53%。其中，自主品牌多关节机器人销量保持稳定的增长态势，连续两年位居各机型之首，全年累计销售 1.88 万台，同比增长 18.1%。在无人工厂领域，随着焊接劳动力成本逐年上升、技能人才缺口逐年拉大，企业对机器人填补人才缺口具有强烈需求。针对不同行业的不同场景，焊接机器人系统会进行视觉识别模型和焊接决策模型的训练。随着焊接生产数据的不断积累，焊接决策系统的适用性和准确度也会进一步提高。焊接机器人逐步覆盖航空航天、高端装备、能源装备、轨道交通等领域。在工业物流领域，面向 3C[①]、汽配、电力、光伏、新能源、半导体、医疗等行业的工业物流发展较快，导航移动机器人产品及柔性工业物流解决方案不断落地。工业物流以工业移动机器人为纽带，结合深度学习、3D 几何视觉、最优运动规划算法，实现品类仓的全自动分拣，实现传统制造向智能制造的转型。

2. 智能制造设备提升制造竞争力

高端智能制造设备成为制造企业发展的重要一环。我国工业数字化装备产业快速增长，中国信息通信研究院研究报告显示，我国工业数字化装备产业存量规模由 2017 年的 658 亿元增长至 2019 年的 1045 亿元，年复合增长率为 26.0%，占工业互联网核心产业规模的比重近年来基本维持在 19.5% 的水平[②]。系统通过采集运动控制器的数据（如温度、压力、震动、转速、流量、位移、电压、电流等），可以实现设备的远程智能故障预测性分析，对可能发生的故障提出预警信号，提高设备效能，降低维修成本，保证设备安全、稳定的运行。建设远程运维管理云平台还可以实现数据搜集、存储、分析，提供资产管理、设备跟踪、故障远程诊断及运维、能源监控、数据分析等功能，极大地帮助企业降低成本、提高运营效率。

智能制造设备多点布局，形成创新发展态势。国内巨大的市场需求促进供应链国产化提速。在光伏领域，光伏装机量的增加催生大量光伏设备需求，行业不断进行降本增效，为未来的发展提速奠定坚实基础。在半导体设备领域，在政策鼓励与市场需求的双重驱动下，多家企业正在启动半导体项目，为半导体设备提供广阔的市场。在

① 3C 是计算机类（Computer）、通信类（Communication）、消费类（Consumer）三者的统称。

② 来源：中国信息通信研究院《工业互联网产业经济发展报告（2020 年）》。

锂电领域，得益于新能源汽车市场的高速发展，主要动力电池厂商的扩产计划明确、提升锂电设备产出率的需求明显。我国企业开始形成国际竞争力，锂电设备国产化获得较大进展。

3. 工业互联网平台汇聚创新要素

工业互联网平台通过创新驱动，为制造业的发展提供科技支撑。工业是国民经济的重要支柱，发展工业互联网、推动制造业高质量发展，是国家重大战略举措。工业互联网平台通过网络搜集海量工业数据，并提供数据存储、管理、呈现、分析、建模及应用开发环境，汇聚制造企业及第三方开发者，开发出覆盖产品全生命周期的业务及创新应用，提升资源配置效率，推动制造业高质量发展。跨行业、跨领域的工业互联网平台对于加速制造强国和网络强国建设具有重要意义。2019 年，工业和信息化部正式对外公示了首批工业互联网十大双跨平台[①]清单。经过两年的发展，十大双跨平台已成为工业互联网平台技术突破、应用赋能的标杆，带动产业链的发展。

工业互联网平台汇聚创新应用，不断发挥平台作用。2020 年，工业互联网的融合创新发展提速，海尔、徐工信息、东方国信、浪潮、华为等均已在开展相关的试点应用。十大双跨平台积极与新兴前沿技术融合创新发展，培育形成“平台+5G”“平台+AI”等一批创新解决方案。双跨平台还突破一大批平台创新技术，如设备接入、协议解析、边缘计算、大数据分析、可视化开发等，培育形成云仿真设计、设备预测性维护、产品质量追溯、网络协同制造、智能产品运维、大规模定制等新模式、新业态。在应用赋能方面，工业互联网平台覆盖钢铁、石化、能源、电力等 10 余个重点行业。例如，海尔 COSMOPlat 孕育出建陶、房车、农业等 15 个行业生态，东方国信 Cloudiip 平台涵盖钢铁、能源、高铁、汽车、化工、通用、专用设备等 29 个工业行业大类。

---

① 双跨平台指跨行业、跨领域的平台。

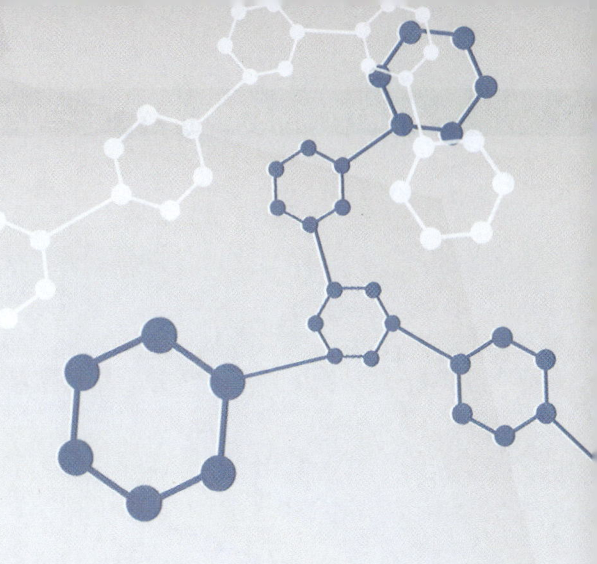

第4章

中国互联网垂直应用发展状况

摘　要：在互联网基础设施不断完善、上网门槛不断降低的趋势下，我国互联网垂直应用蓬勃发展，使民众充分享受到了网络社会化带来的丰硕成果，尤其是在信息传播、社交网络、网络娱乐三个垂直应用领域展现出深刻变化，主要表现如下：一是信息传播方式的迭代更新重塑了网络媒体格局，在碎片化信息时代使民众信息获取、民意表达的机会趋向均等化；二是社交网络聚合裂变将现实的社交关系链拓展延伸至网络，进一步将其打造为商业应用基础，使民众在便捷、高效连接的同时能享受到集群化社交带来的愉悦感；三是网络娱乐丰富多彩的商业模式日趋成熟，在塑造和传承多元网络文化价值的同时有效促进了信息消费，丰富了网民的文化娱乐生活。

关键词：信息传播；社交网络；网络娱乐

随着移动互联网的快速普及，我国互联网个人应用蓬勃发展，不仅拓展了网民获取信息、互动交友和休闲娱乐的渠道，也催生了众多新模式、新业态，为社会的发展进步起到了积极作用。事实上，我国网民对信息类、社交类、娱乐类应用的使用水平一直保持在高位，在推动相关市场快速发展的同时，构建起了与现实社会密不可分的网络社会。据此，本章从三个垂直领域出发，围绕信息传播创新、社交网络变革、网络娱乐发展等维度，诠释了我国互联网垂直应用的发展状况和态势。

4.1 信息传播创新驱动社会媒体变革

4.1.1 要素创新重塑网络媒体格局

在网络传播时代，信息传播的效率实现跨越式增长，网络传播用户颇具规模。以网络新闻为例，截至 2020 年 12 月，网络新闻用户规模达到 7.43 亿人，较 2020 年 3 月增长了 1.6%，网络使用率为 75.1%（如图 4-1 所示）。随着科技的进步，网络媒体呈现智能化发展趋势，提升了信息的分发和传播效率；传统媒体通过网络直播模式变革创新，致力于以深度网络化实现超越；新型垂直媒体①创新资源整合模式，精细运作，以满足多元细分群体的长尾②需求。

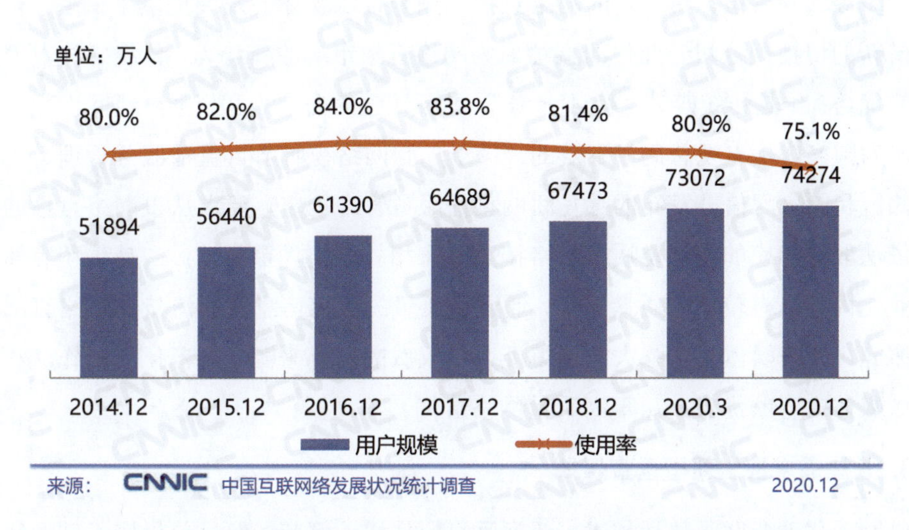

图 4-1　2014 年 12 月至 2020 年 12 月我国网络新闻用户规模及使用率

1. 技术创新打造智能网络媒体

近年来，随着网络媒体应用的不断深化，人工智能技术向其注入新的发展动能。信息智能推荐算法③是人工智能技术在信息传播领域的典型应用，适用于文字、图片、

---

① 新型垂直媒体是指依托于内容聚合型平台，以专业新闻、知识生产与商业服务为核心职能的新兴传媒组织。来源：邓敏，《新型垂直媒体的资源构成、行为模式与创新路径》。

② 长尾理论指只要产品的存储和流通的渠道足够大，需求不旺或销量不佳的产品所共同占据的市场份额就可以和那些少数热销产品所占据的市场份额相匹敌甚至比其更大，即众多小市场汇聚可产生与主流相匹敌的市场能量。

③ 信息智能推荐算法：主要包括基于内容的推荐算法和协同过滤推荐算法，典型应用媒体如今日头条等。

音频、视频等多种信息传播模式，现已成为主流内容分发平台、新闻资讯客户端、浏览器等网络媒体的标准配置，有效提升了信息的分发效率和传播效力。人工智能技术在由弱人工智能向强人工智能[①]进化的过程中，以多元化的技术逐步渗透到无人机拍摄、新闻写作、网络广告等信息传播纵深领域。其中，基于无人机采访技术的应用有《深圳晚报》的无人机采访队、搜狐网的无人机频道等；基于人工智能高级文本分析技术的新闻写作应用有新华社的“快笔小新”、南方报业的“小南”、百度人工智能平台产品“新闻摘要”等。

2. 形式创新促进传统媒体转型

在新媒体崛起背景下，传统媒体为巩固传播力和影响力，在“两微一端[②]”的基础上进一步寻求新突破。新一轮的网络直播热潮为传统媒体的发展提供了机遇，传统媒体凭借新的传播规范和专业化的直播成为网络直播市场的新势力。传统媒体发展网络直播的优势：一是传统媒体“持证上岗”，具备较强的公信力和资质，新闻出版广电总局（现为国家广播电视总局）下发的《关于加强网络视听节目直播服务管理有关问题的通知》和国家网信办发布的《互联网直播服务管理规定》要求从事网络直播的机构应当依法取得相应的服务资质，严格按照国家相关规定先审后发；二是传统媒体生产的专业化内容具有较高的质量保障，通过低质量的敏感信息获取流量的网络直播已被时代摒弃，传统媒体依托强大的采编能力、权威的信息来源、规范化的制作流程、聚合区域媒体内容的优势，从事高质量网络直播。

3. 长尾需求催生新型垂直媒体

借助于移动互联网传播技术，新型垂直媒体快速崛起，但目前仍属于创业组织范畴。与传统垂直媒体不同，新型垂直媒体创新资源整合模式，不断提升传播影响力与商业价值，满足用户长尾需求，成长为网络媒体中的重要组成部分。例如，为创业公司提供信息服务的一类新型垂直媒体，面向创新创业人群构建价值体系，为科技、媒体、通信等领域的投资者提供专业化和高价值的信息服务，通过原创与分享的互动转载机制、线上线下融合的社交圈活动促进资源良性循环。知识服务类新型垂直媒体，由专业领域的资深学者发起，围绕其本人意见领袖属性构筑知识社群，通过“知识付

---

① 人工智能：可分为弱人工智能、强人工智能、超强人工智能三类。其中，弱人工智能是指专注于且只能解决特定领域问题的人工智能，目前所有的人工智能算法和应用都属于这个范畴，如AlphaGo；强人工智能是指能够胜任人类大部分工作，在大多数领域甚至能取代人类50%以上工作的人工智能；超人工智能是指比世界上聪明、有天赋的人还聪明的人工智能。

② 两微一端指政务微博、微信及客户端等政务新媒体平台。

费与社群电商”的商业组织创新模式实现盈利。同时，随着网络技术的创新发展，新型垂直媒体融合直播、短视频、音频、HTML5 等新媒体技术，提升了专业化内容互动传播体验，在网络媒体细分市场中占有一席之地。

4.1.2　信息时代人人皆可为自媒体

在移动互联网时代，碎片化信息传播是常态，也是信息传播方式螺旋式进化过程中的过渡形态。由于上网门槛的降低和网络应用的智能化，人人都可以成为内容的生产者和信息的传播者。为了营造文明有序的网络传播环境，公众需要肩负起社会责任，积极传播正能量；官方媒体也要及时辟谣，提升政府公信力。

1. 碎片化成为新媒体传播的社会特征①

碎片化是媒体传播从传统形态向社会化转型过程中的重要特征，属于信息传播方式螺旋式进化过程中的过渡形态。碎片化信息、碎片化媒体等充斥在社会生活的方方面面，催生事实性信息来源的多元化、观察分析视角的分散化、信息要素文本的零散化等传播方式变革。信息的碎片化表现为以新闻评论、论坛、贴吧、博客、微博、微信朋友圈为载体的信息传播工具日趋简单、便捷，信息产生速度和分散化程度是传统媒体的数倍，由于用户社会地位、知识体系与价值观的不同，信息传播的角度具有高度的多元化和互补性特征，从而打破了传统媒体中心化传播的格局，使传统媒体的权威受到了一定程度的挑战。媒体的碎片化表现为新媒体技术的发展使用户接触到的媒体数量不断增多，媒体市场被分割，形成个性化差异竞争局势。

2. 人人皆自媒体托起公众社会责任感

随着自媒体的发展，人人都拥有在网络上表达观点的机会和权利，公众在充分享受多元化信息互动交流的同时，也暴露出部分用户社会责任感缺失的问题。当下，自媒体拥有强大的传播力和影响力，既可以在社会上传递正能量，又能引发社会民众的焦躁情绪，因此需要净化网络环境，弘扬清风正气，使自媒体人共同参与，营造文明有序的网络传播环境。2019 年，成都上百名自媒体“大 V”加入成都文明自媒体联盟并发起《自律公约》；福建省各地共 180 余名自媒体代表共同发起了《福建自媒体联盟自律公约》，从而促进了整个自媒体行业的健康有序发展。2020 年，山东省新媒体协会成立，发布《山东省新媒体协会自律公约》。

---

① 章立．浅析新媒体背景下信息传播的“碎片化”特征[J]．共产党人，2017：55．

3. 自媒体官方辟谣提升政府公信力

2016 年，在抽检的近万个疑似造假账号中，自媒体占比近 88%，营销、公关类公众账号是“重灾区”[①]。随着我国社会各方面辟谣机制建设的不断加强，严惩网络谣言已成为社会共识。2016 年，新浪微博联合公安部推出“全国辟谣平台”。2017 年，我国 372 个网警执法巡查账号入驻百度平台，利用技术革新成果与合作共享模式，打造谣言数据库及辟谣数据库。腾讯发布了网络谣言治理成果和谣言榜单，相关数据显示，在微信公众平台方面，截至 2018 年年底，与政府部门、媒体等共计 774 家权威机构达成辟谣合作，共发布 3994 篇辟谣文章，累计总阅读数超过 10.96 亿次，阅读人数达 2.95 亿人次[②]。2019 年，微信公众平台共发布 17 881 篇辟谣文章，其阅读量达到 1.14 亿次。腾讯新闻全年共发布 3840 篇辟谣文章，超过 3.5 亿人次收到辟谣科普报告分析[③]。此外，《最高人民法院、最高人民检察院关于办理利用信息网络实施诽谤等刑事案件适用法律若干问题的解释》自 2013 年 9 月 10 日起施行，相关部门运用法律武器支持自媒体官方辟谣，维护社会安定和谐，提升政府公信力。

4.1.3 全媒体融合成为发展大方向

随着科技的进步，我国信息传播领域在媒体格局、舆论生态、受众对象、传播技术等方面都发生了深刻变化，传统媒体与网络媒体正经历一场前所未有的变革。当前，运用新技术、新机制、新模式，加快全媒体融合发展步伐，实现宣传效果的最大化和最优化，成为数字时代信息传播领域的发展大趋势和新要求。一是遵循现代新闻传播规律和新兴媒体发展规律，强化互联网思维，坚持传统媒体和新兴媒体优势互补、一体发展。二是推动各种媒介资源、生产要素有效整合，推动信息内容、技术应用、平台终端、人才队伍共享融通。三是以先进技术为支撑、以内容建设为根本，推动传统媒体和新兴媒体在内容、渠道、平台、经营、管理等方面的深度融合。四是适应分众化、差异化传播趋势，加快构建舆论引导新格局，要推动融合发展，主动借助新媒体的传播优势。五是加强传播手段和话语方式创新，扎实抓好县级融媒体中心建设，更好地引导群众、服务群众。

---

① 来源：清博研究院《造假风暴和大数据异常分析报告》。

② 来源：《2018 年腾讯网络谣言治理成果和谣言榜单》。

③ 来源：腾讯。

4.2 社交网络变革推动社会形态演进

早期，电子公告板系统（Bulletin Board System，BBS）实现了分散信息的社会化聚合，而到了娱乐化社交网络时代，大众娱乐集群化传播延伸了社交关系链。当前，在微信息社交网络时代，典型社交应用包括微信朋友圈、QQ 空间、微博等，2020 年 6 月的网民使用比例分别为 85.0%、41.6%和 40.4%（如图 4-2 所示）；“蒲公英”式传播[①]、“弱连带”式社交[②]重构了人际社会关系；社交需求的常态化使社交网络成为商业应用的基础；同时随着网络成为第一信息源，由传统媒体主导的话语权转移到社交媒体，进而重塑网络舆论主场。

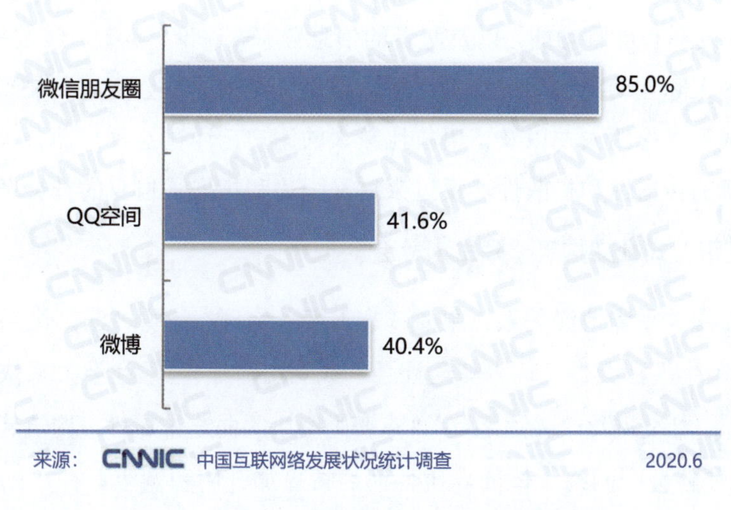

图 4-2　2020 年 6 月典型社交应用的网民使用率

4.2.1 社交网络重构人际关系模式

社交网络对人际社会关系的重构，主要体现在以下几个方面：在传播层面，“蒲公

① “蒲公英”式传播：最初形容种子投资和创业公司即使失败也不会就此消失，其中的人才会像蒲公英一样，随风到处飘荡，然后落在合适的土地上，再生根发芽；现多指以一个动作为出发点，最终达到多重结果。“蒲公英”式传播现在被广泛地用来形容微博、微信等社交媒体的传播。

② “弱连带”式社交：以弱连带优势理论为基础产生的社交行为。斯坦福大学教授 Granovetter 在 1973 年提出了弱连带优势理论，认为一个人往往只与那些在各方面与自己具有较强相似性的人建立比较紧密的关系，但这些人掌握的信息与此人掌握的信息差别不大；相反，与此人关系较疏远的那些人则由于与此人具有较显著的差异性，更有可能掌握此人没有机会得到的、对其有帮助的信息。因此，人与人之间的弱连带关系是个体融入社会或社区的必不可少的因素，它能给人们带来意外的信息和机会，并且具备联系不同社交圈子的能力。

英”式传播将现实生活中的社会关系聚合到网络上，使信息在传播过程中产生裂变式效果；在交往层面，人与人之间的“弱连带”式社交，构建了一种松散的社会关系，产生开放、包容之美；在互动方面，移动社交工具集成的“娱乐化”场景丰富，进一步深化了社交网络的底层逻辑。

1.“蒲公英”式传播变革社会关系网

信息传播和获取方式的便利化促进了社交模式的变革，社交媒体的发展对人们的生活产生了深远影响，掀起了人际互动方式的革命。例如，微博、微信等社交媒体连通线下与线上，将现实生活中的社会关系聚合为网络世界的关系链条，产生了“蒲公英”式的裂变效果，衍生了基于熟人关系和陌生人连接的社会关系网。微博的关注功能，微信的朋友圈和群聊功能，以及两者的信息分享、评论、点赞、转发等互动行为，均通过新型的人际互动构建了社会关系网，增加了个人的社会资本。在现实生活中，具有较高权威和身份的人，以及话语权比较大的用户，通过这种“蒲公英”式传播，加强了其信息的传播性和扩散性，反过来这又强化和拓展了自身的社会关系网。

2.“弱连带”式社交构筑“陌生人社会”

与基于血缘关系和地缘关系，主要依靠人情、伦理、道德、法则维系的“熟人社会”不同，“陌生人社会”又称“契约社会”或“法治社会”，社会关系依靠契约、制度和法律维系。社交网络“关注之交”“点赞之交”的弱连带属性，构筑起松散的“陌生人社会”，使社会因网络个体的异质性而显得更加开明和宽容。在“陌生人社会”中，“弱连带”关系是社会生活中的主要关系。基于社交媒体传播的“社群[①]”文化作为现实社会“熟人圈子”文化的补充和延伸，创造出了更多的信息互动、知识扩散和个人发展机会。陌生人之间借助社交媒体的互动，加深了对彼此的了解和信任，对个体而言激活了新的社会资本。不过，这种陌生人之间的网络社交存在着一定的隐性风险，需要社会各界共同努力，营造清朗的网络社交空间。

3.“娱乐化”场景深化社交网络的底层逻辑

娱乐化是社交网络人际互动的主要动机之一，社交网络的“娱乐化”场景重塑了信息的呈现方式、关系链的延展途径，以及人际互动的效果，更好地促进了人际交往。

---

① 社群就是一群人的连接，是指在连接人的过程中，通过有温度的内容、有价值的产品、有意义的活动、统一的价值观、共同的社群目标及全体群成员的共同利益，基于各种亚文化和互利机制、合作模式等，进一步让一群志同道合的人深度聚合和链接的社群组织。

举例而言，其一，大多数网友在社交网络上乐此不疲地分享自己的工作、学习和生活场景，情感偏好和个人兴趣等，展示自身积极向上的一面，而下意识地隐藏负面情绪，以一种积极的“心理暗示”向好友传递乐观的生活态度；其二，移动社交工具中的“红包”功能，在娱乐化的氛围中，增加了人们的互动频次，在人际传播、群体传播、大众传播中拓展了用户社交关系链；其三，“表情包”作为一种新型的人际互动工具，将以前难以言表的情感直接表达了出来，通过情绪的表达塑造了一种诙谐的气氛，达到了加深人际互动的目的。

4.2.2　社交网络成为商业应用基础

社交网络在演变为商业应用基础的过程中，经历了泛社交时代，人们通过内嵌在各类商业应用中的即时通信工具进行沟通；随着社交应用和电商的发展，社交元素和电商元素深度融合，衍生了各种社交电商模式；社交网络的分群聚合，促使网络社群经济催生了“知识付费”的商业逻辑。

1. 社交关系链连接网络应用生态

在社交网络早期 BBS 时代，以即时通信为依托内嵌于垂直网站的社交应用逐渐兴起。发展至今，这种社交应用主要与网络游戏、电商、网络文学等相结合，以社群功能的形态提升用户黏性，成为网络应用商业化的基础。随着社交网络的不断推进，社交成为互联网应用发展的必备要素，各类互联网应用之间通过彼此打通通讯录、第三方账号登录、内嵌社交功能等模式，借助社交关系链构建了强大的网络应用生态，依托即时通信内嵌于各类网站的社交应用成为一种泛化的存在，社交元素无处不在。在移动互联网时代，内嵌即时通信的网络应用向移动端发展，增强了语音、视频、短信等功能，并开始整合各类线上线下服务，拓展商业应用场景，建立起基于社交生态的商业化服务平台。

2. 社交逻辑衍生电商新模式

社交电商发展之初是在电商平台中融入社交元素，后期拓展为在网络社交平台中融入电商逻辑，主要包括社交分享型电商、社交内容型电商和社交零售型电商三种模式。举例而言，基于微信朋友圈的微商和“社交+拼团”模式的拼多多均属于社交分享型电商。该模式通过推出激励型政策鼓励用户主动分享，以达到裂变式传播和交易的目的，在社群的基础上实现裂变式销售。其中，微商在社群分享中利用的是私人领域的流量，拼多多在社群分享中利用的是熟人关系和口碑相传。社交内容型电商通过高质量内容聚合志同道合的网友，引导其进行裂变式的传播和推广，如“网红”主播和达人利用微博、微信、抖音和快手等进行电商产品的传播和推广。社交零售型电商是基于社交工具通过自身的人脉和社交圈实现销售的模式，如“云集”和“微店”。

3. 网络社群[①]催生知识付费[②]新产品

互联网的发展使社群连接与兴趣聚合变得简单直接，有共同兴趣、认知和价值观的用户能聚集在一起互动、交流、协作。在此过程中，具有丰富知识背景和强烈分享欲望的人成为内容生产者，网络社群中的众多个体对生产的内容感兴趣愿意付费。这种高黏合度的群体互动产生持久的经济效益，催生了“知识付费”的商业模式。知识付费的经济逻辑在于知识过载与注意力稀缺之间存在内在矛盾，增加了甄别、筛选和获取高价值知识的时间成本，用户为了做出高效选择会以支付费用的方式，向自己信任、认可的内容生产者购买知识付费产品。当前市场上的知识付费产品主要有付费的咨询、问答、订阅、音视频等。

4.2.3 社交媒体重塑网络舆论主场

社交媒体在网络舆论的形成过程中，发挥着越来越重要的作用。在移动互联网时代，社交媒体平台逐渐成为舆论传播主场，新闻传播的话语权和引导力从集中走向分散，传统媒体主导的话语权逐渐转移到社交媒体，其上面的网络社群影响着网络舆论的形成。

1. 社交媒体平台成为舆论传播主场

在互联网出现之前，传统媒体在舆论传播中起主导作用，提供传播议题，引导舆论走向，弘扬主流价值观。在 PC 互联网时代，以门户网站评论区、论坛、贴吧、微博为代表的网络舆论场与传统媒体共生共存。其中，微博以其强大的话题传播度、热点聚焦能力，占据网络舆论场的中心，微博热议的话题经常成为传统媒体跟进报道的对象。在移动互联网时代，以微信、微博为代表的移动社交媒体，成为公众获取信息的主要渠道，进而演变为第一信息源和舆论策源地，塑造了网络舆论传播的新形态。在分群聚合的社交媒体平台中，具备话语权的意见领袖在与媒介、大众、粉丝的互动

---

① 网络社群：社会学家瑞格尔德 1993 年提出了“虚拟社群”（Virtual Community）的概念，即通过互联网连接起来的突破地域限制的人们彼此交流沟通、分享信息与知识，形成兴趣爱好相近的有情感共鸣的特殊关系网络。

② 知识付费：将信息包装成产品或服务并将其通过互联网售卖的行为。

中会对舆论的发展产生重要影响。社交媒体平台在信息传播过程中需要大力倡导和提升公众的社会责任意识。

2. 传播主体多元化推动了话语权转移

在传统媒体主导的时代，新闻媒体掌握话语权，充当信息把关人的角色，根据法律、社会道德和主流价值观来确定传播内容，进而影响公众舆论场的生成。在新媒体时代，新闻传播的话语权和引导力从集中走向分散，传统媒体的主导地位逐渐被削弱。出现这种情况的原因主要在于三个方面：一是新媒体的分散化和开放化打破了以传统媒体为中心的传播格局；二是社会的多元化、信息的碎片化使异质群体在媒介上发声趋于个性化；三是受众从单纯的接受者转变为双向的接受者和传播者。进入移动社交媒体时代后，信息的传播和接受门槛进一步降低，人人皆为传播者，传播主体、渠道的多元化推动舆论的话语权由组织走向个人，形成由集中式向社会化转移的发展趋势，使达成社会舆论共识的难度进一步增大。

3. 网络社群极大地影响了社会舆论的形成

在新媒体时代，政府组织、大众媒体、网络社群等关键力量间的动态博弈，主导了特定事件舆论生成的过程，而具有社交媒体属性的网络社群在其中扮演了重要的角色。当特定事件发生后，在各类主流网络媒体和意见领袖对具体细节播报的过程中，网络社群通过社交媒体平台交流信息、陈述观点、发表意见，具有相似利益的网络社群不断聚合，参与舆论的生成。由于社会上多元化意识形态的存在，持有不同意见的网络社群之间展开激烈辩论。随着事件的推进，众多持有不同意见的网络社群开始分裂壮大、聚合重构。在此过程中，网络社群不断发声监督政府组织和大众媒体持续进行深入调查、澄清事实、披露细节。最终，政府组织、大众媒体、网络社群在舆论场中达到一种动态平衡，官方媒体宣布调查处理结果，网络舆论逐渐降温，对新的特定事件生成新的舆论场。

4.3　网络娱乐发展塑造多元文化生态

在文化资源方面，网络游戏、网络音乐、网络视频、网络文学等互联网应用进一步蓬勃发展，高质量、个性化的内容不断涌现，网络直播、短视频、视频博客等新型娱乐形式不断推出，极大地满足了人民群众的文化娱乐需求，在成就全球第一网络娱乐市场的同时，丰富和传递着多元文化价值。

4.3.1 网络娱乐商业环境不断优化

商业模式的不断丰富与版权环境的不断完善共同推动着网络娱乐产业蓬勃发展，主要表现为以知识版权为核心的网络泛娱乐生态夯实产业发展根基，逐渐完善的内容版权制度为网络娱乐行业腾飞提供助力。

1. 泛娱乐生态夯实产业发展根基

除网络游戏行业一直拥有较为清晰的营收模式外，其他网络娱乐行业对于营收模式的探索均贯穿了其整个行业发展过程，直至近两年才形成了以知识版权（IP）深度运营为核心，各种网络娱乐业态协同联动、多种营收模式并存的泛娱乐生态。自服务诞生开始，网络文学、网络视频、网络音乐等行业就尝试了为内容单次付费模式、纯广告模式、订阅会员模式等多种用户付费模式，但受到版权环境、用户付费意识、支付操作便捷程度等多重因素的限制，大多数企业始终难以在业务营收与用户体验之间找到平衡并实现盈利，为网络娱乐行业的健康发展带来很大困难。自 2015 年开始，网络娱乐生态逐渐形成，行业营收状况逐渐有所好转。随着各娱乐细分行业的不断整合，大型网络娱乐集团普遍拥有涵盖文学、视频、游戏、音乐等多个细分领域的业务群，并使依靠集团力量针对内容侵权问题进行维权成为可能。此后，网络娱乐集团通过 IP 将某一细分业务的用户吸引到其他网络娱乐业务上，促使用户为认可的 IP 多次付费，进而推动了各细分行业营收的增长。

近年来，各网络娱乐细分行业的生态化进程均得到有力推进。在营收能力最强的游戏业务上，大量由网络小说、影视剧改编的客户端游戏和手游均在短时间内完成了对其忠实用户的转化，以 IP 为核心拉动粉丝为游戏付费已经成为促进游戏营收增长的常规手段；在网络视频业务上，网络娱乐集团通过成立影视公司的方式积极向电影制作的产业链上游延伸，并逐渐加大对优质网络文学作品的网络剧改编力度；在网络音乐业务上，包括明星演出、粉丝运营、媒体推广、票务平台在内的上下游业务均被纳入集团业务范围内。生态化的泛娱乐产业模式深受市场认可，用户付费率不断提升。但不应忽视的是，在用户付费率增长的同时，泛娱乐产业模式也使网络娱乐集团对优质 IP 的竞争更加激烈，最终演变为网络娱乐集团资金实力的比拼，挤压了中小型企业的生存空间。

2. 版权内容治理促进行业健康发展

内容侵权、低俗等问题是长期困扰网络娱乐行业健康发展的重要因素。从 2015 年起，政府相关部门逐渐加大了对于盗版网络内容的打击力度，通过政策、立法、专项行动等多种措施打击网络娱乐内容领域的不良问题，为行业的健康发展提供有力保障。此后，《关于规范网络转载版权秩序的通知》《关于完善产权保护制度依法保护产权的意见》等相关政策陆续出台，这些文件的发布对持续规范网络版权秩序起到了重要作用。同时，《中华人民共和国刑法修正案（九）》明确了网络侵权行为的刑事责任，并在《中华人民共和国国民经济和社会发展第十三个五年规划纲要》中将“完善有利于激励创新的知识产权归属制度，建设知识产权运营交易和服务平台，建设知识产权强国”列为“十三五规划”的目标之一。此外，在持续多年的“剑网行动”形成的高压态势下，国内网络娱乐内容盗版侵权行为受到严厉打击。“剑网 2020” 针对网络版权保护面临的新情况、新问题，聚焦五个重点领域：一是开展视听作品版权专项整治，深入开展院线电影网络版权专项保护，严厉打击短视频领域存在的侵权盗版行为，严厉打击通过流媒体软硬件传播侵权盗版作品行为；二是开展电商平台版权专项整治，加强对大型电商平台的版权监管工作，严厉打击网店销售盗版图书、音像制品、电子出版物、数据库及盗版网络链接和存储盗版作品的网盘账号密码等行为，严厉整治网店设计、经营中使用盗版图片、音乐、视频等行为；三是开展社交平台版权专项整治，加大对新闻作品版权的保护力度，进一步规范图片市场版权的传播秩序，关闭一批恶意侵权的社交平台账号；四是开展在线教育版权专项整治，加大对“学习强国”学习平台版权的保护力度，大力整治在线教育培训中存在的侵权盗版乱象，切断盗版网课的灰色产业链条；五是巩固重点领域版权治理成果，严厉打击网络游戏私服、外挂等侵权盗版行为，推动完善网络音乐版权授权体系，强化对大型知识分享平台的版权监管力度，继续巩固网络文学、动漫、网盘、应用市场、网络广告联盟等领域取得的工作成果。数据显示[①]，在专项行动期间，各级版权执法监管部门删除侵权盗版链接 323.94 万条，关闭侵权盗版网站或 App 2884 个，查办网络侵权盗版案件 724 件。在政府相关部门的大力推动下，国内互联网版权环境不断好转，网络文学、音乐、视频领域的盗版侵权问题得到了明显改善，为网络娱乐市场的全面繁荣打下了坚实基础。

除版权环境外，网络娱乐内容还一直受到暴力、色情、低俗、负能量等问题的困扰，以网络直播和短视频为代表的新型网络娱乐业态问题尤其严重，给网络娱乐用户，尤其是青少年用户带来了十分恶劣的影响。为解决这一问题，国家网信办、文化部和新闻出版广电总局（现为国家广播电视总局）相继发布了《互联网直播服务管理规定》《文化部关于加强网络表演管理工作的通知》《关于加强网络视听节目直播服务管理有关问题的通知》等政策，并对一些相关法律条文的司法解释进行了更新和完善，加强了对各类网络不端行为的管治力度。在国家广播电视总局的指导下，中国网络视听节

① 来源：“剑网 2020”专项行动成果。

目服务协会发布《网络短视频平台管理规范》及《网络短视频内容审核标准细则》，从机构把关和内容审核两个层面为规范短视频传播秩序提供了依据。同时，国家高度重视青少年网络娱乐行为健康发展问题，自 2019 年 3 月 28 日国家网信办指导视频和直播平台试点上线“青少年防沉迷系统”以来，该系统的覆盖范围不断加大，至 10 月中旬已经对国内 53 家主要网络视频和直播平台完成覆盖。此外，各相关单位还多次召开针对违规网络娱乐内容的专项整治会议，要求涉及违规内容的互联网平台进行清理整顿。通过政策引导和依法治理并举，不良内容已经基本绝迹于各大网络娱乐平台。

4.3.2 网络娱乐市场保持蓬勃发展

高普及率和不断提高的基础设施水平，使我国成为全球第一网络娱乐市场。依托全球规模最庞大的网络娱乐用户群，我国网络娱乐业务长期保持着高速发展。2013 年至今，伴随移动互联网时代的到来、国家“宽带中国”战略的实施与“提速降费”目标的提出，我国网络娱乐业务进入第二个高速发展期。

1. 网络娱乐用户规模高速增长

娱乐需求是网民使用互联网的基础需求之一，其用户规模与我国整体网民规模保持同步增长。CNNIC 数据显示，2013 年 12 月至 2020 年 12 月，我国网络娱乐应用[①]在网民中的渗透率一直保持在九成以上。截至 2020 年 12 月，我国网络娱乐用户规模已经达到 9.65 亿人，97.5%的网民均为网络娱乐用户（如图 4-3 所示）。依托全球规模最庞大的网络娱乐用户群，我国网络娱乐业务长期保持着高速发展的趋势，与欧美发达国家相比，在业务模式、技术水平和内容质量上逐渐实现了从落后到接近，甚至有所赶超的成绩。

通过分析网络娱乐用户的属性，可以看出 2013 年至 2020 年，女性、高龄群体的占比均有所提高。用户规模的持续增长和弱势群体占比的明显提升不仅体现了网络娱乐业务对于非网民转化的强力拉动作用，同时还反映了社会娱乐资源平等化进程的不断推进。通过互联网，高龄、低收入等弱势群体相比以往任何时代都更有可能享受到技术进步带来的丰富娱乐生活，并通过互联网分享自己的艺术创作。

---

① 网络娱乐应用：本报告将网络游戏、网络音乐、网络视频、网络文学、网络直播、网络听书/电台六类应用定义为网络娱乐应用。网络娱乐用户为上述六类应用用户的并集。从 2018 年起，在中国网络娱乐用户规模统计中，网络视频用户指长视频和短视频用户的并集。长视频用户指过去半年在网上看过电视剧、综艺和电影的用户；短视频用户是指过去半年在网上看过短视频的用户。从 2020 年 6 月起，在网络娱乐用户规模的统计中，增加了网络直播和网络听书/电台用户。

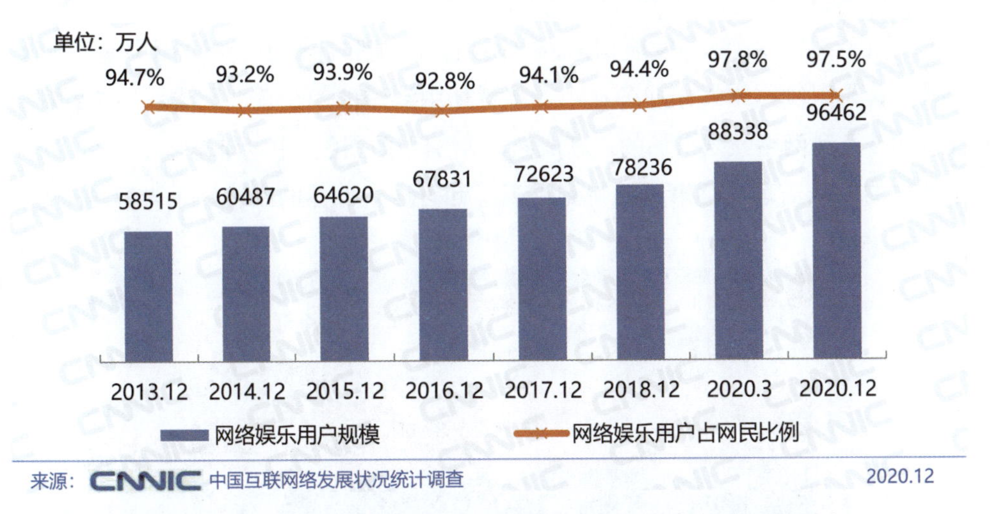

图 4-3　2013 年 12 月至 2020 年 12 月我国网络娱乐用户规模和渗透率

从网络娱乐用户性别结构来看，移动互联网设备的普及明显推动了网络娱乐用户性别结构的进一步均衡。数据显示，在 2014 年以前，网络娱乐用户中男性所占的比例高于 56%，但这种情况自 2014 年开始发生明显变化。得益于硬件价格的降低、操作便利性的提升及女性向互联网娱乐内容的显著增长，女性用户在网络娱乐用户中所占的比例逐渐提升。截至 2020 年 12 月，我国网络娱乐用户的男女比例已达 51∶49，相比 2013 年的 57∶43 更加均衡（如图 4-4 所示）。

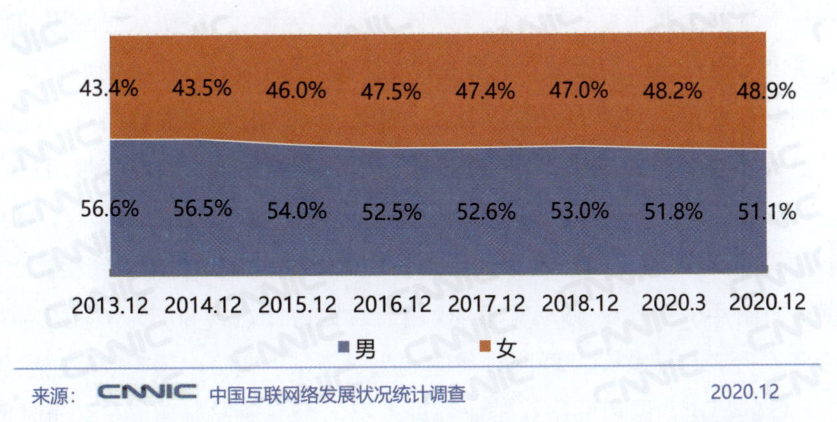

图 4-4　2013 年 12 月至 2020 年 12 月我国网络娱乐用户性别结构变化趋势

从网络娱乐用户年龄结构来看，虽然青少年一直是网络娱乐用户中的主体，但低龄群体在整体用户中的占比有所下降、中高龄群体的占比逐渐提高的趋势明显。数据显示，2013 年 12 月 20 岁以下网络娱乐用户的占比为 27.0%，而 2020 年 12 月该年龄段的用户占比已经降至 18.7%，降低了 8.3 个百分点；50 岁以上用户在 2013 年 12 月占比仅为 6.4%，至 2020 年 12 月则提升到了 24.7%，上涨了 18.3 个百分点（如图 4-5

所示）。在网络娱乐类业务发展初期，上网门槛较高和针对中老年群体的互联网娱乐内容较少，是限制网络娱乐业务在中老年群体中渗透的两个重要因素。但随着移动上网设备的普及和网络娱乐市场的逐渐成熟，网络娱乐应用在中老年群体中不断渗透，中老年群体的娱乐需求也逐渐开始得到重视，针对这一群体的网络娱乐内容越来越多。

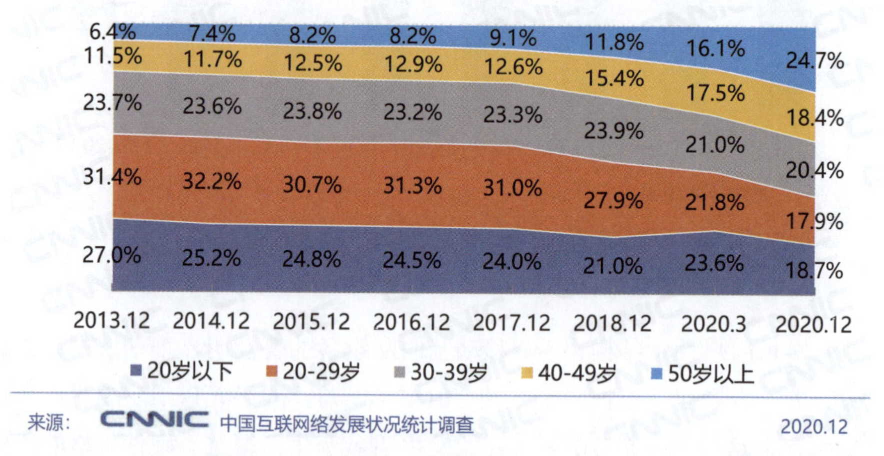

图 4-5　2013 年 12 月至 2020 年 12 月我国网络娱乐用户年龄结构变化趋势

2. 网络提速促成网络娱乐应用迭代

互联网带宽水平与网络娱乐应用的发展息息相关。随着用户规模的快速增长和网络娱乐内容形式的不断丰富，新一代多媒体、影像传输、网络游戏等应用的数据量猛增，网络娱乐应用供应商对于数据传输能力的需求日益提高，使带宽水平和带宽成本成为严重制约行业发展的两大因素。在这一背景下，政府与相关部门对于互联网基础设施建设投入力度的加大，用户端网络提速门槛的逐渐降低，高速宽带用户占比的大幅提升，为网络娱乐业务的蓬勃发展奠定了物质基础。截至 2020 年年底，使用 100～1000Mbps 固定互联网宽带接入速率的用户占比 88.6%，与 2019 年年底相比上涨了 3.4 个百分点（如图 4-6 所示）；移动宽带 4G 用户总数占比达到 80.8%（如图 4-7 所示）。

2013 年至今，伴随移动互联网时代的到来、国家“宽带中国”战略的实施与“提速降费”目标的提出，国内网络娱乐业务进入第二个高速发展期。在这一时期，手机取代电脑成为网民接入网络服务的首要终端设备，使网络娱乐业务的覆盖范围和使用场景明显扩大；互联网带宽水平显著提高、上网资费明显下降，使网络直播、4K 超清视频、VR 游戏等新兴网络娱乐应用的普及成为可能；用户的付费意识和付费能力逐渐提高，使网络娱乐企业突破了以广告为核心的营收模式，各细分行业营收均保持高速增长。

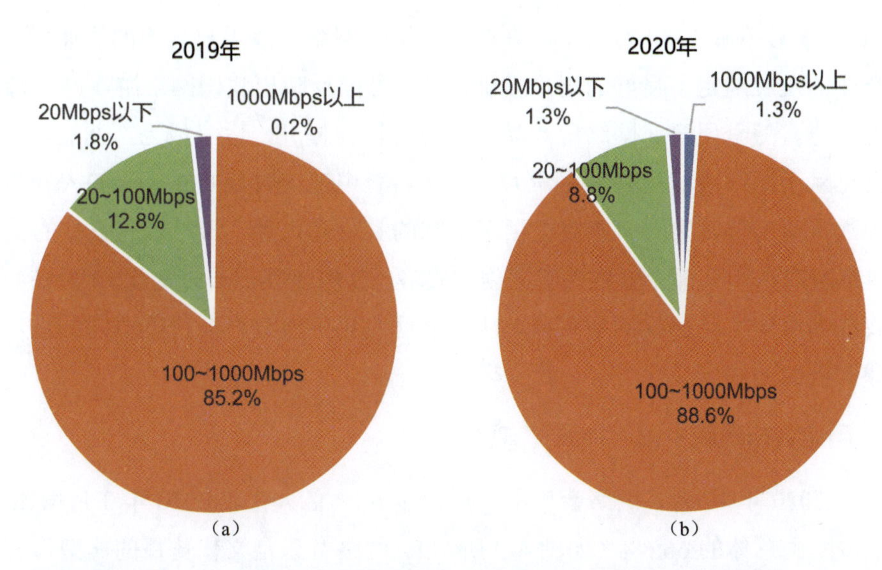

图 4-6　2019—2020 年我国固定互联网宽带各接入速率用户占比情况①

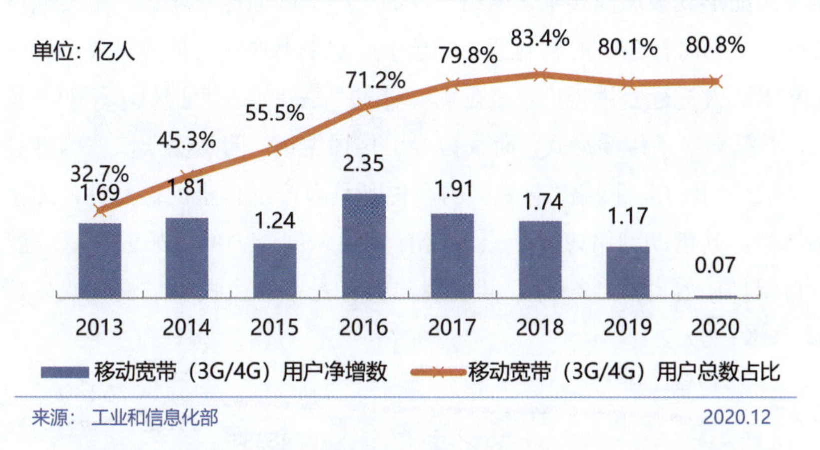

图 4-7　2013 年至 2020 年我国移动宽带（3G/4G）用户发展情况②

4.3.3　网络娱乐应用传递文化价值

网络游戏、网络音乐、网络视频、网络文学用户规模快速增长，为产业发展奠定了良好的用户基础。随着供给内容的不断丰富和创新，网络娱乐应用塑造和传递着多元文化价值，表现如下：网络游戏与传统文化结合；网络音乐造就我国的“神曲”现象；网络直播以新媒体渠道传递正能量；网络文学打造 IP 生态。

1. 网络游戏传承中国传统文化

截至 2020 年 12 月，我国网络游戏用户规模达 5.18 亿人，占整体网民的 52.4%，

① 来源：工业和信息化部。

② 注：2019 年数据统计为 4G 用户。

较 2020 年 3 月下降 1389 万人（如图 4-8 所示）。网络游戏用户规模的快速增长，一方面为产业的发展奠定了良好的用户基础，另一方面反映出我国网络游戏产业持续向好的发展态势。随着用户对网络游戏品质要求的日益提升，内容成为产业竞争的关键。传统文化赋予网络游戏更强的生命力，文学名著中三国时期叱咤风云的人物、西游记玄幻的故事情节等，为网络游戏提供了丰富的素材和内涵，带给玩家强烈的文化认同感。网络游戏市场头部企业的“新文创”战略，以构建我国传统文化 IP 为核心，让网络游戏成为历史文化传播的新载体，从而推动文化价值和产业价值协同并进，打造具备全球影响力的中国文化符号。

2. 网络音乐造就中国“神曲[①]”现象

截至 2020 年 12 月，网络音乐用户规模达 6.58 亿人，较 2020 年 3 月增加了 2312 万人，占网民总体的 66.6%（如图 4-9 所示）。网络音乐是文化传播的典型形态，神曲借助网络音乐的形式被广泛传唱。网络“神曲”产生的原因在于：一是其独特的歌曲内容和形式反映了当时社会的时代背景，引起了广泛的共鸣；二是传媒公司利用商业化的手段借助网络红人进行营销推广；三是新媒体的“去中心化”提供了平等交流、互动的传播平台，不仅丰富了传播形式，而且拓展了传播渠道；四是受众以广场舞等互动模式参与起到了推广的作用。网络“神曲”的产生既具有广泛传播的偶然性，又有独特文化价值的必然性，其借助网络媒介让众多富有天赋和创造力的音乐爱好者施展才华，集欣赏性、自娱性、互动性于一身，其传播与流行是一种全民性的文化娱乐盛宴。

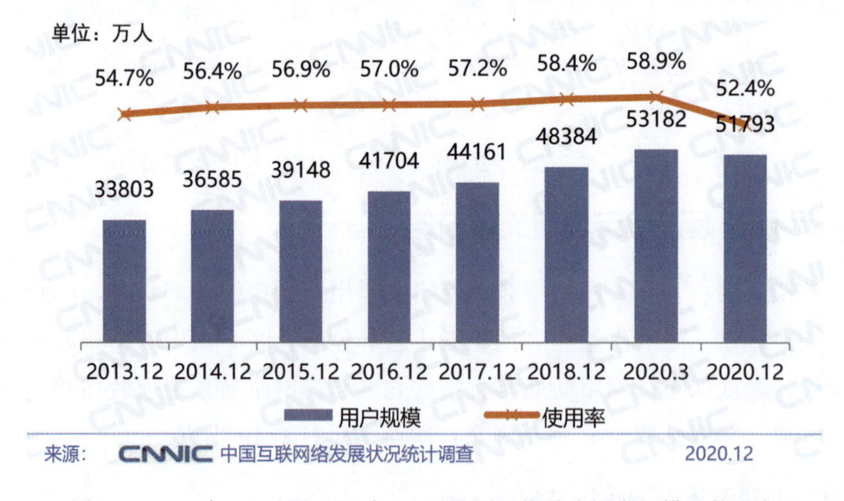

图 4-8　2013 年 12 月至 2020 年 12 月我国网络游戏用户规模及使用率

① 神曲：形容与众不同的神来之曲，是指以通俗浅白的内容，夸张、搞怪、幽默、富有娱乐性的唱腔，由网络媒介传播，在生活中随处可见的流行歌曲。

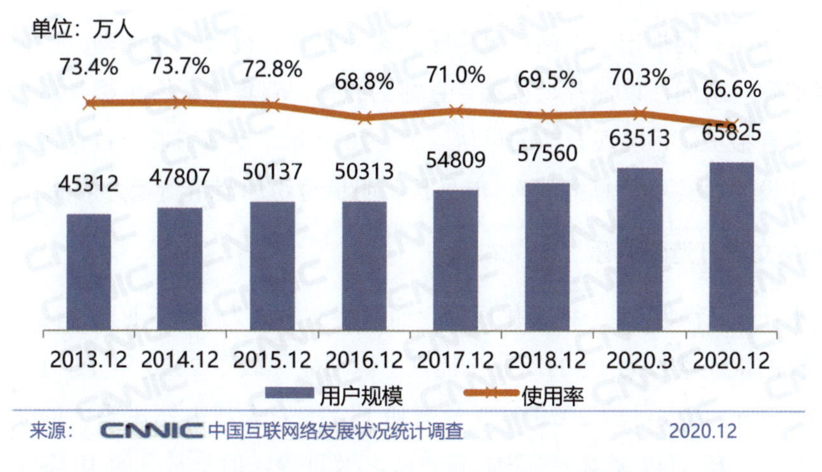

图 4-9　2013 年 12 月至 2020 年 12 月我国网络音乐用户规模及使用率

3. 网络直播传递社会正能量

随着我国网络提速降费的全面加速推进，网络直播成为当下流行的网络应用之一。截至 2020 年 12 月，网络直播用户规模达 6.17 亿人，用户使用率为 62.4%（如图 3-10 所示）。一方面，网络直播拓展了文化艺术的传播渠道，将京剧、昆曲、民乐、书法、泥塑等传统文化艺术与网络直播结合起来，借助受众的年轻化和审美的多元化，推动传统文化表达方式的创新转型。近年来，很多机构、平台都在利用直播为传统文化拓展传播渠道，如 2017 年光明网运用网络直播宣传非物质文化遗产，推出 30 多场大型系列直播，观看总人次达 3000 万。另一方面，传统媒体借助新媒体的传播形态和网络影响力，通过网络直播积极传递社会正能量。2019 年，新华社联合直播

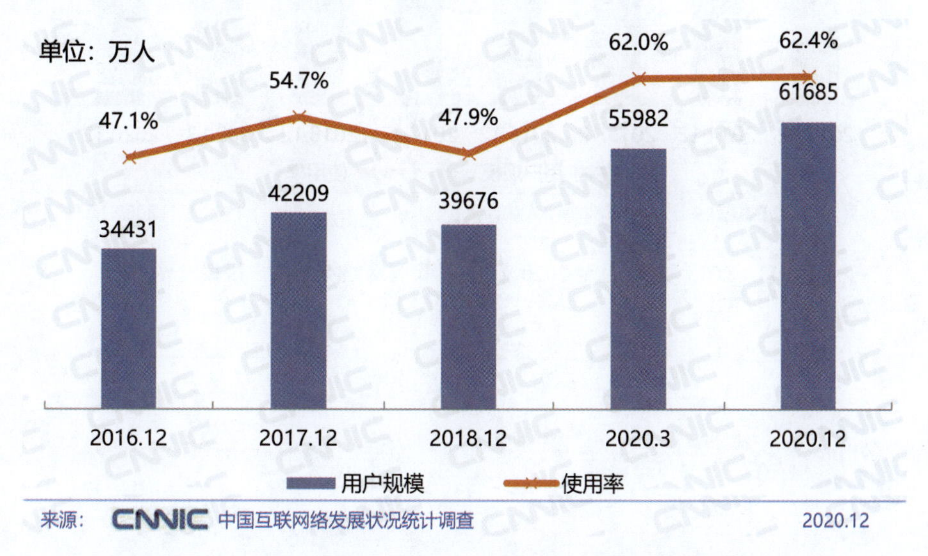

图 4-10　2016 年 12 月至 2020 年 12 月我国网络直播用户规模及使用率

平台在春运期间共同推出“出站口见”暖心瞬间照片、视频征集活动，记录温馨快乐或是紧张忙碌的瞬间，以照片、视频、直播为载体，召集全平台主播及用户，利用春运主题聚合直播资源，展现春节的风俗习惯。2020 年，受新冠肺炎疫情影响，央视联合拼多多开设“脱贫攻坚直播间”，市县长、明星纷纷加盟带货地方产品。

4. 网络文学打造泛娱乐“IP”本源

近年来，IP 渐渐成为一种文化现象，而网络文学成为 IP 商业化的源头，网络文学用户规模的快速增长为 IP 的商业化提供了源动能。截至 2020 年 12 月，网络文学用户规模达 4.60 亿人，较 2020 年 3 月增加了 475 万人，占网民整体的 46.5%（如图 4-11 所示）。IP 可以来源于文物古迹、综艺节目等，但是常见的 IP 多来源于网络文学。当前，传统的文化创意产业跨界融合拥抱互联网，行业领先企业依托强大的 IP 资源开发能力涉足 IP 生态领域；影视传媒企业借助优质 IP 资源拓展游戏、旅游、网络自制剧等业务；青年作家将文学 IP 改编成影视作品，在泛娱乐生态下充分挖掘 IP 的潜在价值。

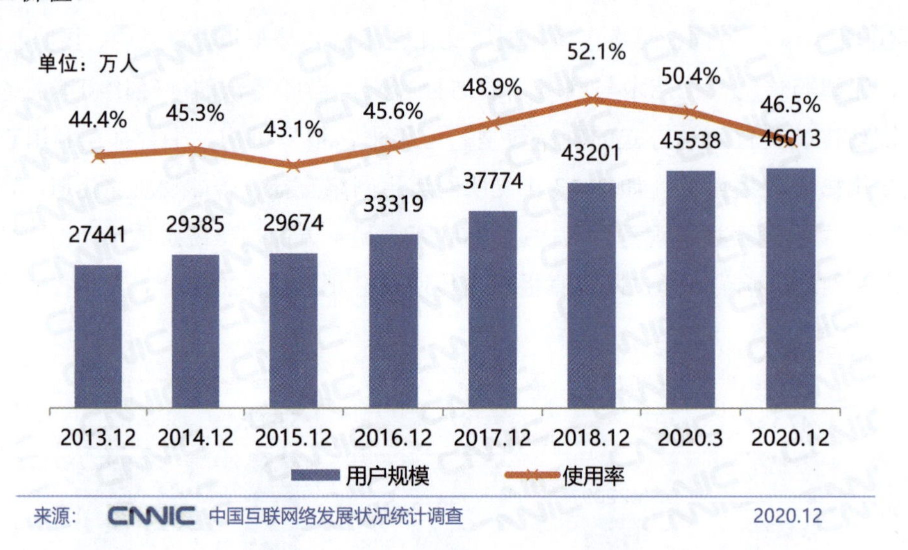

图 4-11 2013 年 12 月至 2020 年 12 月我国网络文学用户规模及使用率

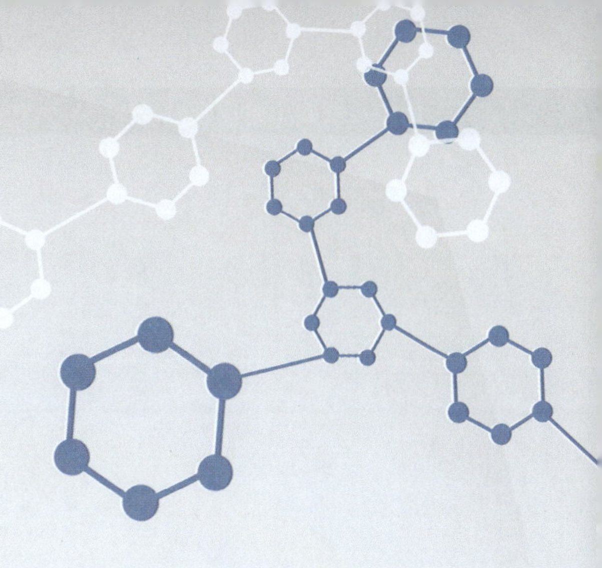

第5章

中国互联网公共服务发展状况

摘　要：推动互联网和公共服务融合发展，是当前和今后一个时期内我国的重要任务之一。"十三五"以来，我国互联网公共服务利好政策不断出台、基础平台建设加速推进、技术环境持续改善，为我国互联网公共服务的快速发展创造了良好的发展环境。在此背景下，我国互联网公共服务供给模式取得创新突破，在政府服务、教育、医疗健康、公共交通、公益慈善等方面都实现了供给模式创新；互联网公共服务效率显著提高，用户规模不断扩大，实现了我国互联网公共服务效能水平的持续提升。未来，在政策、经济、市场及需求的利好因素推动下，我国互联网公共服务发展环境将会进一步改善，发展水平将会迈上更高的台阶。

关键词：互联网公共服务；供给模式；效能水平

近年来，我国网民规模不断扩大，互联网基础设施建设稳步推进，移动互联网迅猛发展，互联网与公共服务的结合越来越紧密；通过创新服务模式推动资源共享、提高服务效率，不断提升人民群众的获得感和满意度。本章从发展环境、供给模式、效能水平三方面出发，系统分析了我国互联网公共服务的发展状况，为进一步了解互联网对公共服务发展的重要作用提供了参考。

5.1　互联网公共服务发展环境逐步优化

党中央、国务院高度重视我国公共服务的建设发展，注重从顶层设计、地方扶持、行业监管等多个层面，发挥政策措施的导向作用、协调作用和管理作用，促进公共服务均衡协调发展。近年来，互联网等新兴技术已经广泛地应用于我国公共服务的各方面，特别是随着移动互联网和人工智能技术的推广应用，为我国公共服务发展及服务型政府的建设发挥了很大的作用。未来，在政策、经济、市场及需求的利好因素推动下，我国互联网公共服务发展环境将会进一步改善，发展水平将会迈上更高的台阶。

5.1.1　互联网公共服务利好政策陆续出台

长期以来，由于政治、经济、人才等多种因素的影响，我国公共服务发展存在发展不平衡、不充分的问题。随着社会经济的不断发展，民众的公共需求由生存型逐渐向发展型升级，从而对公共服务的质量与效率提出了更高的要求，公共服务供给模式亟待创新。随着国家公共服务相关政策的持续完善，未来政策对接会进一步加强，秉持开放包容的政策导向，加强互联网公共服务领域政策协同、深化，为我国互联网公共服务持续提供良好的发展环境。

“十三五”以来，随着政府机构调整改革及有关推进“互联网+政务服务”政策的密集出台，我国互联网政务服务政策环境得到显著改善，给互联网公共服务发展带来重大利好。自 2016 年在全国两会上首次被提出，“互联网+政务服务”已成为各级政府在深化改革背景下提升政府公共服务水平的重要举措，是政府治理和服务模式创新的载体，并被纳入国家发展战略体系，对于推进国家治理体系和治理能力现代化具有重大意义。一方面，中央加强顶层设计，先后出台《推进“互联网+政务服务”开展信息惠民试点实施方案》《国务院关于加快推进“互联网+政务服务”工作的指导意见》《国务院关于加快推进全国一体化在线政务服务平台建设的指导意见》等文件；另一方面，江苏、浙江、湖北等多个地方政府积极探索“互联网+政务服务”实践，积累“不见面审批”“最多跑一次”“马上办、网上办、就近办”等创新经验。

2021 年 3 月 12 日，《中华人民共和国国民经济和社会发展第十四个五年规划和 2035 年远景目标纲要》发布。“十四五”规划纲要将“加快数字发展 建设数字中国”作为独立篇章，从打造数字经济新优势到加快数字社会建设步伐，从提高数字政府建设水平再到营造良好数字生态，勾画出未来五年数字中国建设新图景。其中，针对数字化公共服务，明确提出聚焦教育、医疗、交通、助残等领域，推动数字化服务普惠应用，创新提供服务模式和产品，持续提升群众获得感。

5.1.2 互联网公共服务基础平台加快建设

随着互联网特别是移动互联网的发展，社会治理模式正在从单向管理转向双向互动，从线下转向线上线下融合，从单纯的政府监管向更加注重社会协同治理转变。为顺应这一趋势，我国各级政府积极拥抱移动互联时代，大力推进一体化在线政务服务平台建设，实现政务服务在全国范围内“一网通办、异地可办、跨区通办”。

一体化在线政务服务平台上线，推动更多服务事项“一网通办”。一体化在线政务服务平台建设已成为各级政府转变政府职能的重要举措。在全国政务服务部门和单位的齐心努力下，2019 年 5 月 31 日，中国政务服务平台提前上线试运行，与 46 个国务院部门、31 个省（区、市）和新疆生产建设兵团的政务服务平台实现全面对接，接入地方部门 300 余万项政务服务事项和一大批高频热点公共服务，标志着我国一体化在线政务服务模式正式开启，我国开始进入全面、集约、高效的政务服务时代。依托全国一体化平台，跨地区、跨部门、跨层级业务办理能力持续提升，推动了更多政务服务事项由“线下跑”转向“网上办”，全方位提升了网上政务服务能力和水平。截至 2020 年 12 月，全国一体化政务服务平台实名用户达 8.09 亿人，其中国家平台注册的个人用户达 1.88 亿[①]人。与此同时，平台快速响应能力不断提升。2020 年，新冠肺炎疫情发生以来，全国一体化政务服务平台推出“防疫健康码”，累计申领近 9 亿人，使用超过 400 亿人次，支撑全国绝大部分地区实现“一码通行”。

政务平台集约化建设纵深发展。近年来各级政府认真贯彻“互联网+政务服务”、《政府网站发展指引》及政务公开等相关政策要求，积极探索、狠抓落实，政府网站等平台建设管理工作取得明显成效，整体发展持续朝着高水平迈进。**一是全国政府网站集约化试点工作任务基本完成**。全国政府网站数量由 2015 年 12 月的 66 453 个集约至 2020 年 12 月的 14 444 个[②]（如图 5-1 所示），基层政府网站的运营管理能力得到明显提升，其中交通运输部等一些单位通过政府网站集约化建设实现了全网统一搜索。**二是互联网政务服务平台集约化工作取得显著成果**，如广东省在 2017 年 12 月率先在全国部署数字政府改革建设，经过三年多的实践，广东数字政府管运分离的建设运营模式越来越顺畅，集约化建设产生的规模化效应不断显现，数据资源价值持续释放，全省政务信息化基础逐步均衡发展。截至目前，全国 32 个省级政府均建成了全省统一的互联网政务服务平台和全省统一的政务服务 App，各省互联网政务服务平台均与中国政务服务平台实现互联互通。**三是数据开放平台建设稳步推进**。多地积极推进数

① 来源：全国一体化政务服务平台数据均来源于中共中央党校（国家行政学院）电子政务研究中心。

② 来源：CNNIC 第 47 次《中国互联网络发展状况统计报告》。

据开放平台建设，56.3%的省级政府、73.3%的副省级政府、32.1%的地级市政府已依托政府门户网站建立了政府数据开放平台。

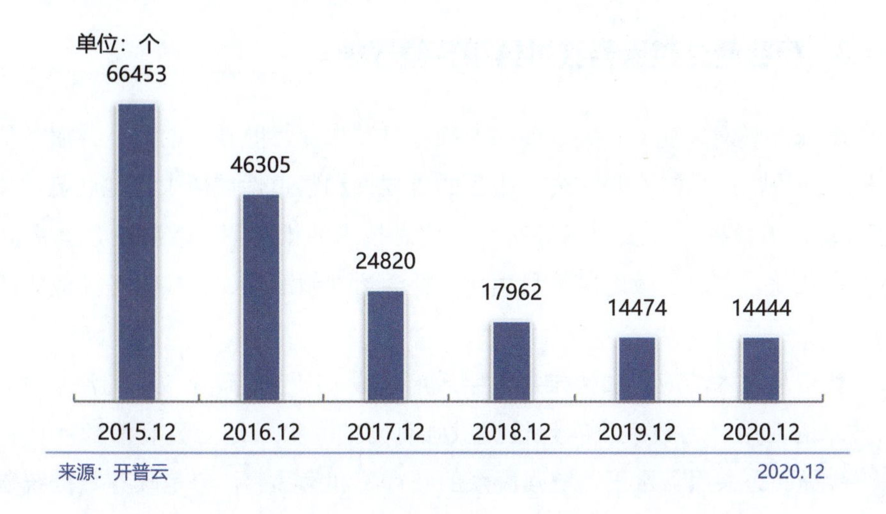

图 5-1　2015 年 12 月至 2020 年 12 月全国政府网站数量

政务新媒体不断发展，为政民互动搭建新桥梁。通过不断优化政务服务，切实提高社会治理效能，让政务新媒体成为联系群众、服务群众、凝聚群众的重要平台和有效工具。**一是政策持续出台，引导政务新媒体不断发展。**2013 年 10 月 1 日，国务院办公厅公布《关于进一步加强政府信息公开回应社会关切提升政府公信力的意见》，明确了第一批政务新媒体：政务微博和微信。2015 年 2 月，中央网信办在政务新媒体建设发展经验交流会上首次提出“两微一端”政务新媒体的概念。2018 年 12 月，国务院办公厅发布《关于推进政务新媒体健康有序发展的意见》，对“政务新媒体”首次进行了全面、规范、系统的概念表述和功能定位。2019 年 4 月，国务院办公厅制定印发《政府网站与政务新媒体检查指标》和《政府网站与政务新媒体监管工作年度考核指标》，逐步解决部分政务新媒体存在的信息发布不严谨、建设运维不规范、监督管理不到位等突出问题，从中央政策层面加快了科学管理和规范指导。**二是政策效应显现，促使政务新媒体健康有序发展。**截至 2020 年 12 月，经过新浪平台认证的政务微博为 140 837 个，各级政府共开通政务头条号 82 958 个、政务抖音号 26 098 个[①]。目前，湖北省、贵州省等地区实现了各类政务新媒体的统一建设、统一管理、统一运维。2020 年，国务院共检查政务新媒体 728 个，其中地方政府及其部门开设的政务新媒体 417 个、国务院部门及其内设机构开设的政务新媒体 311 个，总体合格率为 91.9%；

① 来源：CNNIC 第 47 次《中国互联网络发展状况统计报告》。

北京、天津等 16 个地区和外交部、教育部等 39 个国务院部门的政务新媒体合格率达 100%[①]。

5.1.3 互联网公共服务技术环境持续改善

随着全球互联网大变革、大发展、大融合日益加深，世界范围内公共服务信息化快速发展，加快推进我国互联网公共服务的重要性和紧迫性前所未有地凸显出来。在 5G、区块链、大数据、人工智能等新一代信息技术的推动下，政府治理体系和治理能力日益现代化，实现了政府决策科学化、社会治理精准化、公共服务高效化的治理模式。

新一代信息技术的应用加快推进数字政府建设。在当前政府改革的浪潮中，新一代信息技术的应用将为数字政府建设提供强有力的支撑，助力政府治理现代化的实现，进一步提高公共服务水平，增强民众的获得感和幸福感。**一是政务数据统筹管理能力不断增强**。各地区、各部门高度重视数据的基础性、战略性资源作用，建立健全政务数据共享协调机制，不断加强对政务数据的统筹管理。截至 2020 年 11 月底，我国有 23 个省级（占比 71.9%）和 31 个市级（占比 96.9%）地方政府明确了政务数据统筹管理机构，有力推进了本地数字政府的建设，16 个省级（占比 50.0%）和 10 个市级（占比 31.3%）政府已出台数字政府建设相关政策规划。搭乘大数据的“顺风车”，政务服务实现了由群众跑腿向信息跑路的转变，粗放式供给向精准化供给的转变，政府“端菜”向群众“点餐”的转变。**二是数据共享与业务协同推动政务服务更加高效便捷**。各地深入推进政务数据跨平台、跨层级共享整合工作，强力支撑互联网政务服务、政府科学决策等工作。例如，江苏省数据共享平台与国家平台及 13 个设区市平台实现互联互通，累计申请国家部委接口 31 个，调用 1300 万次，大大提高了政务服务的在线办理效率。贵州省精准扶贫大数据支撑平台，打通公安、教育、人力资源和社会保障等多个部门的数据，提高了扶贫、脱贫的精准度，积极运用数据加强社会治理，辅助决策。

互联网新技术加速公共服务数字化转型。数字化转型为公众和企业提供了 24 小时“不打烊”公共服务，为疫情精准防控、推进复工复产复学提供了有力支撑。**一是医疗、教育、交通、社保、公共资源交易等公共服务领域的数字化转型成果显著**。例如，在教育公共服务方面，为了有效应对疫情，全国开展了“停课不停教、停课不停学”的在线教育创新实践，32 个省均建立了教育资源公共服务平台，我国数字教育资

① 来源：中国政府网。

源公共服务体系基本建成；在医疗公共服务方面，研发全国通用“健康码”，保障亿万群众“一码通行”，有效缓解了各类疫情防控码“层层加码”、数据重复采集等问题。**二是打通数据共享高速通道，加速公共服务数字化转型。**依托全国一体化政务服务平台统一身份认证、数据共享、统一证照服务等支撑能力，推动 31 个地区开展“跨省通办”服务专区建设，建成了京津冀、长三角、粤港澳大湾区、川渝通办专区等区域服务专区。截至 2020 年 12 月，国家平台累计向地方部门提供数据共享交换服务 500 余亿次，电子证照共享服务超过 4.4 亿次，提供身份认证核验服务超过 15.5 亿次[①]。

5.2　互联网公共服务供给模式不断创新

2019 年 11 月，党的十九届四中全会审议通过《中共中央关于坚持和完善中国特色社会主义制度 推进国家治理体系和治理能力现代化若干重大问题的决定》，并提出创新公共服务提供方式，鼓励支持社会力量兴办公益事业，满足人民多层次、多样化需求，使改革发展成果更多、更公平惠及全体人民。深入贯彻落实这一要求，必将有力提升我国的公共服务水平，不断满足人民日益增长的美好生活需要。

5.2.1　互联网创新政务服务模式

“互联网+”时代的公共服务创新以公众需求为核心、以数据开放为支撑、以新技术应用为手段，不断强化服务意识，创新政务服务模式。**一方面，政府部门加快数据开发部署，深化数据应用，创新服务模式，成效显著。**全国人大建设完成法规备案审查平台；全国政协开通委员移动履职平台进行网络议政远程协商，近 2000 名全国政协委员在移动履职平台上发表 1.4 万余条意见及建议；智慧法院建设加速推进，中国裁判文书网累计公开文书 9600 余万篇，累计访问量突破 450 亿人次；全国检察机关统一业务应用系统 2.0 版启动试点应用，开启新时代检察信息化办案新模式[②]。**另一方面，数据开放平台建设稳步推进。**多地积极推进数据开放平台建设。据统计，56.3%的省级政府、73.3%的副省级政府、32.1%的地级市政府已依托政府门户网站建立了政府数据开放平台。政务数据的开发利用逐渐丰富，从整体上看，数据资源社会化开发利用的整体水平仍有待提高，数据资源的价值亟待释放。

---

① 来源：中共中央党校（国家行政学院）电子政务研究中心。

② 来源：国家网信办《数字中国建设发展进程报告（2019 年）》。

“横到边、纵到底”的一体化政务服务体系持续完善。联合国数据显示①，我国电子政务发展指数为0.7948，排名从2018年的第65位提升至第45位（如图5-2所示），取得历史新高，达到全球电子政务发展“非常高”的水平。**一方面，各地区政府相继推进跨区域“一网通办”。**京津冀、长三角等区域已经开始部署推进跨区域“一网通办”，围绕企业投资审批、企业开办社保及办理公积金等服务事项开展先期试点。跨区域“一网通办”将区域间的联动政策体系与新技术应用有机结合，通过区域间营商环境的优化更好地促进跨区域合作，加快推动市场要素资源的合理配置，将服务范围“横到边”。**另一方面，“覆盖城乡、上下联动、层级清晰”的五级网上服务体系初步形成。**全国近七成省份实现省、市、县、乡、村服务五级覆盖，政务服务“村村通”覆盖范围持续扩大，政务服务均等化和普惠化基本实现，政府部门网上政务服务的有效供给与企业群众需求不充分、不均衡的矛盾得到一定缓解，将普惠民生服务“纵到底”。

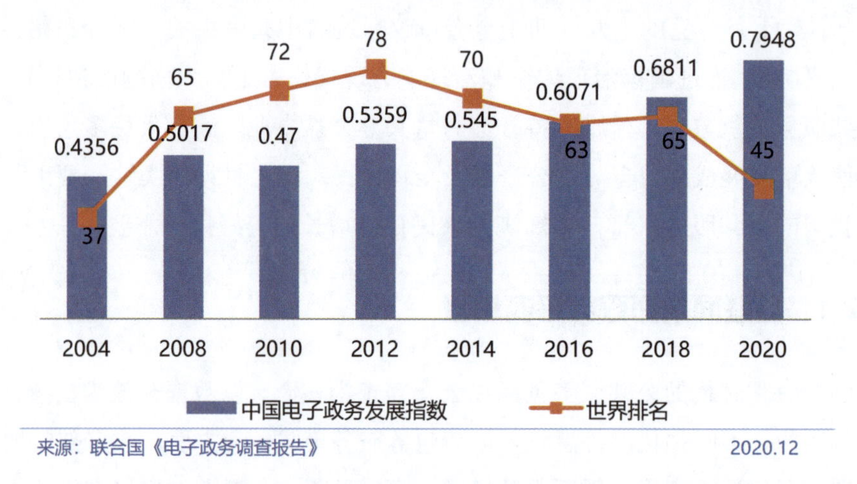

图5-2　2004至2020年我国电子政务发展指数与世界排名

5.2.2　互联网促进教育资源共享

教育信息化建设成效显著，教育智能化渐成趋势。一是学校联网攻坚行动深入实施，数字校园建设全面普及。党的十八大以来，我国加快推进以“三通两平台②”为核心的教育信息化建设，学校联网加快、在线教育加速推广，目前全国中小学（含教学点）互联网接入率达99.7%③。二是国家数字教育资源公共服务体系日益完善。目前，

① 来源：《2020联合国电子政务调查报告》。

② 三通两平台：宽带网络校校通、优质资源班班通、网络学习空间人人通和建设教育资源公共服务平台、教育管理公共服务平台。

③ 来源：CNNIC第47次《中国互联网络发展状况统计报告》。

国家数字教育资源公共服务体系已接入各级上线平台 190 个，应用访问总数达 3.3 亿人次。国家数字化学习资源中心积极开发汇聚优质数字化学习资源，2020 年共入库课程 73 836 门，资源总量超过 62TB。截至 2020 年底，我国上线慕课课程数量达 3.4 万门，学习总数达 5.4 亿人次。三是地方政府持续推进学校宽带接入和网络提速降费。到 2020 年，众多省市基本建成教育大资源公共服务体系，建成覆盖各个教育学段、学科、专业的教学资源库，构建终身学习体系，利用人工智能助推教师队伍建设。随着大数据、虚拟现实、人工智能在教育领域的应用日益广泛及教育信息化的持续有力推进，我国教育智能化渐成趋势。

创新在线教育产品与服务，促进教育资源平衡发展。截至 2020 年 12 月，我国在线教育用户规模达 3.42 亿人，占网民整体的 34.6%；手机在线教育用户规模达 3.41 亿人，占手机网民的 34.6%[①]。从发展趋势看，OMO②将成为教育行业发展的主流模式。线上教育能突破时空限制，促进资源共享，实现教育公平；线下教育有利于师生交流互动，达到良好的教学效果。未来线上线下教育融合是大势所趋。2020 年 7 月，国家发展和改革委员会、中央网信办、工业和信息化部等十三个部门联合印发的《关于支持新业态新模式健康发展 激活消费市场带动扩大就业的意见》中，明确指出要大力发展融合化在线教育，构建线上线下教育常态化融合发展机制，形成良性互动格局。未来，随着政府相关部门完善在线教育知识产权保护、内容监管、市场准入等制度规范，各地学校可逐步探索将优秀在线课程资源纳入日常教学体系，开展基于线上智能环境的课堂教学，实现更高目标的教育培养和产出。

5.2.3　互联网重塑医疗行业生态

随着大数据、人工智能等科学技术的发展，面对医疗进步的现实需求，我国医疗行业也在不断寻求变革与突破，发展“互联网+医疗健康[③]”逐渐成为国家提高医疗服务水平、优化医疗资源配置、缓解就医矛盾的重大举措之一。2020 年，受新冠肺炎疫情影响，用户对在线医疗的需求量不断增长，进一步推动我国医疗行业的线上化发展，在线医疗对线下医疗体系的补充作用凸显。

顶层设计不断加强，促进行业有序发展。2016 年以来，我国政府出台系列政策法

---

① 来源：CNNIC 第 47 次《中国互联网络发展状况统计报告》。

② OMO: Online-Merge-Offline，是一种行业平台型商业模式。

③ “互联网+医疗健康”是以互联网为载体、以信息技术为手段（包括移动通信技术、云计算、物联网、大数据等），与传统医疗健康服务深度融合而形成的一种新型医疗健康服务业态的总称。

规积极推动“互联网+医疗健康”发展。国务院陆续出台《关于促进和规范健康医疗大数据应用发展的指导意见》（国办发〔2016〕47 号）、《关于促进移动互联网健康有序发展的意见》等“互联网+医疗健康”相关领域指导意见，文件提出要规范和推动“互联网+医疗健康”服务，创新“互联网+医疗健康”服务模式，探索医疗健康服务新模式、培育发展新业态。2017 年，国务院印发的《“十三五”深化医药卫生体制改革规划》指出，要“利用信息化手段促进医疗资源纵向流动”，“健全基于互联网、大数据技术的分级诊疗信息系统”。2018 年 4 月，国务院办公厅印发《关于促进“互联网+医疗健康”发展的意见》，明确支持“互联网+医疗健康”发展的鲜明态度，为互联网医院指引了发展方向。2020 年，为了充分发挥互联网医疗在抗疫中的作用，政府部门出台了一系列推动政策，尤以国家医保局与国家卫生健康委联合发布的《关于推进新冠肺炎疫情防控期间开展“互联网+”医保服务的指导意见》最具突破性。该文件称“对符合要求的互联网医疗机构为参保人提供的常见病、慢性病线上复诊服务，各地可依规纳入医保基金支付范围”。互联网医疗进医保支付，为互联网医疗发展打通了重要一环，解决了长期制约发展的瓶颈，使互联网医疗服务模式形成了完整的闭环。

政策效应日益显现，“互联网+医疗健康”快速发展。2020 年，受新冠肺炎疫情影响，在线医疗优势得以凸显，行业发展驶入快车道。一是国家、省、地市、县四级全民健康信息平台基本实现互联互通。截至 2020 年年底，全国与省级全民健康信息平台互联互通的地市/县区平台已达 333 个，接入区域全民健康信息平台的二级及以上公立医院达 7053 家；全国 1900 多家三级医院初步实现院内医疗服务信息互通共享，258 个地级市实现区域内医疗机构就诊“一卡通”。二是智能医疗业务加速推进。在供给端，依托大数据、云计算、人工智能等新技术优势，相关在线医疗企业不断在智慧医疗领域进行拓展和探索，积极与政府、医院、科研院校等外部机构合作，开展以信息化、人工智能和大数据技术为基础的智能医疗业务。新冠肺炎疫情期间，钟南山院士团队与腾讯公司宣布达成合作，共同成立大数据及人工智能联合实验室，运用大数据及人工智能相关技术，助力流行病、传染病的筛查和防控。三是付费模式不断成熟，行业良性发展的生态逐渐形成。在运营端，互联网企业开始探索服务模式，大力推动包括医美、口腔、体检、疫苗、孕产等相关的付费医疗行业发展，促进用户线上医疗消费不断升级，逐步形成良性发展生态。数据显示[①]，阿里健康来自线上健康咨询等在线医疗业务的收入达到 3842 万元，同比增长 221.2%。

---

① 来源：阿里健康 2020 财年财报。

“互联网+医疗健康”服务主体日益多元化。一是在线医疗服务纳入医疗保障支付体系，助推在线医疗普惠共享。随着政策出台，医保信息安全及隐私、电子医保支付凭证、电子签名安全性、电子票据等问题逐步解决，在线医疗惠民共享进一步实现。2019 年 2 月，武汉市医疗保障局为微医互联网总医院开通医保支付，使其成为武汉首家纳入医保支付的平台型互联网医院。随后，多个省市在疫情期间临时将互联网诊疗纳入医保支付范围，包括浙江、江苏、天津和上海等。二是传统医疗机构优质资源不断向线上延伸，带动用户增长。目前，我国各省共有国家卫生健康委批准设置的互联网医院近 1100 多家[①]。医疗行业以“互联网+”优化资源配置，提高服务效能，使医院参与度明显提升，优质医生资源不断释放。三是以平安好医生、阿里健康、好大夫等为代表的互联网平台访问量大幅增长，用户习惯逐渐养成。疫情期间，部分第三方互联网服务平台诊疗咨询量同比增长了 20 多倍，处方量增长近 10 倍[②]；多平台推出在线预约新冠肺炎核酸检测服务，显著提高结果反馈效率。

5.2.4　互联网推进智能公共交通

近年来，随着城市化进程的不断推进，城市人口的数量不断攀升，交通出行成为衡量城市管理水平的重要指标。目前，交通出行各领域、各环节正在被互联网渗透、改变和再造，新模式、新业态、新产业正不断涌现并焕发出强大的生机活力。随着人工智能、大数据、云计算及物联网等新技术的迅速发展，持续为我国智能交通[③]产业的高速发展和日趋成熟提供助力。

智能交通政策陆续出台，持续推动产业发展。2016 年 7 月 30 日，国家发展和改革委员会和交通运输部联合印发《推进“互联网+”便捷交通促进智能交通发展的实施方案》，从顶层设计角度为智能交通系统发展进行了全面布局。2018 年，我国交通运输部、公安部、工业和信息化部都出台了相应的方案规划间接地对我国智能交通发展起到了积极的推动作用。交通运输部围绕“交通强国”建设，规划实施了《平安交通三年攻坚行动方案（2018—2020 年）》；公安部为加快推进汽车电子标识的推广和应用工作，印发了《2018 年道路交通管理工作要点》；工业和信息化部为进一步推动我

① 来源：国家卫生健康委。

② 来源：国务院联防联控机制新闻发布会，2020 年 3 月 20 日。

③ 智能交通指在交通领域中充分运用物联网、云计算、互联网、人工智能、自动控制、移动互联网等技术，使交通系统在区域、城市甚至更大的范围内具备感知、互联、分析、预测、控制等能力，以充分保障交通安全、提升交通系统的运行效率和管理水平。智能交通立足于缓解交通拥堵、提高安全保障、丰富出行方式，更多关注效率、服务和环保。

国智能网联汽车的发展，发布了《智能网联汽车道路测试管理规范（试行）》，代表我国无人驾驶汽车或将进入一个全新发展阶段。2019 年 9 月 19 日，中共中央、国务院印发了《交通强国建设纲要》，提出将大力发展智慧交通，推动大数据、互联网、人工智能、区块链、超级计算等新技术与交通行业深度融合，推动交通发展由依靠传统要素驱动向更加注重创新驱动转变。

智能交通系统进入实际开发和应用阶段，并取得显著成效。一是交通基础设施数字化程度显著提升，互联网出行服务体系不断完善。数据显示[①]，截至 2020 年年底，全国 303 个地级以上城市已实现交通一卡通互联互通；一卡通手机移动支付应用扩展到 80 多个地级以上城市；累计发行互联互通卡 9000 余万张；开通二维码用户 5100 余万名；异地公共出行服务突破 5 亿人次。“掌上出行”、智慧服务区、定制客运等新业态不断涌现，公众出行更加便捷。二是智慧物流有效提升了流通效率。网络货运平台作为“互联网+物流”的成功探索，通过运用智能匹配技术，实现更加高质量、高效率、低成本的新物流模式。截至 2020 年，网络货运新业态整合货运车辆超过 200 万辆，五年来累计降低物流成本超过 4800 亿元[②]。三是众多互联网引领企业也在交通运输领域积极布局，使新业态、新产品不断涌现。例如，腾讯推出的停车场无感支付、共享单车、腾讯乘车码等；阿里巴巴推出了支付宝扫码乘车，并宣布升级汽车战略，利用车路协同技术打造全新的“智能高速公路”；华为、百度等也在无人驾驶、车路协同、智慧高速、智慧城市等多个领域积极布局。

智能交通行业市场产生了良好的经济效益和社会效益，将继续保持高速增长。近年来，作为一个新经济增长点，在国家政策的大力支持、技术水平不断提高及市场需求持续增长的有力推动下，我国智能交通行业发展取得了显著成效，基础设施和服务智能化水平大幅提升，正在向智能建造、智能服务、智能安全保障和智能经营方向发展。根据中国智能交通协会公布的数据，2010 年我国智能交通管理系统行业市场规模为 109.2 亿元，到了 2018 年我国智能交通管理系统行业市场规模上升至 721.1 亿元（如图 5-3 所示），年均增长率超 20%。智能交通创新了以服务为核心的交通管理方式，再造了业务流程，随着智慧城市、城镇化建设的大力推进和信息技术的持续发展，我国智能交通行业市场将继续保持高速增长，而这也将为更多企业带来发展机遇，为我国乃至世界的产业升级提供良好的发展环境和广阔的市场空间。

---

① 来源：交通运输部。

② 来源：国务院新闻办公室。

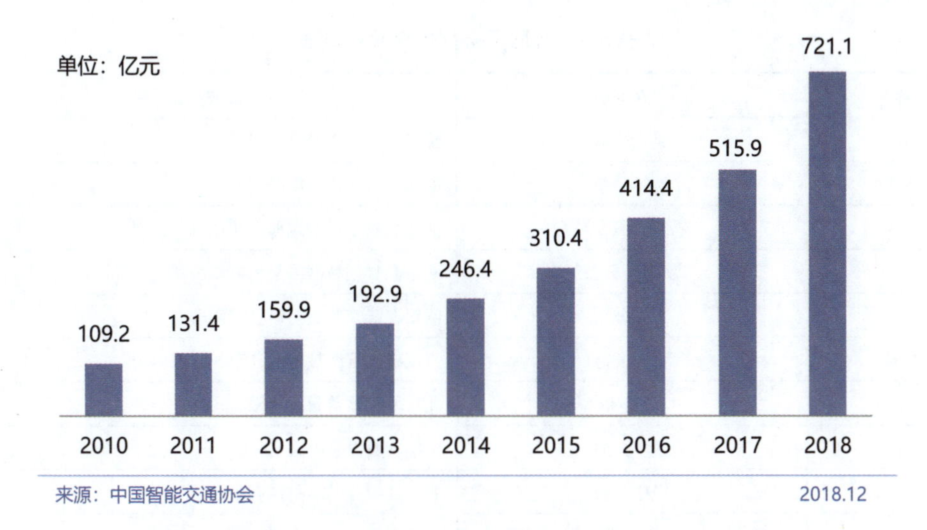

图 5-3　2010 年至 2018 年我国智能交通管理系统行业市场规模

5.2.5　互联网助推公益模式创新

随着信息技术的快速发展，互联网已经成为整个社会生活、生产不可分割的一部分，它深刻改变了我国社会的组织方式，更进一步改变了慈善项目的运作模式。众多互联网企业利用自身优势，通过爱心捐赠、公益捐步，以及利用人工智能、大数据等多种方式，实现了用户在消费中做公益、零门槛参与公益。互联网平台的科技赋能，推动了人人参与公益，建立了互联网平台可持续的公益创新模式。

互联网慈善实现飞速发展，参与度和捐赠总额屡创新高。2016 年至今，我国慈善领域第一部综合性法律《中华人民共和国慈善法》颁布并实施，强化了对互联网筹款的监管，同时也促进了互联网慈善产业健康快速发展。随着互联网、大数据、移动支付等新技术的广泛应用，企业及个人参与慈善活动的意愿与便捷性不断提升，近年来互联网慈善整体规模呈逐年扩大的趋势。据统计[①]，2019 年，全国 20 家互联网募捐平台（如表 5-1 所示）汇集的慈善捐赠超过 54 亿元，同比增长 68%。同年 9 月，腾讯公益平台开展了“99 公益日”活动，仅用 3 天时间就吸引全国 4800 多万人次捐款超过 17.8 亿元，充分展示了网络募捐的强大力量。随着互联网、大数据等信息技术的高速发展及我国网民的庞大规模，“互联网+慈善”已经成为公益慈善事业新的增长点。

① 来源：中国慈善联合会《2019 年度中国慈善捐助报告》。

表 5-1 互联网募捐信息平台列表

序号	平台名称	运营主体
1	腾讯公益	腾讯公益慈善基金会
2	淘宝公益	浙江淘宝网络有限公司
3	蚂蚁金服公益	浙江蚂蚁小微金融服务集团有限公司
4	新浪微公益	北京微梦创科网络技术有限公司
5	京东公益	网银在线（北京）科技有限公司
6	百度公益	百度在线网络技术（北京）有限公司
7	公益宝	北京厚普聚益科技有限公司
8	新华公益	新华网股份有限公司
9	轻松公益	北京轻松筹网络科技有限公司
10	联劝网	上海联劝公益基金会
11	广益联募	广州市广益联合募捐发展中心
12	美团公益	北京三快云计算有限公司
13	滴滴公益	北京小桔科技有限公司
14	善源公益	北京善源公益基金会
15	融 e 购公益	中国工商银行股份有限公司
16	水滴公益	北京水滴互保科技有限公司
17	苏宁公益	江苏苏宁易购电子商务有限公司
18	帮帮公益	中华思源工程扶贫基金会
19	易宝公益	易宝支付有限公司
20	中国社会扶贫网	社会扶贫网科技有限公司

互联网赋能公益发展，助推公益组织及慈善形式发展与创新。持续增长的互联网用户为多领域网络活动奠定了群众基础，使大量具备互联网思维、依托互联网平台、采取“互联网+”模式实施的组织及项目迅速发展。中央网信办集中开展“脱贫攻坚在行动”网络主题活动，全方位、多角度地展现脱贫攻坚战中的新举措、新经验与新成效，推动全社会参与扶贫行动；中国共产党青年团中共委员会（以下简称共青团中央）、阿里巴巴、新浪微博联合举办“2018 脱贫攻坚公益直播盛典”，采取“直播+扶贫+产业”的创新模式，利用海量网络流量，扩展农产品销售渠道，帮助贫困县销售农产品超过千万元；由中国教育学会和中国社会福利基金会联合主办，秒拍、海豚传媒等共同参与的“绘本时光”短视频公益活动，借助明星力量呼吁广大网民参与，为中西部贫困山区儿童赢得大量绘本；截至 2019 年 7 月，中国社会扶贫网访问量突破 1.3 亿人次，累计用户近 5000 万名，成功对接捐助项目 400 余万个，爱心捐款超过 6 亿元。“互联网+”与“公益+”的联袂将互联网的创新基因与公益向善的力量相结合，不断

推动网络公益迭代创新，让网信企业和广大网民成为网络公益的参与者和社会主义核心价值观的践行者，为全面建成小康社会、实现中华民族伟大复兴的中国梦贡献力量。

互联网提供慈善监督新模式，提升社会慈善事业公信力。一方面，互联网的快速发展为慈善募捐提供了新鲜的渠道和平台，让公众参与慈善活动的途径由传统的单一化转向多元化，使慈善逐渐大众化、平民化。另一方面，随着社会慈善事业规模的壮大，加强慈善行业监管成为普遍共识。社会慈善机构可以借助微信、微博、论坛等新载体进行信息公开，加强与民众之间的社会互动，为提供社会监督创造更多的便利条件，提升了社会慈善事业的社会公信力。“互联网+”时代下的慈善事业的发展不仅有赖于公众的慈善意识和行为，还需要很多的网络慈善机构的有效可靠运行和规范的网络化关系，同时离不开政府的大力支持和有效监管，为互联网慈善事业提供良好的外部环境，以促进我国慈善事业的均衡和持续发展。

5.3 互联网公共服务效能水平持续提升

随着我国网民规模的不断扩大，互联网基础设施建设稳步推进，移动互联网迅猛发展，互联网与公共服务的结合越来越紧密，我国公共服务水平有了很大提升，为改善民生提供了有力保障。近年来，我国互联网公共服务得到进一步深化，各级政府运用互联网、大数据、人工智能等信息技术，不断创新公共服务供给方式，更新服务理念、优化服务过程、完善服务体系，增强公共服务供给的针对性和有效性，增强综合服务能力，进一步提升公共服务效能，给人民群众带来更多获得感、幸福感和安全感。

5.3.1 互联网公共服务用户规模不断扩大

随着互联网与公共服务的融合发展，我国互联网公共服务用户规模不断扩大，越来越多的社会民众享受到了便捷、优质、高效的公共服务。

从互联网政务服务用户规模看，截至 2020 年 12 月，我国互联网政务服务用户规模达 8.43 亿人，占网民整体的 85.3%[①]（如图 5-4 所示）。近年来，各级政府运用互联网、大数据、人工智能等信息技术，通过技术创新和平台建设，开启一体化在线政务服务模式，进一步增强了综合服务能力，切实提高了政务服务水平，让企业和群众持

① 来源：CNNIC 第 47 次《中国互联网络发展状况统计报告》。

续提升改革的获得感和满意度。自 2019 年 5 月 31 日国家政务服务平台全面上线试运行以来，国家政务服务平台联通 32 个地区和 46 个国务院部门，陆续接入地方部门 360 多万项政务服务事项和 1000 多项高频热点办事服务事项，推出了长三角、京津冀等区域一体化政务服务，以及出入境、留学等跨地区、跨部门、跨层级“一网通办”服务，特别是新冠肺炎疫情以来，平台陆续推出“小微企业和个体工商户服务专栏”和疫情防控、复工复产、就业服务等 15 个服务专题，成为保企业、稳就业的重要服务渠道。截至 2020 年 12 月，全国一体化政务服务平台实名用户达 8.09 亿人，其中国家平台注册的个人用户达 1.88 亿人①。

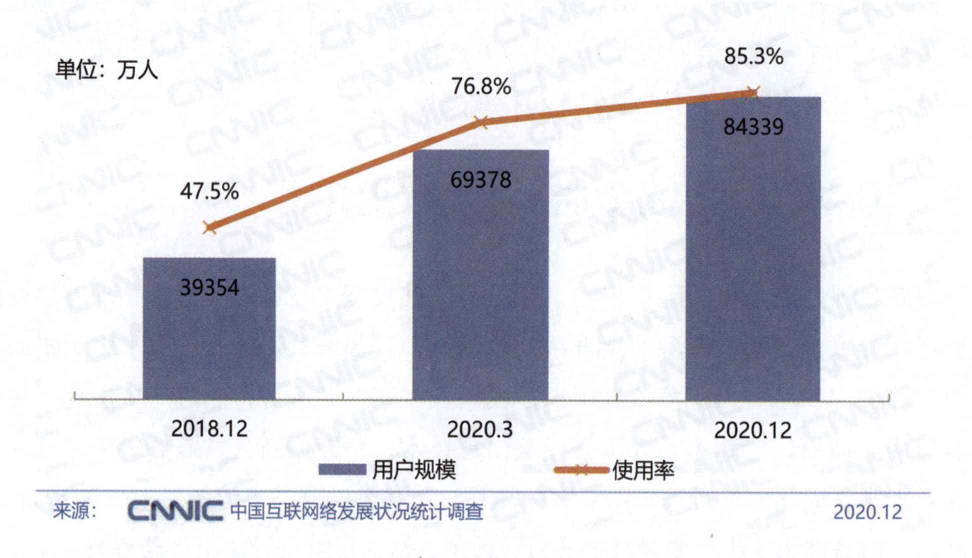

图 5-4　2018 年 12 月至 2020 年 12 月我国互联网政务服务用户规模及使用率

从在线教育用户规模看，截至 2020 年 12 月，我国在线教育用户规模达 3.42 亿人，占网民整体的 34.6%（如图 5-5 所示）；手机在线教育用户规模达 3.41 亿人，占手机网民的 34.6%②。新冠肺炎疫情期间，大众对在线教育的认知不断加深，使用率迅速提升。一方面，各地教育部门积极推进网络学习平台的使用。2020 年 2 月，《关于在中小学延期开学期间“停课不停学”有关工作安排的通知》印发后，教育部及 27 个省份分别开通国家级、省级网络学习平台，使全国 2.82 亿名在校生③普遍转向线上课程，为学生居家学习提供托底服务。截至 5 月 11 日，国家中小学网络云平台浏览人次达

① 来源：中共中央党校（国家行政学院）电子政务研究中心。
② 来源：CNNIC 第 46 次《中国互联网络发展状况统计报告》。
③ 来源：教育部。

20.73 亿人次，访问人次达 17.11 亿人次[①]。另一方面，各大在线教育平台加速渗透下沉市场。各大在线教育平台积极响应政府号召，面向学生群体推出免费直播课程，使用户规模迅速增长。新冠肺炎疫情期间，在线教育行业的日活跃用户数量从平日的 8700 万人上升至春节后的 1.27 亿人，涨幅达 46%，新增流量主要来自三、四、五线城市[②]。截至 2020 年 6 月，三线及以下城市在线教育用户占整体用户比重的 67.5%，同比提高 7.5 个百分点。尽管疫情期间在线教育加速向下沉市场渗透，但教育服务的可获得性和内容质量仍有较大提升空间，实现偏远地区的普惠教育仍任重道远。

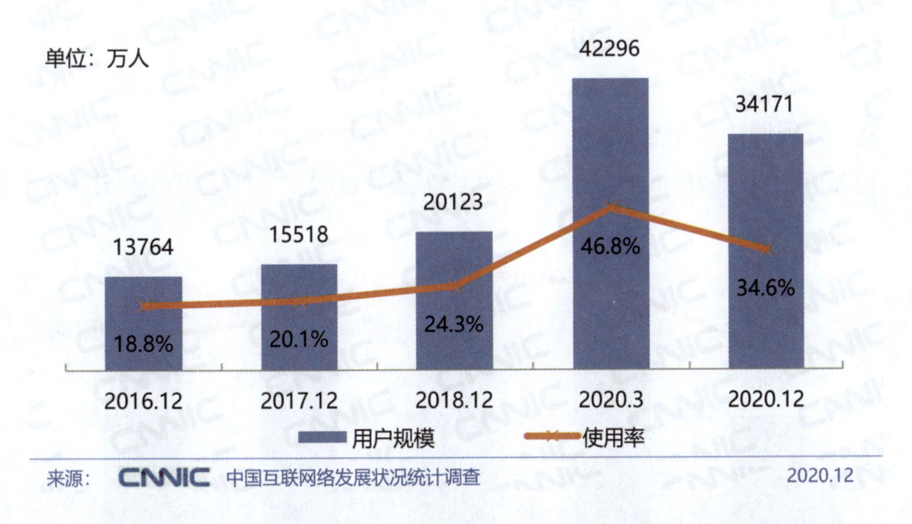

图 5-5　2016 年 12 月至 2020 年 12 月我国在线教育用户规模及使用率

从在线医疗用户规模看，截至 2020 年 12 月，我国在线医疗用户规模达 2.15 亿人，占网民整体的 21.7%[③]。2020 年受新冠肺炎疫情影响，在线医疗优势得以凸显，行业发展驶入快车道。目前，7700 余家二级以上医院建立起了预约诊疗制度，提供线上服务，全国建成互联网医院已经超过 1100 家[④]。国家医保信息平台建成运行，医保电子凭证全面应用，截至 2020 年年底，医保电子凭证用户达 3.76 亿人，累计支付 7218.4 万笔。跨省异地就医管理系统上线运行，覆盖全国 32 个省、400 多个医保统筹区、29 317 家医疗服务机构，全面实现跨省异地就医自主备案和住院费用直接结算。“互联网+”防疫科普、在线咨询、远程会诊、药品配送等健康服务新业态蓬勃发展。

从网约车用户规模看，截至 2020 年 12 月，我国网约车用户规模达 3.65 亿人，占

① 来源：教育部。

② 来源：Quest Mobile。

③ 来源：CNNIC 第 47 次《中国互联网络发展状况统计报告》。

④ 来源：中国证券网。

网民整体的 36.9%[①]（如图 5-6 所示）。一方面，从地域分布来看，网约车用户覆盖范围进一步扩大，使用率进一步提高。据 CNNIC 统计，截至 2020 年年底，网约车用户群体已经覆盖我国 31 个省（区、市），全国大部分地区使用率接近或超过三成，其中东部地区网民使用率为 42.9%、中部地区网民使用率为 34.6%、西部地区网民使用率为 33.0%、东北地区网民使用率为 27.2%。另一方面，从年龄分布来看，网约车用户各年龄段均覆盖，且年轻化特征明显。据 CNNIC 统计，截至 2020 年年底，按网约车用户各年龄段使用率由高到低排序依次为：20～29 岁，使用率为 68.0%；30～39 岁，使用率为 46.1%；40～49 岁，使用率为 32.3%；10～19 岁使用率为 29.6%；50～59 岁使用率为 19.1%；60 岁及以上使用率为 15.8%。此外，网约车迈入规范化发展阶段。据全国网约车监管信息交互平台统计，截至 2020 年 12 月 31 日，全国共有 214 家网约车平台公司取得网约车平台经营许可，各地共发放网约车驾驶员证 289.1 万本、车辆运输证 112.0 万本；2020 年 12 月，全国网约车监管信息交互平台共收到订单 8.1 亿单。

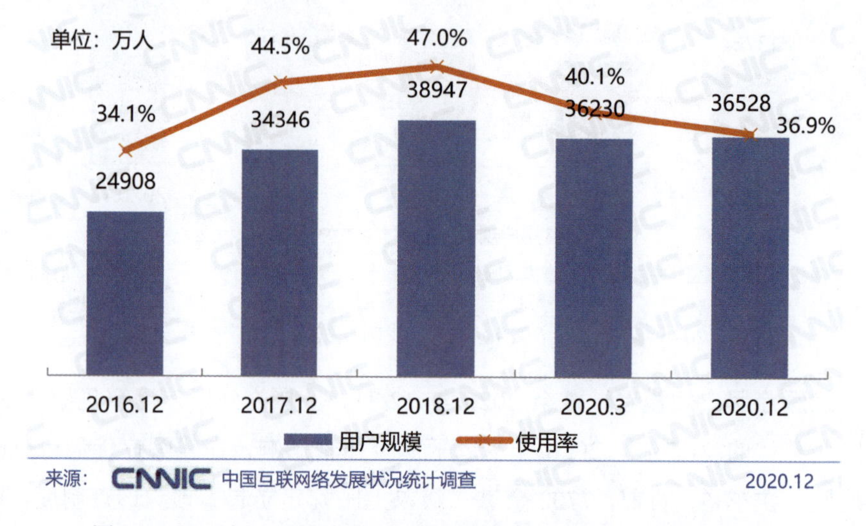

图 5-6　2016 年 12 月至 2020 年 12 月我国网约车用户规模及使用率

5.3.2　互联网公共服务提供生活便利

近年来，随着网民规模的逐年扩大，互联网对个人生活的影响进一步深化，从基于信息获取和沟通、娱乐需求的个性化应用，发展到与医疗、教育、交通等公共服务深度融合的民生领域。由此，借助互联网平台，实现“互联网+”驱动下的公共服务供给模式创新，使公共服务由单一的、非智能的传统供给转向多元化、网络化、智能化供给，对于降低行政成本、提高公共服务效率、保障公共服务质量、提升公共服务效

① 来源：CNNIC 第 47 次《中国互联网络发展状况统计报告》。

能、满足人民日益增长的美好生活需要意义重大。

“互联网+政务服务”有力助推疫情后复工复产。新冠肺炎疫情暴发后，“零见面、零跑腿”成为全国疫情防控最基本的要求，也成为我国数字化政府建设的强劲动力。随着各地区各行业陆续复工复产，“互联网+政务服务”的重要性不断凸显。一方面，各级政府积极打造数字政府，保障经济发展与抗疫并行。国家政务服务平台通过建立小微企业和个体工商户服务专栏，使各项政策易于知晓、一站办理，方便企业复工复产，确保疫情期间工作“不打烊”、服务“不断档”。另一方面，线上化服务提高办事效率，加速复工复产进程。多地推行“线上远程帮办”行政审批服务，并积极开通“战疫”审批绿色通道，努力实现业务办理“零见面、零跑腿、零成本”，使企业复工复产更加高效。国家政务服务平台建设“防疫健康信息码”，汇聚并支撑各地共享“健康码”数据 6.23 亿条，累计服务 6 亿人次，支撑全国绝大部分地区实现“一码通行”，成为此次大数据支撑疫情防控的重要创新。

在线教育成为教育的重要补充形式，促进资源共享与教育公平。多年来基础教育信息化建设的成果为开展大规模在线教育奠定了重要基础，也在疫情防控中得到了充分的应用和检验。截至 2020 年年底，全国中小学（含教学点）互联网接入率从 2016 年年底的 79.4%上升至 2020 年年底的 100%，出口带宽达到 100Mbps 的学校比例为 99.8%，97.7%的中小学已拥有多媒体教室。2019 年，全国 98.4%的中小学（含教学点）实现网络接入，90.1%的中小学拥有多媒体教室，参加“一师一优课、一课一名师”活动的教师达 1000 万人次[①]。2020 年上半年，在“停课不停学”政策的引导和助推下，全国 2.82 亿名在校生[②]普遍转向线上课程，教育信息化水平进一步提升。新冠肺炎疫情期间，各地学校、政府与第三方企业、平台及时推出在线课程，使教育信息化得以真正向教育创新转变。

共享出行实现资源合理配置。随着“互联网+”在公共交通服务领域的深度融合，以网约车和共享单车为典型代表的互联网共享出行，依托移动互联网设备的普及实现了快速发展，不仅创新了互联网服务模式，切实有效地缓解了城市居民便捷出行的问题，而且应用“共享经济”理念调动了大量闲置和利用不充分的交通资源，缓解和复用了稀缺的道路资源，实现低碳、绿色出行，创造了重大的经济和社会价值。共享出行方式在发展公共服务、改善民生、拉动就业、降低污染、激活制造业等多方面都发挥了积极作用，已经成为城市交通的重要补充工具，带动了整个城市交通服务的发展。2020 年受新冠肺炎疫情影响，人们出行活动减少，导致共享出行消费占比首次下降。

---

① 来源：教育部。

② 来源：教育部。

2020 年，我国人均出行消费支出为 2311 元，其中人均共享出行消费支出为 261.7 元，占人均出行消费支出的 11.3%（如图 5-7 所示）。

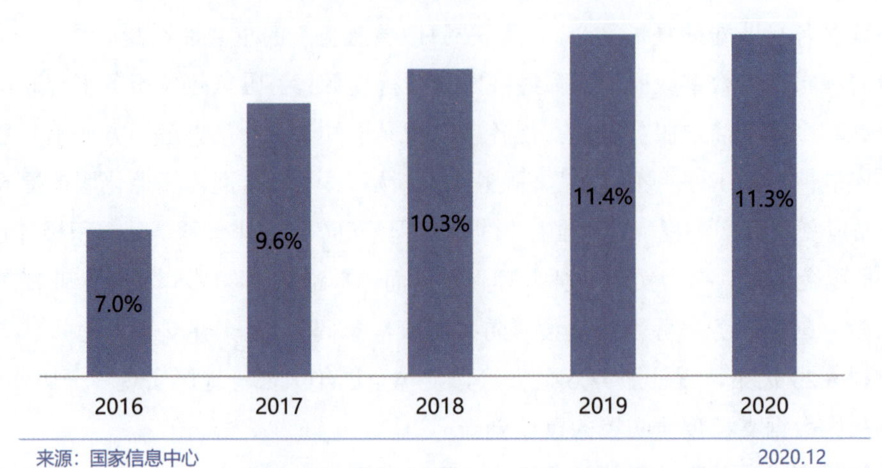

图 5-7　2016 年至 2020 年我国人均共享出行消费支出占人均出行消费支出的比重

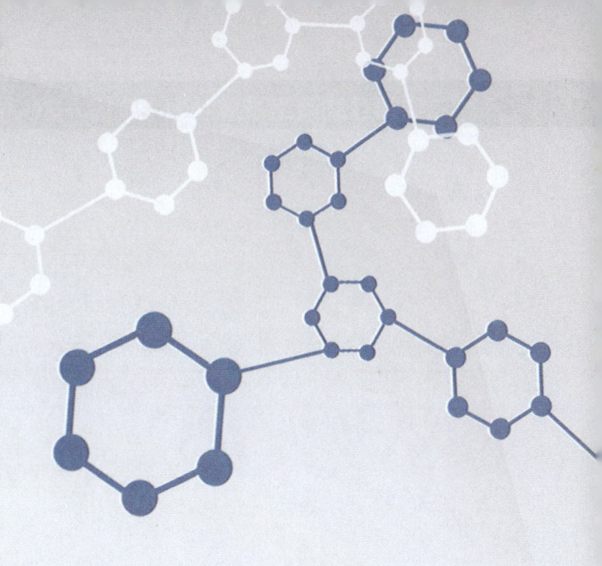

第6章

中国数字技术发展状况

摘　要： 推动关键核心技术自主创新和融合发展，是当前和今后一个时期内网信部门的重要任务。党的十八大以来，我国互联网基础建设加速推进、互联网普及程度持续上升、基础数据资源不断丰富，为网信新兴技术的快速发展创造了良好环境。在此背景下，我国5G、大数据、人工智能、区块链等技术研发取得突破性进展，专利论文数量位居全球前列，相关产业链布局逐渐完善，在经济社会各领域实现广泛应用：一方面，支撑农业、制造业、金融业等优化升级，为传统产业“赋智赋能”，为经济的高质量发展提供强大助力；另一方面，向14亿多中国人民提供更加优质的互联网产品，推动便捷、高效、智能的现代社会的形成。未来，网信新兴技术将加速落地，通过集成应用、融合创新，催生新的生产方式、商业模式和产业生态，为我国各产业提供前所未有的发展机遇期。

关键词： 5G；大数据；人工智能；区块链

当前，信息技术深刻影响经济社会发展的各个领域，给各个领域带来了根本性、颠覆性的变化，且这种变化正在逐年提速，为中华民族带来了千载难逢的机遇。抓住这一发展机遇，必须掌握信息领域核心技术这一国之重器。以自主创新实现核心技术的关键性突破，是提升国家建设水平、治理能力和竞争优势的需要，是维护国家主权、安全和发展利益的根基，更是建设网络强国的重要内容和必由之路。本章主要对 5G、大数据、人工智能、区块链等技术的研发应用情况进行系统研究，力求为业界全面了解网信新兴技术发展状况提供参考。

6.1　5G 通信实现全球领先

6.1.1　5G 通信迎来发展黄金期

近年来，在党和国家的大力支持下，我国通信业发展取得显著进展，技术、网络和业务更新迭代加快，建成了全球最大的 4G 网络，拥有全球最多的移动通信用户，催生了丰富多样的互联网应用，使 5G 通信迎来发展黄金期。

1. 利好政策推动 5G 时代加速到来

党和国家高度重视 5G 技术的研发和转化。2013 年 2 月，工业和信息化部、国家发展和改革委员会、科学技术部联合推动成立 IMT-2020（5G）推进组，旨在聚合移动通信领域产学研用力量，推动 5G 技术自主研发并引领 5G 国际标准的制定；2015 年 5 月，国务院印发《中国制造 2025》，提出要“全面突破第五代移动通信（5G）技术”；2016 年 7 月，中共中央办公厅、国务院办公厅印发《国家信息化发展战略纲要》，“到 2020 年，5G 技术研发和标准取得突破性进展”成为国家信息化发展的重要战略目标；2017 年 3 月，5G 被首次写入《政府工作报告》，指出要“全面实施战略性新兴产业发展规划，加快第五代移动通信等技术研发和转化，做大做强产业集群”；到 2020 年，5G 已连续 4 年被写入《政府工作报告》。截至 2020 年 7 月，全国已有 31 个省（区、市）、106 个地市出台了支持 5G 发展的政策文件，其中多个省市将 5G 列为年度政府重点工作任务，为 5G 的发展创造了良好的环境。在政府的大力支持下，5G 成为我国国家战略的重要组成部分，对 5G 技术研发、标准制定、商业应用、产业布局的人力、物力投入不断加大，极大地促进了 5G 技术的快速发展。

5G 牌照发放标志着我国 5G 时代正式开启。2018 年 4 月，国家发展和改革委员会、财政部联合发布《关于降低部分无线电频率占用费标准等有关问题的通知》，对 5G 公众移动通信系统频率占用费标准决定实行“头三年减免，后三年逐步到位”的优惠政策，并降低了 3000 兆赫以上公众移动通信系统的频率占用费标准。这使我国 5G 频率资源使用成本大幅降低，有力促进了 5G 技术的发展及其在各行各业的落地应用。2019 年 6 月，工业和信息化部批准中国电信、中国移动、中国联通、中国广电经营“第五代数字蜂窝移动通信业务”，这表明我国 5G 政策重点已从标准制定、频谱发放，发展为牌照发放，5G 建设已从实验网建设、试商用网建设阶段，进入大规模商用网建设阶段，标志着我国正式进入 5G 商用时代，成为全球最早将 5G 商用服务落地的国家之一。同时，各地政府也纷纷出台专项方案或实施细则，系统规划本地 5G 重点应用场所、示范应用领域，并对 5G 相关重大项目、先进企业和技术人才予以资金奖励或补助，对 5G 发展进行重点扶持。各项利好政策的陆续出台为 5G 提供了良好的发展环境，使 5G 时代加速到来。

2. 相关产业对 5G 的需求不断增大

电信产业需要 5G 注入发展新动能。近年来，我国电信产业整体呈现稳中有进的发展态势，进一步促进了信息消费扩大升级，这为 5G 通信的发展提供了良好的行业环境。另外，电信产业规模扩大和增速回升为 5G 发展带来新活力。受降价降费、人口红利殆尽、以量增收的边际效应减小等的影响，电信业务收入增速渐缓的态势明显。2017—2019 年，电信业务收入增速已由 6.6%下降至 0.7%。2020 年，在如火如荼的新型信息基础设施建设的推动下，电信业务收入为 1.36 万亿元，较 2019 年增长了 3.6%，增速同比提高了 2.9 个百分点，按照 2019 年价格计算的电信业务总量为 1.5 万亿元，同比增长 20.6%[①]（如图 6-1 所示）。其中，以 IPTV、数据中心、云服务和大数据为主的固定增值电信业务收入成为拉动电信业务收入增长的主要因素。由此可见，行业新旧动能转换效果开始呈现。为扭转电信产业增量大、增收少的发展疲态，5G 发展迫切且必要。

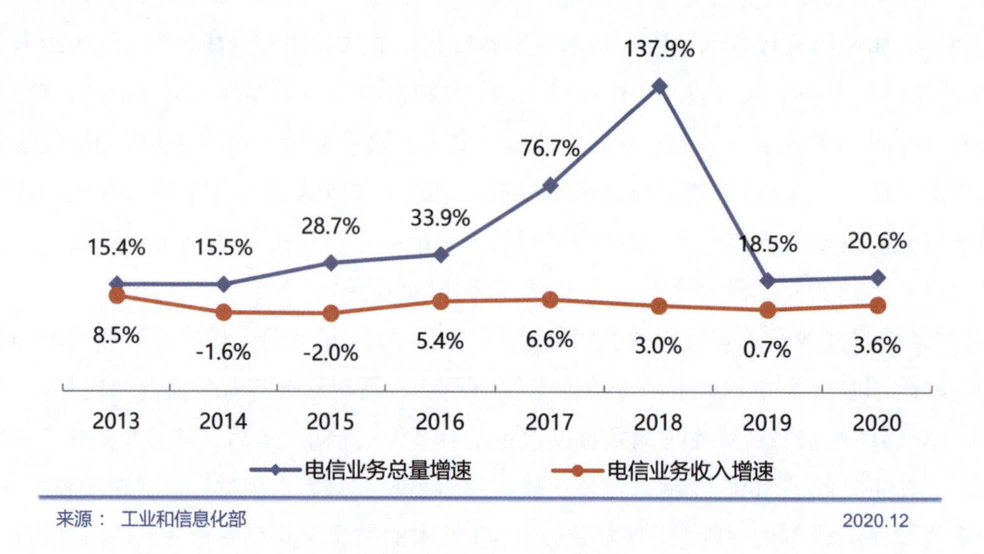

图 6-1　2013 年至 2020 年我国电信业务总量增速与电信业务收入增速

内容产业及物联网产业的升级与 5G 发展互利共赢。近年来，我国网络内容产业产值不断提升，网络游戏、网络视频等均保持中高速发展。随着内容产业的蓬勃发展，AR 与 VR 游戏、超高清 3D 视频等新需求迸发，促使内容产业对传输技术和移动数据

① 来源：工业和信息化部。

流量的要求不断提高，内容产业的新一轮变革需要 5G 提供驱动力。同时，2013 年至 2020 年，我国物联网产业规模从不到 5000 亿元发展为 17 000 亿元以上，年复合增长率接近 20%[①]，进入快速发展期。物联网的出现，将人与人之间的通信连接拓展到人与物、物与物之间的智能互联，延伸出车联网、智能家居、智能医疗、智慧城市等新兴领域，对通信网络的速度、时延及稳定性提出了更高的要求。这是 4G 通信网络所无法满足的。由此可见，当今社会对“万物互联”的需求为 5G 的发展带来了极大机遇，而 5G 技术则为“万物互联”的智能社会提供了强大支撑。

3. 移动电话用户奠定 5G 市场基础

移动电话用户规模庞大，4G 移动电话普及率持续提升。近年来，移动电话用户规模在高速增长后出现小幅下降趋势。2020 年，全国移动电话用户总数为 15.94 亿户，全年净减 728 万户，普及率为 113.9 部/百人，较 2019 年年末回落 0.5 部/百人，高于全球移动电话普及率（如图 6-2 所示）。4G 用户总数达 12.89 亿户，全年净增 679 万户，占移动电话用户数的 80.8%[②]，呈现强劲的发展态势。全国超过 50%的省（区、市）移动电话普及率均超过 100 部/百人，其中北京、上海、浙江的移动电话普及率分别达 181.4 部/百人、176.2 部/百人和 146.8 部/百人，处于全球领先水平[③]。庞大的移动电话用户群体，特别是 4G 移动电话用户为 5G 的发展提供了良好的市场基础，进一步促进了 5G 用户规模的扩大。随着 5G 手机终端降价降费和服务套餐及补贴措施的开展，4G 用户向 5G 用户的过渡将逐步开展，为 5G 发展提供不竭动力。

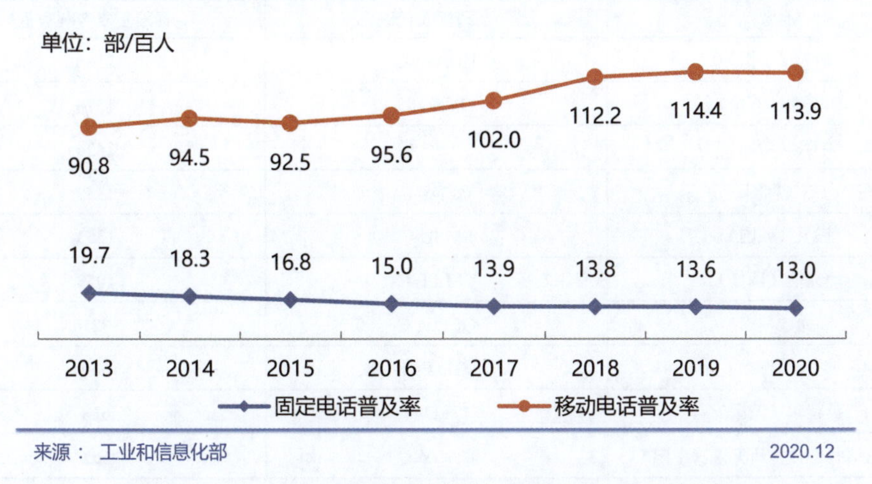

图 6-2　2013 年至 2020 年我国固定电话及移动电话普及率

① 来源：中国经济信息社《中国物联网发展年度报告（2018）》。

② 来源：工业和信息化部。

③ 来源：国家统计局《中国统计年鉴（2019）》。

6.1.2 5G 技术实现跨越式发展

近年来，我国 5G 技术发展统筹推进，在核心技术研发、专利市场布局、国际标准制定等方面均取得显著成果，不仅有效提升了我国在全球范围内的影响力和竞争力，也将为全球互联网发展做出突出贡献。

1. 我国 5G 专利研发取得突破性进展

我国 5G 专利量位居全球第一。近年来，我国已成为全球重要的 5G 专利申请聚集地之一。据统计[①]，截至 2019 年 4 月，在 5G 关键技术领域，全球范围内已公开专利申请总量为 7 万多项，共有 25 家企业披露了 1.3 万多族 5G 标准必要专利（SEP），其中我国企业申请的 5G 标准必要专利数占全球的 34%，位居各国之首，其次是韩国占 25%，美国和芬兰各占 14%，瑞典接近 8%，日本接近 5%，而加拿大、英国和意大利各占不到 1%。从企业来看，其中来自华为的标准必要专利达 2160 个，位居全球企业第一位；诺基亚、中兴、LG、三星为全球前五（如表 6-1 所示）。由此可见，全球 5G 标准必要专利正向少数企业汇聚，这些企业将在全球 5G 通信新时代上逐步拥有绝对“话语权”，并最终引领全行业，为全球通信产业做出突出贡献，推动数字经济、智慧社会蓬勃发展。

表 6-1 声明的 5G 标准必要专利 TOP10 企业

企业	专利权人代码	标准必要专利数量
华为（中国）	HUAW-C	2160
诺基亚（芬兰）	OYNO-C	1516
中兴（中国）	ZTEC-C	1424
LG（韩国）	GLDS-C	1359
三星（韩国）	SMSU-C	1353
爱立信（瑞典）	TELLF-C	1058
高通（美国）	QCOM-C	921
夏普（日本）	SHAF-C	660
英特尔（美国）	ITLC-C	618
中国电信科学技术研究院（中国）	CHGY-C	552

① 来源：北京市经信局统计数据、德国专利数据公司 IPlytics《Who is leading the 5G patent race？》。

5G 专利热点聚焦对资源的合理分配。对专利数据的关键词分析表明，5G 专利主要分为电话和数据传输系统、广播和无线传输系统两大类技术专利，都隶属于 W 大类，即通信领域。在排名靠前的技术领域中，较为特别的是 T 大类，即计算和通信技术领域。专利市场中关于第五代通信领域的专利主要包括以信息预编码为代表的各类型数据传输、基于算法优化性能的方法与装置等。从大类来看，W01 电话与数据传输系统、T01 数字计算机、W02 广播和无线传输系统出现频次分别为 6796 次、4828 次、3628 次，而排名第 4 位的 W04 音频/视频录制系统专利类别出现频次仅为 325 次。从小类来看，W01-A06C4、W02-C03G1 等专利类别包括与信道分配和无线电通信管理有关的方法和装置，均涉及资源分配技术，表明在 5G 技术发展过程中，实现高质量通信的关键在于合理分配信息资源（如表 6-2 所示）。由此可见，5G 技术热点在于信道传输设备及相关技术的设计和优化，以各种资源分配、信道预编码为代表的关键技术的设计研发，从而满足人们日益增长的对于网络通信技术的需要，加速未来 5G 在无人驾驶、VR 及物联网等领域的应用，实现真正的“万物互联”。

表 6-2　5G 技术专利热门类别

排名	类别代码	专利类别	出现频次/次
1	W01-A06C4	数字信息传输子领域下的交换及交换中的链接（包括局域网）子领域下的以介质为特点的无线电通信线路相关专利	3694
2	T01-S03	软件条目子领域下声明的软件产品	1809
3	T01-N01D	用于描述网络通信和网络系统具体应用的文档子领域下的数据转换相关专利	1671
4	W01-C01D3C	移动无线电话子领域下的便携式设备相关专利	1651
5	W01-A06G2	网络切换/链接子领域下的存储转发交换相关专利	1502
6	W01-A03B	多功能传输路径子领域下的数据包传输相关专利	1501
7	W01-A06A3	测试监控子领域下的网络使用和运行监控相关专利	1391
8	W02-C03G1	资源分配与认知无线电系统子领域下的资源分配相关专利	1333
9	T01-N03	互联网和信息传递子领域下的互联网软件相关专利	1298
10	W01-A06E	接入和路由子领域下数据网络资源分配相关专利	1139

来源：根据 Derwent 专利数据测算。

2. 我国 5G 技术方案成为国际标准

我国企业 5G 标准贡献量大，初步形成国际竞争优势。衡量一家企业在通信领域中的研发实力和竞争能力，除了其拥有的标准专利数，还要考虑该企业在通信标准制定过程中的贡献度。目前，5G 国内标准制定已经完成了第一阶段，涉及移动边缘计算、安全架构、语音解决方案等，下一阶段将针对移动宽带业务能力的增强、安全架构的增强，实现基础物联网业务能力及网络切片能力，进一步促进 5G 标准体系的完善。在 5G 国际标准方面，华为、中兴牵头的极化码[①]被确定为 5G 控制信道的国际编码标准；高通低密度奇偶校验码为数据信道的国际编码标准，成为 5G 标准的关键环节；华为、中兴、中国移动、中国电信科学技术研究院四家企业进入全球 5G 标准贡献量最多的前 10 位企业排行榜（如表 6-3 所示）。我国倡导的 5G 概念、应用场景和技术指标已纳入国际电信联盟（ITU）的 5G 定义，其中灵活系统设计、极化码和新型网络架构等关键技术已成为国际标准的重点内容，不断提升我国在信息技术领域的国际影响力。

表 6-3　5G 标准贡献量 TOP10 企业

企业名称	5G 标准贡献量
华为（中国）	19473
爱立信（瑞典）	15072
诺基亚（芬兰）	11555
高通（美国）	5994
中兴（中国）	4692
三星（韩国）	4573
英特尔（美国）	3656
LG（韩国）	2578
中国移动（中国）	2567
中国电信科学技术研究院（中国）	2562

来源：IPlytics。

3. 我国 5G 核心技术体系逐步完善

5G 核心技术主要包括核心、传输、无线和终端四个层次，其中核心技术主要包括无线技术和网络技术。无线技术主要涉及大规模天线、超密集网络、新型的多址和全频谱接入；网络技术主要涉及新型网络架构，其中基于软件定义网络（SDN）、网络功能虚拟化（NFV）相关技术应用已在业界得到广泛认可，形成行业共识。此外，潜在的关键技术还包括基于滤波的正交频分复用（F-OFDM）[②]、滤波器组多载波

① 极化码（Polar code）是一种前向错误更正编码方式，用于讯号传输。

② 基于滤波的正交频分复用（Filtered-Orthogonal Frequency Division Multiplexing，F-OFDM）：一种可变子载波带宽的自适应空口波形调制技术，是基于 OFDM 的改进方案，能够实现空口物理层切片后向兼容 LTE 4G 系统。

（FBMC）[①]、终端直通（D2D）[②]、多进制低密度奇偶检验码（Q-ary LDPC）[③]、新型双工技术、网络编码和极化码等[④]。随着5G核心技术的不断演进、相互融合，5G技术体系逐渐完善，支撑高速率、大容量的5G通信平稳运行。

覆盖增强技术实现5G通信连续广域覆盖。连续广域覆盖是移动通信最基本的覆盖方式，其在保证用户移动性和业务连续性的前提下，使用户无论是处于静止状态还是高速移动状态，是在覆盖中心还是覆盖边缘，都能随时随地获得超高速率体验。为了实现连续广域覆盖，5G通信对网络覆盖进行了增强设计：利用多连接技术、无线回传技术等核心技术，通过缩小基站间距、加大基站部署密度、应用多样化频段资源和无线接入方式，组成宏微异构的超密集组网架构[⑤]，实现频率复用效率的提高，以及在局部热点区域百倍量级的容量提升，满足热点高容量场景的高流量密度、高峰值速率和用户体验速率的性能指标要求。当前，超密集组网相关技术发展迅速，但干扰抑制、无线回传、小区虚拟化等问题仍有待解决，从而不断提高5G组网的性能。

频效提升技术极大地改善了5G通信的质量及性能。在移动通信技术领域中，频谱的效率提升是一个很重要的方面，而5G通信频谱效率的提升可通过多种技术融合实现。首先，多入多出（Multiple Input Multiple Output，MIMO）技术是5G通信的核心无线技术之一，其原理如下：当基站端拥有的天线数远多于用户端的天线数，基站到各用户信道将会趋于正交，信道之间的干扰将会趋于消失，通过巨大的天线阵列增益，有效提升各用户的信噪比，实现在相同的时频资源里调度更多用户，从而有效提高空间的分辨率，对各类资源进行更广维度、更深程度的挖掘。其次，新型多址技术方案主要包括稀疏码分多址技术、基于非正交特征图样的图样分割多址技术及非正交多址接入技术（NOMA）等。例如，NOMA能够主动引入干扰信息，在5G通信系统的接收端利用具有串行干扰删除功能的接收机，实现信息正确解读，从而提高移动终端的信息容纳量，满足5G通信需求。此外，利用滤波器组可解决5G通信中“载波频

---

① 滤波器组多载波（Filter Bank based Multicarrier，FBMC）：一种频谱效率高、实现复杂度尚可、无须同步的多载波传输方案，具有较强的抗干扰能力，能有效满足高速率通信需求并保障信号的接收效果，帮助5G无线通信系统更好地适应新一代带宽网络环境。

② 终端直通（Device-to-Device，D2D）：设备到设备间的直接信息交互过程，与蜂窝通信的主要区别是不需要基站进行信息中转。

③ 多进制低密度奇偶检验码（Q-ary Low-density Parity-check，Q-ary LDPC）：低密度奇偶检验码是线性分组码（Linear Block Code）的一种，用于更正传输过程中发生错误的编码方式，多进制低密度奇偶检验码是指二进制低密度奇偶检验码在有限域GF（q=2P）上的扩展。

④ 来源：IMT-2020（5G）推进组《5G概念白皮书》。

⑤ 超密集组网架构是指通过小基站加密部署、提升空间复用的方式，提高5G网络性能。

偏高敏感性、频谱灵活度降低”等问题，对通信系统进行优化。同时，借助统一时间、统一频率的双工技术，显著提升频谱使用效率，弥补传统频谱资源利用不足的缺陷，促进相关频谱使用的多元化发展。

频谱扩展技术提高 5G 通信抗干扰性能。频谱扩展技术是当今最先进的无线通信技术，包括认知无线电、毫米波、可见光通信等技术。一是认知无线电，是伴随移动通信领域快速发展的无线电通信频谱利用率的新技术，具有认知功能的无线通信可以有效地利用时间和空间上的空闲频谱资源来提供无线通信业务，全动态利用“频谱空穴”，并在此资源基础上利用空间、时间适时调整功率、频率等动态参数获取最佳的频带利用效果；二是毫米波，采用毫米波通信能够在缓解频谱资源紧张问题的同时，有效提升通信容量，由于 5G 的超密集异构网络，毫米波具有波束集中、提高能效、方向性好、受干扰影响小、波束窄等特点，具有很强的抗干扰能力，提高了通信的可靠性；三是可见光通信，可见光通信具有广泛性、高速率性、宽频谱、低成本、高保密性、高实用性等特点，在物联网、移动通信等领域获得广泛认同，其应用渗透到航空、军事、地铁、通信等领域，可助力 5G 通信质量不断提升。

自组织网络技术降低 5G 通信网络运营成本。自组织网络技术使网络部署问题得到了更好的完善，使复杂的问题简单化，降低了企业运营成本。传统的移动通信网络采取人工部署的方式，人力的消耗会大大增加运营成本，而如果通过自组织网络技术部署网络，那么就可以实现对网络部署问题的进一步完善，使复杂的问题简单化，这样企业的运营成本也会降低很多。换一个角度思考，网络拥有了自组织能力，可以对系统进行优化，系统的配置也可以通过自组织网络进行调节。这些环节的自动化和智能化可以进一步降低系统网络的运营成本和维护成本，减少人力和资金的投入。作为一种新型的网络架构与构建技术，软件定义网络将网络设备的控制平面从设备中分离出来，放到具有网络控制功能的控制器上进行集中控制，并通过开放应用程序接口（API）被上层应用程序调用，以此消除手动配置过程，简化管理员对全网的管理，提高网络部署的效率，降低运营成本。

为进一步提升 5G 通信水平，仍需进一步加强 5G 技术体系的建设。一是解决 5G 技术与系统深度融合的问题。5G 技术在未来的通信网络中，需要与无线通信业务和技术不断融合和拓展，构建一个多业务集合、多技术集成、多层次覆盖的综合系统。因此，还需要对系统和技术融合中存在的问题加大研究力度。二是应对越来越高的容量和频谱效率要求。对于未来通信技术网络具有的传输速率高、用户规模大、数据流量大的特点，需要针对空间效率、容量及扩展频率、站点密度、系统覆盖层次等加大研发力度，这也是未来技术的研究重点和方向。组网方式的创新和新型传输技术的应用，将会使研发成本不断增加、设备复杂度不断提高，这也将是运营维护和网络建设面临的困难和挑战。三是终端设备配套体系研发需进一步加强。作为多技术集成网络，5G 融合了新兴和传统的移动通信技术，对其网络终端设备的空间速率、待机时间、研发成本等均提出了更高的要求，在电池寿命、射频技术及器件、终端设备的芯片和工艺等方面面临挑战。在这一方面，国外射频芯片和器件技术已经非常成熟，尤其是面向高频应用的体声波（Bulk Acoustic Wave，BAW）滤波器和薄膜体声波谐振器（Film Bulk Acoustic Resonator，FBAR）等，而我国相关专利储备薄弱，自主研发面临诸多壁垒。目前，我国 5G 芯片仍主要依赖于进口，相关核心技术仍有待多方协同、探索突破。

6.1.3　5G 产业链体系逐步完善

在产业发展方面，我国率先启动并不断加快 5G 产业化进程，目前在中频段系统设备、终端芯片、智能手机等方面均处于全球产业第一梯队。当前，5G 产业已成为引领融合创新、激发信息消费、推动产业升级、拉动数字经济、提升国际竞争力的基础支撑。

1. 我国 5G 网络试点建设初见成效

5G 试点城市范围不断扩大，东部地区成为 5G 产业前沿阵地。随着 5G 建设的逐渐推进和 5G 试商用阶段的开启，国内三大运营商确定了第一批 18 个 5G 网络试点城市，主要为北京、上海等直辖市，副省级市及省会城市[①]。在政府的大力推动下，我国电信运营商面向规模组网和业务验证的 5G 试点城市建设正不断加速，覆盖范围不断扩大，截至 2020 年年底，新建并开通 5G 基站超过 60 万个，终端连接数突破 2 亿人，实现全国所有地级以上城市的覆盖。此外，工业和信息化部等有关部门积极推动工业互联网创新发展战略深入实施，促进“5G+工业互联网”相关工程逐步推进，在网络、平台、安全三大体系建设方面实现规模化发展，有力支撑了实体经济数字化转型和高质量发展[②]。东部地区成为 5G 试点的前沿阵地。一方面，由于东部地区城市的经济基础良好，在通信信息技术发展过程中处于领先地位；另一方面，由于东部地区存在大量通信相关企业，涵盖基站、核心网设备及通信终端等多产业链环节，形成了良好的产业氛围。

① 来源：赛迪顾问《2019 中国首批 5G 试点城市通信产业发展潜力研究白皮书》。

② 来源：工业和信息化部。

2. 我国 5G 上中下游产业均快速发展

目前，5G 通信已初步形成上、中、下游较为明晰的产业链：上游产业主要包括芯片市场、光器件市场、射频器件市场等；中游产业主要包括基站市场、传输设备市场、基站天线市场；下游产业主要包括运营商市场和终端设备市场。

我国 5G 上游产业成熟度不断提升。当前，5G 逐步进入加速建设和商用起步阶段，产业成熟度逐渐提升，网络设备加速推进，设备端对于上游射频器件、印制电路板（Printed Circuit Board，PCB）等集采陆续展开，上游产业呈现良好的发展态势。5G 未来主要使用 2.6GHz、3.5GHz 及毫米波频段，相对于 4G 具备更高的频段，而核心零部件体积与波长成正比；同时 5G 采用的大规模天线技术需要更多的通道数、更多的零部件数量和更高的集成化程度。由此可见，在 5G 时代，基站上游的电子零部件将向精细化、微小化、集成化等方向发展，推动电子电路行业快速发展。此外，随着 5G 的逐步落地，基站建设和网络建设中对光模块、射频前端模块、光纤光缆的需求提高，推动相关行业市场规模不断扩大，产量不断提高。

我国 5G 中游产业发展迅速且具备领先优势。5G 中游产业的网络规划设计、基站建设及运维工程等是实现 5G 通信全面覆盖的当务之急。我国在 5G 网络覆盖、站点建设、设备制造等环节链上投入较大，已拥有一定优势。例如，华为已发布全球首个面向 5G 商用场景的 5G 核心网解决方案 SOC（Service Oriented Core）2.0，并发布了业界首款 5G 承载分片路由器，可提供最高 100GE 基站接入能力，同时基于其创新的 Flexible Ethernet 技术，实现对端口的物理隔离，保障业务服务的差异化。中兴通信发布了 5G 全系列高低频预商用基站产品，充分满足了 5G 预商用部署的多样化的场景和需求，工作带宽大，单站数据吞吐量可达 10Gbps；同时与英特尔公司合作，发布了面向 5G 的下一代 IT 基带产品，加快发展基于软件定义架构和网络功能虚拟化（SDN/NFV）的 5G 无线接入产品。

我国 5G 智能手机实现量产，行业级终端产品有望相继落地。作为 5G 应用场景创新的重要载体，下游 5G 智能终端集成了新计算、新存储、新显示、人工智能等重要新兴技术，是未来需要着力发展的环节，是推动 5G 产业发展壮大的关键。特别是 5G 与人工智能、大数据、云计算等的结合，带来了更加丰富的应用场景，如无人驾驶、智慧城市、物联网、智能医疗等都将给生活带来更多便利。近年来，终端厂商加快技术研发步伐：在商用芯片领域，华为率先发布 5G 商用芯片和基于该芯片的首款 5G 商用终端；在智能手机领域，各大厂商相继发布 5G 手机，截至 2019 年 9 月共发布 18 款 5G 手机，出货量达 78.7 万部，到 2020 年底，出货量已超过 1.6 亿部[①]；在行

① 来源：工业和信息化部。

业级终端领域，华为 5G CPE Pro 已推出，成为国内首个获得 5G 无线数据终端电信设备进网许可证的 5G 设备，中兴发布的 5G 室内路由器支持最新的网络协议新标准 WiFi 6，最多可支持 128 个终端设备连接，并且主要面向运营商渠道的企业客户。

6.1.4　5G 新技术应用前景广阔

作为全面构筑经济社会数字化转型的关键基础设施，5G 端到端关键能力的极大提升，推动了 5G 创新应用加速落地，催生了大量新兴行业应用，在推动传统行业转型、数字经济创新等方面发挥着重要作用。未来，随着 5G 通信技术的广泛使用，其应用领域会逐渐扩大，逐渐渗透经济社会的各行各业，深刻改变人类生活方式、企业生产模式、社会运行机制。

1. 5G 个人应用有望加速落地

增强型移动带宽（eMMB）应用极大地促进了我国网民的生活娱乐。该部分应用主要表现在需大幅度提升网络容量，并支持不同的设备同时进行大量的数据传输，带宽增强也意味着传输速率提升。未来 5G 通信系统中，该应用场景主要有大规模人群集中区域，如大型体育馆、高密集商业区或工业办公区域等，以及 AR/VR、社交网络、远程教育培训、无线家庭娱乐、大型超现实网络游戏等一些需要超高清视频等数据传输的应用领域。例如，在超高清视频领域，2019 年央视春晚首次进行 4K 超高清直播，全程采用 5.1 环绕声，实现 5G 内容传输，是一场真正的艺术与科技完美结合的春晚；2019 年 4 月，虎牙直播称已顺利完成“5G+4K”高清户外直播的尝试，成为我国首家实现 5G 网络直播的平台，5G 通信将实现大型活动的无差错直播。在娱乐领域，在 5G 通信的助力下，我国 AR/VR 技术将与个人穿戴设备更加紧密结合，推动文化宣传、社交娱乐、教育科普等行业领域不断创新，如沉浸式 VR 游戏开始兴起，为用户带来高水平的游戏体验。在新媒体领域，5G 新媒体应用将从初期的采、编、传逐渐渗透到云化制作生产、全息通信，以及形成平台化的生产传播融合平台，并面向未来探索沉浸式体验等新技术。

2. 5G 行业应用处于探索阶段

海量机器类通信（mMTC）应用推动智慧生产、智慧城市快速发展。海量机器类通信支持海量用户连接物联网，其作用主要体现在物联网等应用领域。该部分应用场景大致分为以下几种：智慧农业应用，包括土地、农作物及天气数据的监控、测量、存储、分析等；智慧城市应用，包括各类实体基础设施或设备连接；智能制造应用包括各类工业机器人、零部件制作监测、智能家居应用等。在智能安防领域，海量机器类通信提供了更加高效便捷的公共安全监测，推动智能安防设备走入普通家庭。截至2019年7月，广州市海珠区已建成5G智感安防示范区，同时发布智慧警务、无人驾驶警车等多项产品。在工业生产领域，海量机器类通信实现了远程问题定位，可进行跨工厂、跨地域遥控及设备维护，工业控制精确高效，节约了建设成本。例如，华晨宝马建成了全球首个5G汽车生产基地，该基地共拥有铁塔21个，5G基站35个，实现三大工厂100%的5G信号覆盖，总覆盖面积超过300万平方米；河南洛阳的栾川钼矿建成5G基站，通过对挖掘机的改造和匹配5G通信新标准，利用全球首台5G遥控挖掘机，在露天矿区精准、快速地完成挖掘、回转、装车等远程无人动作。

超高可靠低时延通信（URLLC）应用支持远程医疗、自动驾驶等行业的发展。5G通信系统传输延迟可低至1ms，是4G通信系统的1/10，但与此同时其可靠性远远高于4G，因此5G可以用于对网络时延、可靠性要求均非常高的领域，如车联网应用（包括自动驾驶、远程控制等），医疗影像、视频等实时语音、图像远距离传输诊断应用，无人机应用（包括远程控制航拍、安防、救援、测绘、农产品监控）等。在车联网领域，URLLC实现车内、车际、车载互联网之间的信息互通，推动与高可靠、低时延密切相关的远控驾驶、编队行驶、自动驾驶等具体场景中的应用。在医疗领域，URLLC通过智慧医院，实现远程会诊、远程超声、远程手术、应急救援、远程示教、远程监护；院内实现智慧导诊、智慧院区管理、人工智能辅助诊疗等。例如，位于北京房山区窦店镇的高端制造业基地是国内首个5G自动驾驶示范区，设有10个5G基站，打造10千米开放测试道路，为参与者提供自动驾驶体验活动；2019年1月，华为联合多家医院和机器人公司，成功利用5G技术远程操控机械臂，为50千米以外的一只小猪切下了一片肝脏组织，这是全球首例远程手术；2019年11月，面向5G应用的“互联网+智慧医院”服务体系正式落户山西省眼科医院，在新建的远程医疗中心启动会上完成首台5G眼科手术，而远在1300千米外的其他合作医院的医生则实时看到了“示教大片”。

6.2 大数据引领数字化转型

6.2.1 大数据发展与安全引起高度重视

1. 数据资源指数级增长带来新机遇

海量数据资源为大数据发展提供基础支撑。通过射频识别技术、传感器、交互型社交网络及移动互联网等方式获得的各种类型的结构化、半结构化（或称之为弱结构化）及非结构化的数据，是大数据分析的基础。随着产业互联网、物联网、社会化网络的快速发展，越来越多的企业将数据存储在公共云中，数据储量呈指数级增长态势，推动大数据技术和产业的迅猛发展。2013—2019 年，全球大数据储量由 4.3ZB 增长到 41.0ZB 左右，年复合增长率超过 50%；我国数据生产量增长至 7.6ZB，约占全球数据生产量的 23%，较美国高 2 个百分点。据预测，在未来几年，数据储量规模将继续保持 40%左右的年增长率，到 2025 年，全球数据总量将达到 175ZB，我国数据总量将达到 48.6ZB。同时，数据结构也将发生变化。来自数字电视、在线视频、音乐游戏的娱乐数据占比将逐渐降低，而来自规模达百亿级的终端硬件产生的数据将呈现暴发式增长，为大数据的发展带来源源不断的动力。在数据存储量不断增长和技术应用不断创新的推动下，大数据产业将会不断丰富商业模式，形成广阔的发展空间。

2. 大数据发展规划向各行各业延伸

各级政府大力推动大数据向各行各业延伸。近年来，伴随着信息技术的高速发展及全球数据的暴发式增长，数据已成为促进现代经济社会发展的关键要素和创新引擎，因此备受政府层面的关注。2014 年，大数据首次写入《政府工作报告》；2015 年，国务院发布《促进大数据发展行动纲要》；2016 年，工业和信息化部发布《大数据产业发展规划（2016—2020 年）》，大数据发展顶层设计逐步完善。为全面贯彻落实大数据发展战略规划，全国 31 个省市积极构建多层次协同推进机制，出台 100 余条大数据相关政策，设置十多个省级大数据管理机构，从战略规划、技术能力、应用与管理三个层面大力推进大数据快速发展。当前，大数据产业相关的政策内容已经从全面、总体的指导规划逐渐向各大行业、细分领域延伸，各级政府围绕大数据重点行业领域发展应用，出台相关政策文件，发布重点工作推进计划，制定重点领域发展规划，体现出我国各级政府对大数据的高度重视（如表 6-4 所示）。

表 6-4　部分大数据重点领域应用相关政策

时间	部门	文件
2015 年 7 月	国务院办公厅	《关于运用大数据加强对市场主体服务和监管的若干意见》
2016 年 3 月	（原）环境保护部	《生态环境大数据建设总体方案》
2016 年 6 月	国务院办公厅	《关于促进和规范健康医疗大数据应用发展的指导意见》
2016 年 7 月	交通运输部	《关于推进交通运输行业数据资源开放共享的实施意见》
2016 年 7 月	（原）国土资源部	《促进国土资源大数据应用发展实施意见》
2016 年 7 月	（原）国家林业局	《关于加快中国林业大数据发展的指导意见》
2017 年 9 月	公安部	《关于深入开展“大数据+网上督察”工作的意见》
2018 年 9 月	国家卫生健康委	《国家健康医疗大数据标准、安全和服务管理办法（试行）》

续表

时间	部门	文件
2019 年 12 月	交通运输部	《推进综合交通运输大数据发展行动纲要（2020—2025 年）》
2020 年 5 月	工业和信息化部	《关于工业大数据发展的指导意见》

3. 数据安全风险成为社会关注热点

保障大数据安全是促进其持续发展的前提条件。近年来，我国在数据安全防范和个人信息保护等方面开展了一系列工作。2016 年 11 月，全国人大常委会通过的《中华人民共和国网络安全法》中明确了对个人信息收集、使用及保护的要求，并规定了个人具有对其个人信息进行更正或删除的权利。2019 年 10 月，我国大数据安全保护层面第一部地方性法规《贵州省大数据安全保障条例》正式施行，这是大数据产业发展制度保障设计的尝试与探索，形成了全社会参与的大数据安全综合治理格局。2020 年 7 月，《中华人民共和国数据安全法（草案）》公开征求意见，明确了个人信息和重要数据的收集、处理、使用和安全监督管理的相关标准和规范。这些法律法规将在促进数据的合规使用、保障个人隐私和数据安全等方面发挥不可或缺的重要作用。一方面，数据安全风险不仅会危及广大人民群众的隐私、财产及人身安全，甚至可能使国家安全和利益受损，因此制定专门的数据安全法、个人信息保护法尤为必要。另一方面，法律法规将在客观上不可避免地增加数据流通的成本、降低数据综合利用的效率。如何兼顾发展和安全，平衡效率和风险，在保障安全的前提下，最大可能地挖掘大数据的巨大价值，是当前全世界在数据治理中面临的共同课题。

6.2.2 大数据技术呈现多元化发展态势

大数据产业是一个典型的技术密集型产业，其技术体系庞大且复杂。面向世界科技前沿，我国正集中优势资源，突破大数据核心技术，加快构建自主可控的大数据产业链、价值链和生态系统。当前，数据资源总量不断增加，大数据技术呈现出多元化发展的趋势。

1. 大数据技术体系愈加庞大

大数据技术能够把大规模数据中隐藏的信息和知识挖掘出来，为人类经济活动提供依据，提高各个领域的运行效率，甚至提升整个社会经济的集约化程度，其关键技术一般包括大数据采集、大数据预处理、大数据存储及管理、大数据分析及挖掘、大数据展现和应用（大数据检索、大数据可视化、大数据控制、大数据安全等）。

大数据采集及预处理技术为快速分析做准备。随着大数据技术的广泛应用，通过集中采集或分布采集等方式对数据进行有效采集，是进行数据整理和科学分析的前提。大数据采集一般可分为智能感知层和基础支撑层。前者主要包括数据传感体系、网络通信体系、传感适配体系、智能识别体系及软硬件资源接入系统，实现对结构化、半结构化、非结构化的海量数据的智能化识别、定位、跟踪、接入、传输、信号转换、监控、初步处理和管理等；后者提供大数据服务平台所需的虚拟服务器，结构化、半结构化及非结构化数据的数据库及物联网络资源等基础支撑环境。而大数据预处理技术则主要完成对已接收数据的辨析、抽取、清洗等操作，将这些复杂的数据转化为单一的或者便于处理的结构和类型，并通过过滤“去噪”提取出有效数据，以达到快速分析的目的。

大数据存储技术方便海量数据的有效管理。大数据存储技术利用存储器把采集到的数据存储起来，建立相应的数据库，并进行管理和调用，其技术重点是解决复杂结构化、半结构化和非结构化数据的管理与处理，一般通过以下三种典型路线实现。一是基于大规模并行处理（MPP）架构的新型数据库集群。其采用分布式数据库模型和计算模式，通过列存储、粗粒度索引等多项大数据处理技术，重点面向行业大数据，具有低成本、高性能、高扩展性等特点，在企业分析类应用领域广泛应用。较之传统数据库，基于 MPP 的产品在 PB 级数据分析能力上有着显著的优越性。二是基于 Hadoop[①]的技术扩展和封装。基于 Hadoop 的技术扩展和封装是指针对传统关系型数据库难以处理的数据和场景（针对非结构化数据的存储和计算等），利用 Hadoop 开源优势及相关特性（善于处理非结构、半结构化数据，复杂的数据抽取、转换加工流程，复杂的计算模型等），衍生出相关大数据技术的过程。伴随着技术进步，其应用场景也将逐步扩大，目前最为典型的应用场景是通过扩展和封装 Hadoop 来实现对互联网大数据存储、分析的支撑，其中涉及几十种非关系型技术。三是大数据一体机。这是一种专为分析处理大数据而设计的软、硬件结合的产品。它由一组集成的服务器、存储设备、操作系统、数据库管理系统，以及为数据查询、处理、分析而预安装和优化的软件组成，具有良好的稳定性和纵向扩展性。

大数据分析技术实现数据的价值挖掘。数据挖掘就是从大量的、不完全的、有噪声的、模糊的、随机的实际应用数据中，提取隐含在其中的、人们事先不知道的、但又是潜在有用的信息和知识的过程。数据挖掘涉及的技术方法很多，有多种分类。其挖掘任务可分为分类或预测模型发现、数据总结、聚类、关联规则发现、序列模式发现、依赖关系或依赖模型发现、异常和趋势发现等；其挖掘对象可分为关系数据、空

---

① Hadoop：一种分布式系统基础架构。用户可在不了解分布式底层细节的情况下开发分布式程序。

间数据、时态数据、文本数据、多媒体数据、异质数据等；其挖掘方法大致有机器学习方法、统计方法、神经网络方法和数据库方法等。与此同时，机器学习方法可细分为归纳学习方法（决策树、规则归纳等）、基于范例学习、遗传算法等；统计方法可细分为回归分析（多元回归、自回归等）、判别分析（贝叶斯判别、费歇尔判别、非参数判别等）、聚类分析（系统聚类、动态聚类等）、探索性分析（主元分析法、相关分析法等）等；神经网络方法可细分为前向神经网络（BP 算法等）、自组织神经网络（自组织特征映射、竞争学习）等。

2. 大数据算法与云计算结合密切

大数据技术与云计算技术相辅相成。大数据技术属于信息技术中的一种应用工具，需要对海量的数据进行分析处理，这也对计算机系统的计算与处理能力提出了更高的要求。过去采取的方法往往是依靠一台或数台超级计算机，然而这样一来就可能出现计算机空的时候太闲，忙的时候运算能力不足的现象，而云计算技术是一种基于互联网计算的方式，并且其计算能力能够作为一种商品进行流通，能够支持计算能力按需调用。同时，云计算对终端用户是完全开放的，可以为社会上各行各业的企业提供服务，并且这种计算技术的效率非常高，速度非常快，计算的成本也非常低。云计算技术不需要人们掌握专业技术知识就能够顺利地操作，从而满足客户的各种需求，具有很强的灵活性。此外，云计算技术的各项特性能够满足大数据存储、传输的需要，将在一定程度上弥补传统数据存储的缺点。

3. 大数据技术呈现“平民化”态势

可视化技术方便人们直观地获取信息。数据可视化无论是对于普通用户还是对于数据分析专家，都是最基本的功能。数据可视化可以让数据自己“说话”，让用户直观感受到结果。随着科学技术的不断发展，大数据技术的平民化是必然趋势。其中，大数据的可视化技术以大数据处理为基础，把复杂的数据转化为可以交互的图形，帮助普通民众和非技术专业的常规决策者能够更好地理解大数据及其分析的效果和价值，从而充分发挥了大数据的价值。另外，大数据可视化技术也会从存储空间中获得一些关键的信息，从而更好地为人们的生活提供帮助。例如，通过运用不同的数据分析手段来获取地理位置，然后将这些地理位置信息以图像的方式进行展示，从而给人们提供导航服务，真正方便人们的出行。

4. 大数据标准化工作稳步推进

多方共同推进大数据标准体系建设。标准化是大数据治理体系建设的重要环节。近年来，我国着力构建包括国家、行业、组织在内的多层级数据管理标准，为大数据管理体制机制建立提供了立体和全面的指导。2014 年 12 月，全国信息技术标准化技术委员会大数据标准工作组成立，负责制定和完善我国大数据领域的标准体系，组织开展大数据相关技术和标准的研究，申报和修订大数据相关的国家、行业标准，宣传推广标准实施和国际标准化活动。2018 年 4 月，《数据管理能力成熟度评估模型》发布，在七个领域近 70 家单位应用示范。2019 年 4 月，中国电子技术标准化研究院与重庆市大数据应用发展管理局、重庆市渝北区人民政府签署“国家大数据综合标准化体系建设”合作协议，共同推动国家大数据标准体系建设。目前，我国从基础标准、技术标准、产品和平台标准、安全标准、应用和服务标准等方面完善大数据标准体系，从数据资产地位、管理体制和机制、共享和开放机制、安全与隐私保护等方面推动大数据治理标准化工作。目前，我国已发布、已报批、已立项、已申报、在研及拟研制的大数据相关国家标准达百余项，为大数据标准化的发展提供了条件和保障。

6.2.3　大数据产业集群发挥带动性作用

1. 大数据中心实现优化升级

大数据中心云化、绿色化、规模化发展趋势明显。如今，人工智能、工业互联网等新一代信息技术对数据产生了更大的需求量，进而促进了超大规模数据中心的建设发展。从国际市场看，美国超大规模数据中心总量占全球的 40%左右，位于全球第一；我国超大规模数据中心总量占全球的比例不足 10%，位于世界第二。云计算巨头是超大规模数据中心的主要拥有者，以亚马逊 AWS、微软 Azure、谷歌云为代表的美国云服务提供商，积极抢占国内市场份额，而以阿里巴巴、腾讯为代表的我国互联网巨头，将眼光瞄准了海外，试图在本土之外发展更多业务。随着数据中心规模的不断扩大，其电力消耗也是水涨船高。出于成本控制考虑和国家可持续发展的要求，数据中心管理者也越来越重视如何通过新的能源技术来降低供电成本和设备能耗。2019 年 2 月，工业和信息化部、国家机关事务管理局、国家能源局联合印发《关于加强绿色数据中心建设的指导意见》，明确要求到 2022 年，数据中心平均能耗基本达到国际先进水平，新建大型、超大型数据中心的电能使用效率值到 1.4 以下，高能耗老旧设备基本淘汰，水资源利用效率和清洁能源应用比例大幅提升，废旧电器、电子产品得到有效回收利用，推动我国数据中心持续健康发展。

2. 大数据市场保持快速发展

在政策支持和多方技术的联合推动下，我国大数据市场保持快速发展。数据显示[①]，我国大数据相关市场的总体收益逐年攀升，增幅领跑全球大数据市场，预计未来五年预测期内的复合年均增长率在20%以上。从市场占比来看，大数据相关硬件收益在大数据市场中占比最高，其次是大数据相关服务和软件收益。随着技术的成熟与融合及数据应用和更多场景的落地，软件收益占比将逐渐增加，服务相关收益占比保持平稳发展的趋势，而硬件收益在整体的占比中将逐渐减小。同时，随着海量异构数据的大量生成，机器学习、高级分析算法与企业业务应用的融合，人工智能软件平台占比将逐渐增加。从行业上看，2019年，我国大数据与商业分析解决方案市场中收益前三的领域依次是金融、政府、通信，三者总和占我国市场总额的50%以上。从企业规模来看，在2019—2023年预测期内，雇员数量超过1000人的特大型企业的收益占我国大数据市场整体的45%；雇员数量在100～499人的中型企业发展迅速，其收益在整体市场中的占比已与500～999人的大型企业的收益相当。未来，在大数据与商业分析解决方案投入的厂商中，特大型企业将继续保持领先，并将持续探索技术服务与应用场景的多样性。

3. 大数据综合试验区带动区域发展

领先地区发挥先导优势，带动周边区域形成大数据产业圈。我国大数据产业集聚区主要位于经济比较发达的地区，基于当地知名互联网企业及技术企业实力强、高端科技人才密集、国家强有力政策支撑等良好的信息技术产业发展基础，形成了比较完整的产业体系，且产业规模仍在不断扩大。京津冀地区依托北京，尤其是中关村在信息产业方面的领先优势，培育了一大批大数据企业，是目前我国大数据企业集聚最多的地区，并发挥了辐射引领作用，带动京津冀“大数据走廊”格局的快速形成；珠三角地区依托广州、深圳等地的电子信息产业优势，发挥广州和深圳两个国家超级计算中心的集聚作用，在腾讯、华为、中兴等一批骨干企业的带动下，逐渐形成了大数据集聚发展的趋势；长三角地区依托上海、杭州、南京等地技术优势，将大数据与当地智慧城市、云计算发展紧密结合，吸引了大批大数据企业，促进了产业发展；以贵州、重庆为代表的西南地区，通过积极吸引国内外企业，实现大数据产业在当地的快速发展。

6.2.4 大数据应用全面推动数字化转型

大数据相关技术、产品、应用和标准不断发展，逐渐形成了包括数据资源与API、开源平台与工具、数据基础设施、数据分析、数据应用等板块的大数据生态系统，并

---

① 来源：市场调研机构IDC。

持续发展和不断完善，其发展热点呈现了从技术向应用、再向治理的逐渐迁移。我国各级政府应发挥大数据在商用、民用、政用方面的价值和作用，构建大数据发展应用新格局，推动经济社会数字化转型，形成数据驱动、人机协同、跨界融合、共创分享的新发展趋势。

1. 大数据应用程度不断加深

大数据应用正从描述分析向预测、决策升级。按照数据开发应用深入程度的不同，可将众多的大数据应用分为三个层次。第一层，描述性分析应用，是指从大数据中总结、抽取相关的信息和知识，帮助人们分析发生了什么，并呈现事物的发展历程。第二层，预测性分析应用，是指从大数据中分析事物之间的关联关系、发展模式等，并据此对事物发展的趋势进行预测。第三层，指导性分析应用，是指在前两个层次的基础上，分析不同决策的结果，并对决策进行指导和优化，如无人驾驶汽车分析高精度地图数据和海量的激光雷达、摄像头等传感器的实时感知数据，对车辆不同驾驶行为的后果进行预判，并据此指导车辆的自动驾驶。当前，我国大数据技术应用在描述性分析应用层面发展得较为成熟，有待进一步向更高层应用升级。

2. 大数据助力企业数字化转型

大数据助力企业资源整合、高效管理。大数据技术的迅速普及，对企业管理模式产生积极影响，不断加快企业数字化转型进程，主要体现在以下几个方面。第一，大数据技术助力企业资源的集成、整合和共享，促进企业的协同化管理。例如，企业各部门、各业务线都会产生大量的数据，运用大数据技术能够帮助企业实现对这些数据资源的合理配置和最大化利用，从而降低管理成本。第二，大数据技术有助于细化企业管理的颗粒度，促进企业的精细化管理。以制造业为例，大数据技术可以内嵌于研发、采购、物流、生产、库存、销售等环节，并对接到每一环节的参与者，提高具体工作的针对性。第三，大数据技术能够发现复杂问题的关联关系，提升企业自动分析决策能力，促进企业的智能化管理。与此同时，大数据技术能够满足企业集中式决策和分散式决策的需要，既提高企业管理的效率，也保障企业部门的自主权。第四，大数据技术有助于拓宽企业实施信息化管理领域，提高企业管理工作的便捷性和融合度。总体来看，大数据技术对于企业的信息化发展有着极大的推进作用，使企业的管理工作更加具有针对性、可持续性和战略性等。

3. 大数据推动政府数字化转型

大数据支撑政府管理和便民服务。随着政务信息化的不断发展，各级政府积累了大量与社会生产生活息息相关的信息系统和数据，并成为最具价值数据的保有者。2015 年 9 月，国务院发布《促进大数据发展行动纲要》，其中重要任务之一就是，加快政府数据开放共享，推动资源整合，提升治理能力，并明确了时间节点，2017 年跨部门数据资源共享共用格局基本形成；2018 年，由政府主导的数据共享开放平台建成，打通了政府部门、企事业单位间的数据壁垒，并在部分领域开展应用试点；2020 年实现政府数据集的普遍开放。随后，国务院和国务院办公厅又陆续印发了系列文件，推进政务信息系统共建、政务信息平台级联、政务信息资源共享等，促进跨层级、跨地域、跨系统、跨部门、跨业务的互联互通、协同发展，用政务大数据支撑“放管服”改革落地，建设数字政府和智慧政府。目前，我国政务领域的数据开放共享已取得了重要进展和明显效果。有关数据显示[①]，截至 2020 年 10 月，我国已有 142 个省级、副省级和地市级政府上线了数据开放平台；与 2019 年下半年相比，新增了 4 个省级平台和 36 个地市级（含副省级）平台，平台总数增长近 40%。

6.3 人工智能赋能智慧新时代

6.3.1 人工智能发展环境持续优化

当前，以互联网、大数据、人工智能等为代表的现代信息技术日新月异，新一轮科技革命和产业变革蓬勃推进，智能产业快速发展，对经济发展、社会进步、全球治理等方面产生重大而深远的影响。

1. 我国系统规划人工智能发展战略

我国系统规划人工智能发展战略。围绕人工智能领域的科技研发、应用推广、产业发展等方面，我国政府主管部门先后颁布了《国务院关于积极推进“互联网+”行动的指导意见》《“互联网+”人工智能三年行动实施方案》《“十三五”国家科技创新规划》《“十三五”国家战略性新兴产业发展规划》等政策文件，均将人工智能确认为国家科技产业发展的重要内容。2017 年，国务院印发《新一代人工智能发展规划的通知》，从国家战略层面对我国人工智能的发展进行了全面系统布局，对我国未来人工智能产业的发展方向和重点领域进行了指导性规划，并明确提出我国新一代人工智能发展的目标：要求到 2020 年人工智能技术与世界先进水平同步；到 2025 年，使人工智能成为带动我国产业升级和经济转型的主要动力；到 2030 年，我国成为世界主要

① 来源：复旦大学数字与移动治理实验室《2020 下半年中国地方政府数据开放报告》。

人工智能的创新中心，人工智能核心产业规模超过1万亿元，带动相关产业规模约10万亿元。由此可见，人工智能发展早已上升为国家重要战略。

2. 人工智能技术得益于大数据发展

大数据技术和资源蓬勃发展，与人工智能形成双向驱动。据预测，到2025年，全球数据总量将达到163ZB，比2016年全球数据总量增长10倍多，其中属于数据分析的数据总量相比2016年将增加50倍，达到5.2ZB，属于认知系统的数据总量相比2016年将增加100倍之多[①]。爆炸性增长的数据推动着新技术的发明和发展，为新一代人工智能的发展提供了丰厚土壤。新一代人工智能的特点是由大数据驱动，随着可收集数据质量的不断提升、数量的不断增加、不断加快其技术的革新和商业运营模式的发展，建立起数据驱动和知识引导的智能计算平台和方法，实现从数据到知识，从知识到智慧的转化，在应用领域实现人机协同、跨界融合、共创共享的智能化发展。当前，值得注意的是，人工智能和大数据之间的关系是双向的。可以肯定的是，人工智能的成功在很大程度上取决于高质量的数据；同时，管理大数据并从中获取价值也必须依靠人工智能技术（机器学习或自然语言处理等）的辅助。

6.3.2 人工智能技术迸发创新活力

人工智能发展既依赖于处理器、芯片等基本硬件架构，又需要自然语言处理、计算机视觉与图像处理、平台等技术支撑。总体来看，推动其发展的三大主要动力分别来自数据、算法、算力。近年来，建设人工智能相关图形、图像、自然语言等基础数据集已经成为业内共识，而算法和算力领域也因新技术热点的出现迸发出创新活力。

1. 人工智能基础研究取得突破

对深度学习算法的探索不断加速。人工智能算法模型经过长期发展，目前已覆盖多个研究子领域，其中最热门的就是深度学习，但由于其受到“内存墙”等相关方面的制约，难以达到较高的计算效率。因此，在深度学习应用逐步深入的同时，包括我国在内的世界多国还在继续探索新的算法。一方面，继续深度学习算法的深化和改善研究，如深度强化学习、对抗式生成网络、深度森林、图网络、迁移学习等，以进一步提高深度学习的效率和准确率。另一方面，一些传统的机器学习算法重新受到重视，如贝叶斯网络、知识图谱等。另外，还有一些新的类脑智能算法，将脑科学与思维科学的一些新的成果结合到神经网络算法之中，形成不同于深度学习的神经网络技术路

① 来源：IDC、希捷科技《数据时代2025》。

线，如胶囊网络等。类脑智能借鉴大脑中“内存与计算单元合一”等信息处理的基本规律，在硬件实现与软件算法等多个层面，对于现有的计算体系与系统进行了变革，并实现了在计算能耗、计算能力与计算效率等诸多方面的大幅改进。目前，随机兴奋神经元、扩散型忆阻器等研发初见成果，如国际商业机器公司（IBM）研制出 True North 芯片，而清华大学团队则推出基于忆阻器的可重构物理不可克隆函数（PUF）芯片。可以预见，未来，通过人工智能与脑认知、神经科学、心理学、量子科学等学科的交叉融合，人工智能领域的重大基础性科学问题将取得突破性进展，形成具有国际影响力的人工智能原创理论体系，为构建我国自主可控的人工智能技术创新生态提供理论支撑。

新型计算框架和平台提高人工智能计算能力。随着大数据技术的不断提升，人工智能赖以学习的标记数据获得成本下降，同时数据处理速度大幅提升、宽带效率提升、物联网和电信技术持续迭代，为人工智能技术的发展提供了更坚实的基础设施。但随着深度学习模型越来越复杂，实现各种网络模型架构需要耗费大量时间重复各类底层算法与程序库。为实现更高效的深度学习模型开发，学术界和企业界在原有基础上，推出了多种专门的深度学习计算框架和平台，如伯克利大学的快速特征嵌入的卷积结构（Caffe）、微软的开源运算网络套件（CNTK）、百度的飞桨（PaddlePaddle）等。值得注意的是，谷歌的 TensorFlow 能够支持异构设备的分布式计算，其平台 API 能力已覆盖卷积神经网络（CNN）、循环神经网络（RNN）、长短期记忆网络（LSTM）等当前最流行的深度神经网络模型。除从计算框架和平台进行研发之外，产业界也从硬件方面探索计算能力的提升方法。最为直接的方法就是，采用计算能力更强的图形处理器（GPU）替代原有的中央处理器（CPU）等。此外，谷歌、IBM 等一些大型企业在大量采用 GPU 的同时，也在研发符合自身计算环境的处理器芯片，从而进一步降低成本、提高效率。

基于量子计算的人工智能发展变革正加速到来。当前，全球数据总量正以指数级增长。基于目前的计算能力，在如此庞大的数据面前，人工智能的训练学习过程将变得相当漫长，甚至无法实现最基本的人工智能，因为数据量已经超出了内存和处理器的承载上限，这极大限制了人工智能的发展，迫切需要量子计算机来处理未来海量的数据。当前，量子计算已被视为科技行业的前沿领域。IBM、谷歌、阿里巴巴、百度等科技巨头相继加大了在该领域的研发力度。例如，阿里云与中国科学院共同成立“中国科学院—阿里巴巴量子计算实验室”，开展量子计算的前瞻性研究；腾讯宣布成立量子实验室，开始网罗量子相关算法、通信、量子物理等方面的人才；百度宣布成立量子计算研究所，开展量子计算软件和信息技术应用业务研究。目前，量子计算主要应用于机器学习提速、算法优化等，可以预见，量子计算机的计算能力将为人工智能的发展带来变革。

2. 人工智能研究成果保持增长

我国人工智能论文和专利数量占据领先地位。2013 年至 2018 年，全球人工智能领域论文文献产出共 30.5 万篇，其中我国发表论文 7.4 万篇；在全球居前 1%的人工智能"高被引"论文中，我国居全球第二；此外，截至 2018 年年底，全球共成立人工智能企业 15 916 家，我国人工智能企业数量为 3341 家，位居世界第二位[①]。从专利来看，2015 年以来，人工智能领域全球专利数量逐年增长，年增速保持在 20%以上；2018 年，我国在人工智能领域的专利申请数量达 76 876 件，美国以 67 276 件的申请数量位列第二，日本以 44 755 件的申请数量位列第三[②]。2019—2020 年，我国人工智能领域继续保持稳步发展，相关专利申请数量和科研文章数量继续保持全球领先。

语音图像识别、在线教育相关技术成为人工智能技术专利热点。当前，我国已逐渐成为计算机视觉、自然语言处理、机器学习专利申请的主要来源国。从专利大类来看，T01 数字计算机类、T04 计算机外部设备类和 W04 音频/视频录制系统类的出现频次分别为 16 769 次、6588 次、6498 次，远高于 S05 电子医疗设备（1348 次）和 T06 过程与机器控制（1333 次）。从小类来看，T01-J10B2A 用于识别（字符或图像）、T01-S03 软件产品、T01-J30A 教育辅助等均为热门研发领域（如表 6-5 所示）。由此可见，语义识别、生物学识别、图像识别和智能教育是当前的热点领域，而关键技术主要体现在声波分析和处理、语音识别、字符和信号模式识别、神经网络等技术上。目前，人工智能技术正处于快速发展阶段，有商业化、协同化的发展趋势。近年来，人工智能已走出实验室，逐步迈向商业化，如在日常生活中的语音识别、刷脸支付等。并且，人工智能已向更多产业领域渗透，如在教育方面，利用其知识归类及大数据搜集的功能，通过算法为学生计算、定制高效的学习曲线和计划等；在金融领域，机器学习、语音识别、视觉识别等技术可协助分析、预测、辨别交易风险、价格走势等信息。

表 6-5　人工智能专利类别 TOP10[③]

排名	专利技术代码	技术类别	出现频次/次
1	T01-J10B2A	用于识别（字符或图像）	7187
2	T01-S03	软件产品（带权利声明）	5022

① 来源：中国新一代人工智能发展战略研究院《中国新一代人工智能发展报告 2019》。

② 来源：前瞻产业研究院《2018 年中国人工智能行业市场分析与发展趋势》。

③ 根据 Derwent 截至 2019 年 9 月的数据测算。

续表

排名	专利技术代码	技术类别	出现频次/次
3	T01-J30A	教育辅助	3535
4	T04-D04	识别（光学字符、指纹等）	3145
5	T01-N01B3	在线教育	2809
6	T01-C08A	语音识别/合成输入/输出	2768
7	T01-J10B2	图像分析	2668
8	W04-W05A	一般的教育设备	2545
9	T01-J05B4P	数据库应用程序（可用于检索、问答）	2515
10	W04-V01	语义分析（术语解析）	1804

来源：根据 Derwent 专利数据测算。

6.3.3 人工智能产业生态初步形成

近年来，我国高度重视并大力推进人工智能技术的发展，形成了多方参与协同发展机制，人工智能技术和人工智能产业均取得较大进步，市场规模增长迅速，产业前景非常广阔。但我们应该认识到，当前我国人工智能产业发展仍然存在一些短板，这将是未来人工智能产业实现跨越式发展面临的关键问题。

1. 人工智能产业集聚形成规模效应

人工智能应用型企业增长迅速，市场规模逐年攀升。近年来，我国人工智能产业呈暴发式增长，逐步形成以经济增速较快城市为点，以京津冀、长三角、珠三角城市群为面的点面结合的规模效应。从企业发展来看，我国人工智能企业数量逐年增长，位居世界第二位；从注册规模看，在有注册金额信息的企业中，注册金额在 100 万～500 万之间的企业数量最多，约占 30%；从产业发展看，应用层企业占比最高，广泛分布于包括智能制造、科技金融、数字内容、新媒体、新零售和智能安防在内的 18 个应用领域。总体来看，智能医疗产业优势明显、分布较广；智能安防、智能交通和智能驾驶等产业分布比较均衡；VR、智能机器人、智能无人机和智能芯片等产业发展基础较为薄弱，仍需进行重点扶持。数据显示[①]，2020 年，全球人工智能市场规模达 1565 亿美元，同比增长 12.3%；我国人工智能核心产业规模为 3031 亿元，同比增长 15.1%，继续保持中高速增长态势。

2. 人工智能创新生态圈加速形成

人工智能产业创新要素正加速流动并不断融合创新。人工智能领域基础研究呈现

① 来源：中国信息通信研究院《全球人工智能战略与政策观察》。

出高产量、跨机构、热点多等良好发展态势，关键在于全国科研人员和机构之间，以及和其他国家和地区的科研人员形成了通力合作的良好发展格局。数据显示，中国科学院、清华大学、香港中文大学、新加坡南洋理工大学等机构合著论文数量较多；西安交通大学、哈尔滨工业大学、 深圳大学、上海交通大学、南京大学、北京邮电大学等高校发表的合著论文数量也比较多。同时，多地建设人工智能产业核心区、创新实验基地等，集聚人工智能产业发展创新要素，并推动其加速流动、不断融合创新，形成辐射范围广泛的人工智能创新生态圈。例如，安徽打造“中国声谷”，并出台专项政策，设立总规模为 50 亿元的智能语音及人工智能产业发展基金，在政策资金及产业资源上，全力支持中国声谷建设人工智能创新生态体系，集聚全球人工智能优质项目，形成多方参与协同创新的全球合作网络。

3. 人工智能投融资规模逐步扩大

人工智能领域战略投资越来越多，智能驾驶企业获得融资次数最多。随着人工智能市场规模的扩张，我国融资规模也不断扩大，总量仅次于美国；其中，北上广等经济发达地区的融资规模逐步扩大。截至 2019 年年中，全国有超过 1300 家人工智能企业获得风险投资。其中，A 轮以前轮次的获得投资频次占比开始逐渐缩小，投资人对 A 轮仍然保持着较高的热情，目前 A 轮是获投频次最高的轮次。同时，随着人工智能市场的逐渐成熟，人工智能战略投资开始暴发，以互联网巨头为主的领军企业将目光投向了寻求长期合作发展的战略投资。这也预示着人工智能行业与产业在资本层面的战略合作开始增多。从近几年人工智能领域 TOP10 企业的融资情况来看，投融资集中在信息分发、计算机视觉与图像处理、自然语言处理、智能驾驶、机器人、智能芯片等领域，而计算机视觉与图像处理、自然语言处理和智能驾驶三大领域投融资额占国内人工智能投融资总额的 60%以上，成为资本热捧的焦点。其中，智能驾驶领域的人工智能企业获得融资次数最多，成为人工智能领域的“明星赛道”。

4. 人工智能发展依然面临严峻挑战

人工智能技术在计算机视觉与图像、智能机器人和自然语言处理领域取得了丰硕的成果。受发展时间、客观技术环境的制约，加之初期偏向于互联网领域的政策，我国的人工智能产业更偏重于应用层，在基础算法、芯片和理论研究等核心环节较为薄弱。因此，相较于在基础层、技术层和应用层全面领先的美国，我国人工智能产业的短板明显。

我国人力资源状况和芯片硬件短板制约着人工智能快速发展。一方面，由于我国人工智能基础研究起步晚、前期投入少、本土培养的人工智能高层次领军人才匮乏，人工智能产业发展面临较为严重的人才短缺问题，人才缺口至少达百万量级。与美国相比，我国新一代人工智能产业人才储备差距较大：从新一代人工智能人才数量看，美国几乎是我国的 20 倍；从人工智能领域人才质量看，我国人工智能专家数量也远少于美国。与此同时，我国人工智能人才需求却非常旺盛，2016—2020 年，我国人工智能产业招聘人数逐年增长，人才供给的严重不足使人工智能发展受到一定程度的制约。另一方面，芯片是新一代人工智能产业的关键硬件，在芯片领域缺乏话语权，将导致产业发展受制于人。我国人工智能产业发展迅速，但在芯片领域仍比较落后。美国仍然占据全球计算机芯片市场的垄断地位，美国公司也是全球手机芯片市场的“领头羊”。可以说，关键技术薄弱是我国人工智能产业发展的重要制约因素。

数据利用壁垒及数据安全隐患给人工智能发展带来挑战。我国数据总量巨大，但支撑人工智能产业发展的基础却比较薄弱，数据获取成本高、法律权属不清、开放程度低、标准不统一等因素制约着人工智能的发展。以医疗行业为例，数据归属不明确，健康医疗数据缺乏明确界定归属，给制造方获取训练数据带来一定困难；数据开放程度有限、境内外数据具有隐性商业壁垒、医院间数据流通存在限制、公立医院医疗信息对民营和外资医疗机构开放存在限制等问题普遍存在；数据标准不统一，电子病历标准缺乏统一规范，地区间、医院间的数据也不统一。另外，当前我国人工智能产业数据安全隐患仍然比较突出。绝大多数拥有海量数据资源的互联网企业或其他机构所使用的底层基础设施国产化程度、自主可控水平较低，一旦出现数据系统安全后门和漏洞，易导致大规模用户的敏感数据被窃取或泄露，恶意攻击者可以通过挖掘海量数据来清晰刻画特定人群或机构的行为规律，这对国家、机构和个人安全构成了巨大潜在危害。

6.3.4 人工智能应用场景日渐丰富

1. 人工智能促进城市运作效率最优化

人工智能、大数据双重驱动城市管理系统智能化。随着人工智能应用落地的逐步推进，其在构建未来智慧城市的过程中发挥着越来越重要的作用。人工智能技术可以根据实时数据和各类型的信息，动态修正城市运行中的不足和缺陷，综合调配和调控城市的公共资源，成为城市的智能综合管理者。未来的城市将是人工智能科技驱动下的智慧城市，人工智能将在城市功能优化、居民生活便捷、安全等方面发挥重要作用，最终实现自动化和智能化，达到城市运作效率的优化。例如，在交通运输领域，人工智能技术结合大数据技术，将有效监督交通情况，助力解决拥堵问题，不仅节省人力，也提高了交通管理的科学性和效率性。阿里云助力杭州建立“城市大脑”，其覆盖范围共计 420 平方千米，实时指挥 200 多名交警，使杭州在全国最拥堵城市排行榜上从 2016 年的第 5 名下降到 2018 年的第 57 名。同时，该智能化的管理模式也走出国门，助力马来西亚吉隆坡提高了城市交通通行效率，为吉隆坡救护车节省了 48.9%的通行时间。在 2020 年，我国抗击新冠肺炎疫情中，人工智能也发挥了积极的作用，为探索城市管理新方式提供了宝贵经验。

2. 人工智能切实提升人民生活幸福感

智能产品方便人们生活学习，人脸识别实现科技寻亲。人工智能在生活中为人们带来的便利是无可替代的。从“刷脸支付”到智慧安保，从线上问诊到云上储存，人工智能真真切切地提升着人们的获得感与幸福感。要更好地利用这个“智慧大脑”创造美好生活，需要继续深挖人民群众的迫切需求，用先进技术解决民生难点、痛点；也要注重普及性与普惠性，降低使用成本、拓宽应用领域，让智慧生活飞入更多寻常百姓家。随着科学技术的发展，人工智能的不断推进，现代机器人已经走出实验室，出现在大众的生活中，智能机器人的普遍化指日可待。人工智能产品不仅提高了服务质量，还方便了人们的日常生活。除日常生活外，在教育学习领域，人工智能与大数据技术相结合，通过在线平台监测与分析学生的数据，检测学生对于知识的把握程度及学习能力，实现因材施教，不断提高学习效果。人工智能还可帮助人们智能寻亲。例如，广东省民政厅开发“核查通 App”，利用人脸识别功能，在全省范围内开展流浪乞讨滞留受助人员寻亲返乡专项行动，仅上线两个月就成功帮助 767 名流浪乞讨滞留受助人员找到家人。

3. 人工智能助力自动化、个性化生产

人工智能应用于生产制造环节，极大提升了生产效率和效益。人工智能是新一轮产业变革的核心驱动力，将进一步释放历次科技革命和产业变革积蓄的巨大能量，并创造新的强大引擎，重构生产、分配、交换、消费等经济活动链，形成从宏观到微观各领域的智能化新需求，催生新技术、新产品、新产业、新业态、新模式。人工智能正在与各行各业快速融合，助力传统行业转型升级、提质增效，在全球范围内引发全新的产业浪潮。在工业生产领域，智能机器人在生产制造过程和管理流程中的应用日益广泛，而人工智能更进一步赋予了机器人自我学习能力，助力工业自动化、现代化程度的提高。人工智能在制造业的应用场景主要包括产品智能化研发设计、在制造过程和管理流程中运用人工智能技术提高产品质量和生产效率、供应链的智能化等。例如，海尔集团从 2012 年开始探索互联工厂，目前已在冰箱、空调、滚筒洗衣机、热水

器四大产业建成工业4.0示范工厂，打通交互定制、开放研发、数字营销、模块采购、智能生产、智慧物流、智慧服务等业务环节，通过智能化系统使用户持续、深度参与到产品设计研发、生产制造、物流配送、迭代升级等环节中，满足用户的个性化定制需求。

6.4 区块链推动新一轮产业变革

6.4.1 区块链发展与治理并进

区块链（Blockchain）是分布式数据存储、点对点传输、共识机制、加密算法等计算机技术的新型应用模式。目前，全球主要国家都在加快布局区块链技术发展。我国在区块链领域拥有良好基础，要加快推动区块链技术和产业创新发展，积极推进区块链和经济社会融合发展。

1. 推动区块链安全有序发展

区块链行业迎来政策机遇期。2016年12月，国务院印发《“十三五”国家信息化规划》，首次将区块链划入新技术范畴并进行总体布局，标志着我国开始推动区块链技术和应用发展，区块链上升为国家战略。目前，全国多个省市相继出台支持和鼓励区块链产业发展的相关政策，大力推动区块链创新形成产业高地，开拓区块链发展空间。其中，北京、上海、广东成为出台区块链相关政策最为集中的地区；深圳、杭州、贵阳、赣州等地方政府积极建立区块链发展专区，并给予资金扶持；其他地区也纷纷将区块链纳入重点产业，通过成立区块链实验地、研究院等促进区块链技术和产业发展。围绕区块链的一系列战略计划、优惠政策的出台，为区块链的发展提供了良好的环境。

区块链行业监管逐渐完善。近年来，区块链技术蓬勃发展的初期也出现了一些“乱象”，给经济、金融和社会秩序带来困扰。当前，区块链行业处于由乱到治的关键阶段，政府在促发展的同时也要推进监管工作有效开展。2017年9月，中国人民银行、中央网信办、工业和信息化部等联合发布《关于防范代币发行融资风险的公告》，明确指出，通过首次代币发行（ICO）进行融资的活动大量涌现，投机炒作盛行，涉嫌从事非法金融活动，严重扰乱了经济金融秩序。此后，在各级政府、社会舆论及众多业界有识之士的共同努力之下，区块链行业的负面效应逐步得到遏制，出现了一些积极变化，“专注技术落地，服务实体经济”正越来越成为业内人士的共识。2019年2月，国家网信办发布的《区块链信息服务管理规定》正式实施，旨在明确区块链信息服务提供者的信息安全管理责任，规范和促进区块链技术及相关服务健康发展，规避区块链信息服务安全风险，为区块链信息服务的提供、使用、管理等提供有效的法律依据。这一管理规定的正式出台意味着我国对于区块链信息服务的监管时代正式来临，需要联合社会各界的力量，共同强化区块链行业积极向好的发展态势。

2. 商业社会信任问题亟待解决

低成本、安全高效地解决社会信任问题需要区块链技术。传统的商业和盈利模式都是中心化的，特别是互联网和移动互联网技术的成熟与普及，使各类中心化或者中介化的互联网信息交互平台呈暴发式增长，同时各种商业模式创新也层出不穷，但绝大多数互联网商业模式的本质都是“利用信息不对称实现商业盈利”。由资本、权力垄断所造成的信息遮蔽、信息不对称，加剧了整个社会的不信任感，给社会的和谐健康发展造成了危害。传统社会治理模式包括民众自我管理和法定机构管理，但这两种方式都无法完全解决底层信任架构问题，且治理成本相对较高。区块链本质上是期望通过分布式方式构建的可信机制，重新构建整个社会的信任关系。区块链能够促使传统的人与人之间的信任模式转变为对机器的信任。借助区块链，可以打造一个点对点、低成本的安全高效通道。同时，整个社会的治理模式，也可以从传统的信息技术辅助的模式转变成为基于规则的法制模式，最终实现个人和机构的商业、社会信用数据跨行业融合，重构社会信用体系，助力社会健康发展。

6.4.2　区块链技术研发持续加速

1. 区块链专利数量增长显著

我国区块链专利量增速领先，与金融相关的专利仍是热点。技术创新是区块链行业深入发展的核心驱动力，在国家政策的大力支持下，我国区块链行业的技术创新显著加速。目前，在全球公开区块链专利中，我国占比超过半数，居全球第一，增速高于美国[①]。在研究热点方面，支付体系结构、方案、协议[②]等成为区块链的重点研发领域，其他重点领域还包括用于行政、管理、监督等目的的数据处理系统与方法等。另外，高价值专利的主要研究方向为区块链在金融交易中的应用、基于区块链的证书发布及认证、用户身份管理和区块链基础技术研究。总体来看，目前区块链领域的专利申请比较分散，没有申请者在某个领域中占据绝对主导地位，也从另一个角度看出，

① 来源：中国信息通信研究院《区块链白皮书（2019）》。

② 根据 IPC 国际专利分类，专门适用于行政、商业、金融、管理、监督或预测目的的数据处理系统或方法为 G06Q，其中支付体系结构、方案、协议为 G06Q-020/00。

全球区块链仍然处于研发初期，技术并不成熟，区块链技术领域内还没有能够垄断技术的“巨鳄”，在这一领域中竞争者也都有机会取得突破。此外，从专利申请者整体来看，目前所占比例较高的主要为企业，这一点符合区块链技术的商业应用价值，未来还应加强企业资本与高校等研究机构研发能力的结合，来提高我国区块链技术的研究速度和实力。

2. 区块链技术体系持续演进升级

多链协同、分模块管理等成为区块链技术发展的新趋势。随着区块链系统存储总量的不断增加，区块链存储及节点的可扩展性问题逐渐凸显，其主要解决方法是通过弱化区块链的可追溯性来降低单链的存储负担，如归档功能通过删除部分冷数据来减少存储量，或是通过多链协同和跨链互操作实现区块链系统的可扩展，如同构多链和异构多链。其中，多链协同成为主要发展方向。智能合约不再仅仅作为区块链系统的一个技术组件，而是日益成为独立的新技术。智能合约的治理模式逐渐改善并被业内接受，公平治理成为新趋势。随着区块链系统中各个模块的不断发展，区块链技术架构的模块化程度也变得越来越高。DeVops[①]的运维理念被引入区块链，多种成熟的运维工具开始被用于区块链。

区块链与其他信息技术结合更紧密，新型区块链技术实现形式逐渐成熟。无论是从国内外发展趋势，还是从区块链技术发展演进路径来看，区块链技术和应用的发展需要云计算、大数据、物联网等新一代信息技术作为基础设施支撑，同时其对推动新一代信息技术产业发展具有重要的促进作用。区块链即服务（Blockchain as a Service，BaaS）是指利用区块链产生的数据，提供基于区块链的搜索查询、任务提交等一系列操作服务。作为一种新的系统交付形态，BaaS 系统可分为管理平台和运行态两个部分。与原有部署模式相比，其在系统扩展性、易用性、安全性、运维管理等方面有很大优势。BaaS 把云计算与区块链结合起来，采用容器、微服务及可伸缩的分布式云存储技术等创新方案，有助于简化区块链的开发、部署及运维，降低区块链应用门槛，提高应用灵活性。BaaS 由微软、IBM 最早提出，我国的 BAT 等企业也纷纷加速布局，各大主流云厂商和区块链技术公司也陆续推出了 BaaS 服务。例如，百度发布的度小满金融区块链开放平台着眼于金融领域的企业区块链构建服务；阿里云 BaaS 平台主要面向企业级客户，为客户搭建商品溯源、数据资产交易等 14 个应用场景中的信任基础设施，从而推动开发者生态的发展；腾讯推出的 BaaS 平台的

---

① DevOps：Development 和 Operations 的组合词，是一组过程、方法与系统的统称，用于促进开发（应用程序/软件工程）、技术运营和质量保障（QA）部门之间的沟通、协作与整合。

定位则是“以信息服务方的角色全面向合作伙伴开放”。

6.4.3　区块链产业发展潜力巨大

近年来，我国区块链领域私募股权投资多数投向挖矿、钱包、虚拟货币、基础设施、底层技术、交易所、相关服务、区块链应用 8 个领域，我国区块链产业链可谓基本成型。目前，全球主要国家都在加快布局区块链技术发展。我国在区块链领域拥有良好基础，要加快推动区块链技术和产业创新发展，积极推进区块链和经济社会融合发展。

1. 区块链投融资进入冷静期

区块链投融资规模呈现下降态势。2017—2018 年是区块链产业投融资最活跃的时期；进入 2019 年，整个互联网投融资市场活跃度低位运行，资本环境趋紧态势明显，区块链投融资交易热度也有所下降；2020 年，我国区块链产业领域投融资更是低迷，全年仅发生 81 笔融资事件，公开披露的具体融资总额为 11.12 亿元，相较于 2019 年，融资数量、金额分别下降了 54%、57%，美国同期融资数量为我国的 2.57 倍。由此可见，区块链作为新兴技术，实现大规模应用为时尚早，相关行业的规模依旧较小，难以给投资者带来信心。党的十八大以来，我国成立区块链相关的行业协会/联盟近 20 个，中国区块链应用研究中心、全球区块链理事会（GBBC）中国中心、中关村区块链产业联盟、中国电子学会区块链分会、可信区块链联盟等一大批区块链专业组织为行业机构和不同背景的人员提供了专业领域的交流及合作平台，将对我国区块链行业的长期、健康发展发挥极为有益的作用。

2. 区块链优势企业竞争加剧

区块链产业链发展迅速。从产业链来看，我国区块链行业包括上游硬件、技术及基础设施，中游区块链应用及技术服务，下游区块链应用领域等环节。上游硬件、技术及基础设施主要是提供区块链应用所必备的硬件、技术及基础设施支持，其中硬件设备包括矿机、矿池、芯片等；通用技术包括分布式存储、去中心化交易、数据服务、分布式计算等相关技术。中游区块链应用及技术服务包括基础平台建设和技术服务支持，其中基础平台建设分为通用基础链和垂直领域基础链；技术服务支持包括技术支持和服务支持，技术支持与上游相关技术类似，负责为购买者提供区块链安全防护等一系列基于区块链产品的技术支持，服务支持包括提供数字资产交易场所、数字资产存储、媒体社区等系列服务。下游区块链应用领域包括应用区块链技术与现有行业的结合，主要包括金融行业、物流行业、版权保护、医疗健康、工业能源等众多领域。

区块链作为新兴技术，下游应用领域众多，发展潜力巨大。

龙头企业占据显著优势。从各环节企业上看，区块链产业链上游的基础技术企业和硬件芯片企业同步发展，市场竞争格局正逐步成型。由于行业存在一定的技术壁垒，市场需求将不断向能提供优质产品的企业集中，“头部效应”愈发凸显。中游区块链平台及服务竞争较为激烈，目前至少已有数十个通用基础链平台项目，该领域已经极度拥挤，目前该领域“头部效应”已经开始出现，预计短期之内竞争还会加剧，市场占有率靠前的有以太坊、EOS、卡尔达诺等老牌企业。在下游环节，区域链垂直应用才刚刚开始，各领域龙头企业结合自身优势，将传统模式与区块链技术相结合，创造出适用于本行业的新型模式，如京东的物流区块链、美国 Overstock 区块链平台的证券资产化等。

6.4.4 区块链应用范围逐步扩展

得益于区块链技术的持续创新，以及我国庞大的互联网消费群体，区块链应用已延伸到数字金融、物联网、智能制造、供应链管理、数字资产交易等多个领域，呈现出多元、广泛、积极、活跃的特点。

1. 区块链进入应用扩展阶段

总体来看，区块链发展正在经历一个从可编程货币、可编程金融到可编程社会的演化过程，其发展阶段可以根据应用范围的三次扩展而划分。**一是区块链 1.0——以比特币为代表的虚拟货币**。从 2009 年开始，比特币兴起，区块链技术也伴随比特币的产生而产生，其最初应用完全聚焦在数字货币上。区块链构建了一种全新的数字支付系统，随时随地进行货币交易、毫无障碍的跨国支付及低成本运营的去中心化体系强烈地冲击了传统金融体系。**二是区块链 2.0——灵活的、可编程的智能合约**。受数字货币的影响，人们开始将区块链技术的应用范围从单一的货币领域扩大到涉及合约功能的其他金融领域，并基于区块链技术可编程的特点，尝试将“智能合约”的理念加入区块链中，形成了可编程金融。2015 年 7 月，新型公有区块链以太坊正式上线，成为区块链 2.0 发展的代表。**三是区块链 3.0——将区块链扩展到其他领域**。随着区块链技术的进一步发展，其去中心化功能及数据防伪功能在其他领域逐步受到重视。人们开始认识到区块链的应用可以扩展到任何有需求的领域。2018 年，开始进入区块链 3.0 阶段，如何从技术上、性能上支持大规模的商业应用成为待解决的主要问题，利用区块链颠覆互联网的最底层协议，并结合物联网等其他新兴技术，为公证、仲裁、审计、域名、物流、医疗、邮件、鉴证、投票等其他领域带来变革，让整个社会进入智能互联网时代。

2. 区块链赋能传统金融行业

区块链使跨境支付成本大幅缩减。金融机构特别是跨境金融机构间的对账、结算、清算的成本较高，涉及很多手工流程，不仅使用户端和金融机构后台业务端等产生高昂的费用，也使小额支付业务难以开展。目前，主要国家都实现了高效的境内银行间的支付清算。例如，中国人民银行自主开发的中国现代化支付系统（CNAPS）能够高效、安全、快捷地处理银行的各种支付业务，但是跨境支付业务目前还存在耗时长（2 到 3 个工作日）、费用高（平均 30～40 美元/笔）等问题。目前全球跨境支付主要通过环球银行金融电信协会（SWIFT）进行。SWIFT 采取代理银行制度，在 200 多个国家和地区设有代理银行，代理银行之间互相开户。汇款的时候，付款方通过付款国银行—付款国代理银行—收款国代理银行—收款国银行，实现向收款方汇款。这个制度解决了付款行和收款行之间没有直接商业关系的问题，但中间环节多导致汇款时间长、手续费高昂。据埃森哲统计，全球每年通过银行进行的跨境支付规模达 25 万亿～30 万亿美元，全年总交易次数 100 亿～150 亿笔，每笔交易需缴纳费用 30～40 美元。2020 年，全球跨境支付市场规模约为 2 万亿美元，而其主要成本是代理银行账户的流动性成本（34%，这些资金可以用于收益更高的地方）、外汇操作成本（15%）和合规成本（13%）[①]。通过区块链技术，理论上可以压缩 90%～95%的成本。区块链技术的应用有助于降低金融机构间的对账成本及争议解决的成本，显著提高支付业务的处理效率。另外，区块链技术为支付领域带来的成本和效率优势，使金融机构能更好地处理以往因成本过高而被视为不现实的小额跨境支付，有助于实现普惠金融。

区块链助力电子票据业务健康发展。区块链电子票据与传统电子票据的区别在于其具有分布式存放、可追溯的优势。每个相关方都将接入分布式账本，税务局、开票方、报销方多方参与、共同记账。从领票、开票到流转、入账、报销，全环节流转状态完整可追溯，解决了各主体间的信任问题。区块链票据系统由主节点和轻节点组成，只有税务机关、社保部门等主节点才有全量数据，其他节点只能查看与自身有关的信息。开票方通过数据实时上链和智能合约实现发票自动配额，免除了发票领用、抄税上传等手续，实现按需开票，避免了因周期性申领票据造成的人工消耗。收票方采购过程中的订单、物流、资金流等信息被写入区块链，其可随时在本地节点查询支付行为并知悉相关交易细节，来检验发票真伪，提高了财务运行效率。税务局等监管部门通过对发票的开具、流通、报销等环节的实时监控和相关交易信息的掌握，保证了发票的真实性，杜绝了偷税漏税问题；另外，通过智能合约，实现了限额调整等功能的

① 来源：IBM、麦肯锡和万向区块链。

自动化，让税务局对发票的监管更加精细。

区块链破除征信系统信息孤岛问题。征信系统能对个人或企业在信用活动中产生的数据进行及时、准确、全面的记录。征信和金融风控有着紧密联系，包括贷前防控、反欺诈服务、信用决策、贷后行为预警等。当前，征信业信息孤岛问题严重，主要是出于保护隐私的顾虑及传统技术架构的局限性，各机构没有积极进行数据交换共享。在金融行业，信贷机构、消费金融公司、电商金融公司等机构的海量信用数据尚未发挥应有价值；在金融行业之外，信用信息割裂在法院、政府部门、电信运营商等机构手中。为解决信息孤岛问题，可搭建征信数据共享交易平台，加速信用数据的存储、转让和交易，使参与交易方的风险和成本最小化。平台主要的共享交易模式有两种：一是征信机构之间共享部分用户信用数据；二是征信机构从其他机构处获取用户信用数据，并形成相应信用产品。在此基础上，区块链为金融监管机构提供了一致且易于审计的数据，通过对机构间区块链的数据分析，能够比传统审计流程更快、更精确地监管金融业务。例如，在反洗钱场景中，每个账号的余额和交易记录都是可追踪的，任意一笔交易的任何一个环节都不会脱离监管视线，这将极大提高反洗钱的效率。

3. 区块链助力政务民生服务领域

区块链促进政务民生服务开放透明。在政府治理领域，区块链是打造透明廉政政府，实现“数据多跑路，百姓少跑路”智慧政务的有效途径。2018 年 7 月，国务院出台《关于加快推进全国一体化在线政务服务平台建设的指导意见》，指出要在 2022 年年底前，全面建成全国一体化在线政务服务平台，实现“一网办”。区块链技术可以大力推动政府数据更加开放、透明，促进跨部门的数据交换和共享，推进大数据在政府治理、公共服务、社会治理、宏观调控、市场监管和城市管理等领域的应用，实现公共服务多元化、政府治理透明化、城市管理精细化。作为我国区块链落地的重点示范高地，政务民生服务领域的相关应用落地集中开始于 2018 年，多个地区将区块链写进政策规划，积极进行应用探索。在政务方面，主要应用于政府数据共享、互联网金融监管、电子发票等；在民生服务方面，主要应用于精准扶贫、个人数据服务、医疗健康数据服务、智慧出行、社会公益服务等。在网络公益领域，区块链技术也大有可为。例如，蚂蚁金服搭建公益平台为听障儿童筹集善款，利用区块链技术限制相关数据访问、修改和删除权限，并支持数据溯源，促进社会公益活动更加开放、透明。

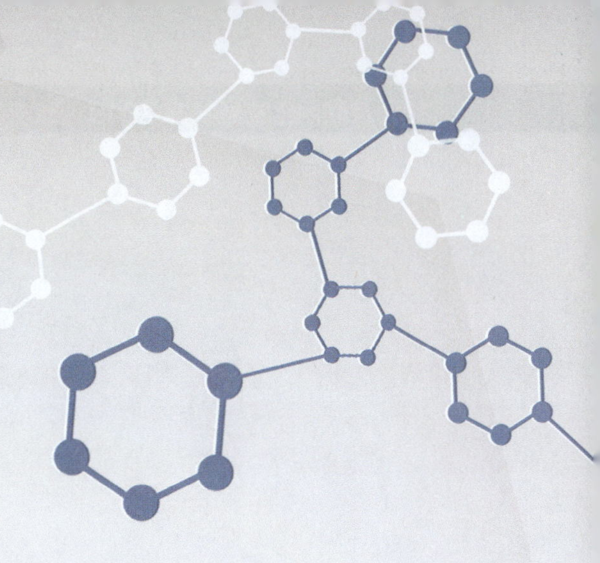

第7章

中国互联网基础资源发展状况

摘　要：作为数字经济发展的重要基石，我国互联网基础资源领域技术、应用和产业的发展有力保障和推动了我国数字经济的发展。过去的几年，我国互联网基础资源在基础设施建设、核心技术突破、互联网治理方面取得一系列成果，如2019年提出全联网标识解析框架，发布新型域名解析架构；我国互联网基础资源保有量稳步提升，“.cn”域名保有量连续三年在国家和地区域名中保持全球第一，IPv6地址数量位居全球前列；互联网基础资源技术体系不断发展完善，国家顶级域名发展水平稳健提升；国家互联网基础资源大数据（服务）平台建设稳步推进。与此同时，卫星互联网、量子网络等为互联网基础资源领域带来转型发展的新机遇与新挑战。防范风险和把握机遇都迫切需要互联网基础资源行业加强协作、形成合力，在核心技术领域持续攻坚克难，大力推进国家域名稳健发展，加快推进IPv6规模化部署，推动基础平台与网络发展不断突破，共同筑牢互联网发展根基，从而推动我国互联网持续稳步发展。

关键词：域名；IPv6地址；新型域名解析架构；卫星互联网；量子网络

作为互联网重要的基础资源，域名、IP 地址及其服务系统是支撑互联网运转、推动数字经济发展的基础。随着新一轮科技革命的不断深入，大数据、区块链、人工智能等新技术正驱动网络空间向万物互联演进，互联网基础资源领域面临变革。本章从全联网标识解析架构、域名、IPv6、新型域名解析架构、卫星互联网、量子网络、边缘计算等多个维度、多个方面出发，深入阐述互联网基础资源领域的重点技术和应用情况，为业界了解互联网基础资源发展状况提供借鉴。

7.1　基础资源建设成果显著

7.1.1　全联网标识解析体系加快成型[①]

物联网发展进入新时期，即“全球物联网（简称全联网）”时期。标识解析是全联网的基础性功能服务，是这一复杂超巨系统需要优先思考布局的核心问题和难点。研究者提出了一种面向全联网标识解析的新型架构，旨在实现全联网标识解析环节数据无障碍获取，为全要素、各环节信息互通打下基础。

1. 主流标识解析架构

从全联网协议体系考虑，需要三种标识：一是服务标识，用来标识全联网各类智能应用和上层服务；二是通信标识，基于通信标识实现海量标识端对端高效安全的互联互通；三是对象标识，标识异构的物理和虚拟对象，进行高效安全的设备管理和灵活敏捷的信息整合。

在当前互联网、物联网中，已存在多种异构的标识解析体系及服务系统，以实现不同应用环境中的服务、通信和对象的标识注册和解析服务。主流的标识解析技术与系统有域名系统（DNS）、对象标识符（OID）、产品电子代码（EPC）、实体码（Ecode）、泛在识别码（ucode）和 Handle 等。其中，OID、EPC、Ecode 及 Handle 主要面向物联网需求，现已逐渐在工业互联网等领域推广应用；DNS 仍主要应用于互联网域名标识，但同时也承载 OID、EPC 等解析系统的部分寻址功能。然而，主流标识解析架构存在不足，主要表现在以下五个方面：一是 DNS、Handle、Ecode 和 ucode 等自成体系，异构人、机、物标识体系兼容互通较差，不同标识体系之间兼容互通存在技术、政策等诸多障碍；二是 DNS、Handle 和 Ecode 等标识申请、配置和信息变更效率低，无法满足全联网高效实时标识解析场景下的服务要求；三是 DNS、Handle、Ecode 和 ucode 等标识技术系统的安全保障和服务能力也参差不齐，Handle、Ecode 和 ucode 等尚未形成完善的安全保障和大规模服务能力；四是当前的泛在标识管理和推进组织种类繁多，且各自为政（需要更加公平的治理体系），各标准组织（如 ISO、ITU、IETF、IEC 等）都在全力推动不同的标识体系，竞争大于合作；五是当前的标识技术和体系大多针对特定应用场景，缺乏对共性需求的考虑，对高效率、移动性、智能化和兼容互通等方面的需求考虑不足。

---

① 曾宇，李洪涛，王志洋，杨琪，胡卫宏，张海阔. 面向全联网的标识解析[C] //曾宇，胡安磊，李洪涛，等. 互联网基础资源技术与应用发展态势（2019-2020）[M]. 北京：机械工业出版社，2020：3-18.

2. 打造全联网标识解析新架构

异构标识林立的局面阻碍了全联网的信息交互和应用融合，因此急需建立统一的标识解析体系，全面提升全联网内各场景的信息交互水平，推动全联网应用的跨企业、跨行业和跨区域发展。DNS 具有相对完善的协议体系和基础设施，全联网标识解析可以依托 DNS 技术架构，同步考虑多种异构标识兼容的问题；同时，基于区块链技术，解决类似 DNS 根区数据管理存在的单边管理和管理封闭等问题。基于全联网标识解析体系的设计需求，研究者提出了一种面向全联网标识解析的新型服务架构。

全联网标识解析服务架构由三层组成：接入层、转换层和标识根服务层，安全防护体系贯穿整个架构。当应用发起标识解析请求后，转换层接受解析请求，向全联网标识根服务层发起根解析/映射查询，标识根服务层返回根解析/标识前缀映射信息；转换层向接入层对应适配器发起解析请求；接入层进行解析查询，得到解析查询结果；转换层将解析结果进行协议转换，将解析结果返回给全联网应用。在具体实现中，缓存热点标识解析信息、不同标识前缀的映射信息，可有效减少解析步骤，提升解析效率。架构提供了一个统一的服务接口，兼容目前主流标识解析体系，可以实现标识层面的统一和互联互通，并在高效递归解析、标识智能识别、日志数据挖掘等方面开展了创新研究。

7.1.2 域名资源运行服务水平提升①

域名是互联网基础资源中重要的组成部分，域名系统是互联网关键的基础设施。近年来，域名系统传统业务与新业务高速发展，域名注册总量持续攀升。当前，我国国家顶级域名在整个域名体系中占有关键地位，但一些关键技术仍处于初级发展阶段，我国应进一步把握域名技术发展趋势，积极促进域名体系健康发展，推动我国域名资源的国际化进程。

1. 域名资源发展应用持续深化

我国在全球顶级域名注册市场版图中占据重要地位。Verisign 数据显示，截至 2020 年第四季度，全球域名注册总量约 3.67 亿个，较 2019 年同期全球域名注册总量增长 1.1%（如图 7-1 所示）。全球顶级域名可简单分为以下 3 类：通用顶级域名（gTLD），国家和地区顶级域名（ccTLD）和新通用顶级域名（New gTLD）。顶级域名注册总量

---

① 张跃冬，张明凯，冷峰.全球域名运行态势和技术发展趋势[C] //曾宇，胡安磊，李洪涛，等.互联网基础资源技术与应用发展态势（2019-2020）[M]. 北京：机械工业出版社，2020：19-34.

全球 TOP10 中，包括 3 个通用顶级域名（“.com”“.net”和“.org”），6 个国家和地区顶级域名（“.cn”“.de”“.uk”“.nl”“.ru”“.br”），以及 1 个新通用顶级域名“.icu”和近年来增长迅速的顶级域名“.tk”。其中，截至 2020 年 12 月，由 Verisign 管理的“.com”域名以 1.52 亿个的数量稳居第一位。我国的国家和地区顶级域名“.cn”以 0.247 亿个位居第二位，在整个域名体系中占有重要地位。全球国家和地区顶级域名排名中，我国的国家和地区顶级域名“.cn”位居第一位，德国国家和地区顶级域名“.de”排名第二，英国国家和地区顶级域名“.uk”排名第三。值得注意的是，作为托克劳群岛的国家和地区顶级域名，“.tk”域名开放免费域名注册服务，注册量波动较大。由于“.tk”运营主体和运营策略的特殊性，在一些域名保有量统计中，未将“.tk”域名计入国家和地区顶级域名排序。美国政府授权的互联网名称与数字地址分配机构（ICANN）于 2011 年正式批准新通用顶级域名的方案，并于 2013 年正式投入使用。在新通用顶级域名领域，“.icu”“.top”“.xyz”位居域名注册量总量前三位[①]。

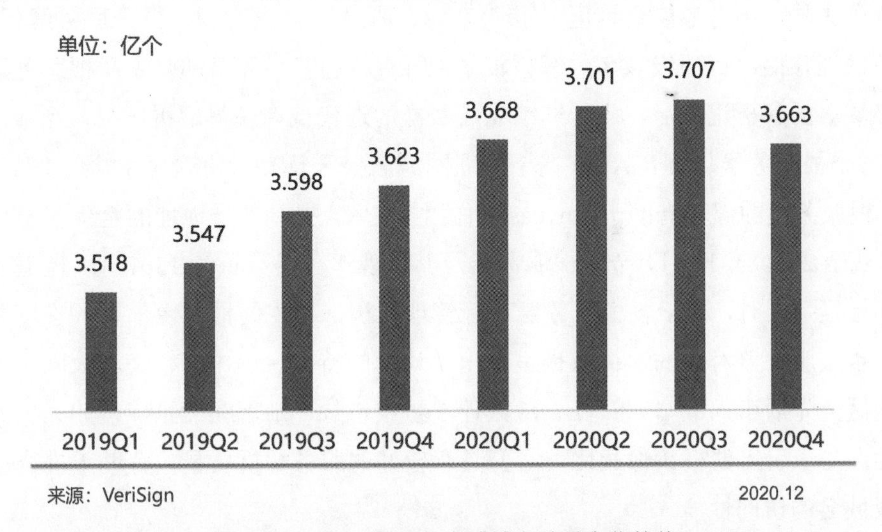

图 7-1　2019—2020 年全球域名总量变化趋势

“.cn”域名数量快速增长。1994 年，我国完成国家顶级域名“.cn”服务器设置。经过多年发展，域名注册数量实现了快速增长。2005 年，“.cn”域名注册保有量突破百万个，用近十五年的时间从籍籍无名攀升至亚洲国家和地区顶级域名第一，世界排名也从十三位上升到第六位；2008 年 7 月，“.cn”域名注册量达 1218.8 万个，成为全球最大的国家和地区顶级域名；2016 年以来，“.cn”域名注册保有量在国家和地区顶级域名中保持全球第一；截至 2020 年 12 月，我国国家和地区顶级域名“.cn”的数量为 1897 万个（如图 7-2 所示）。

① 来源：Verisign《域名行业数据报告》。

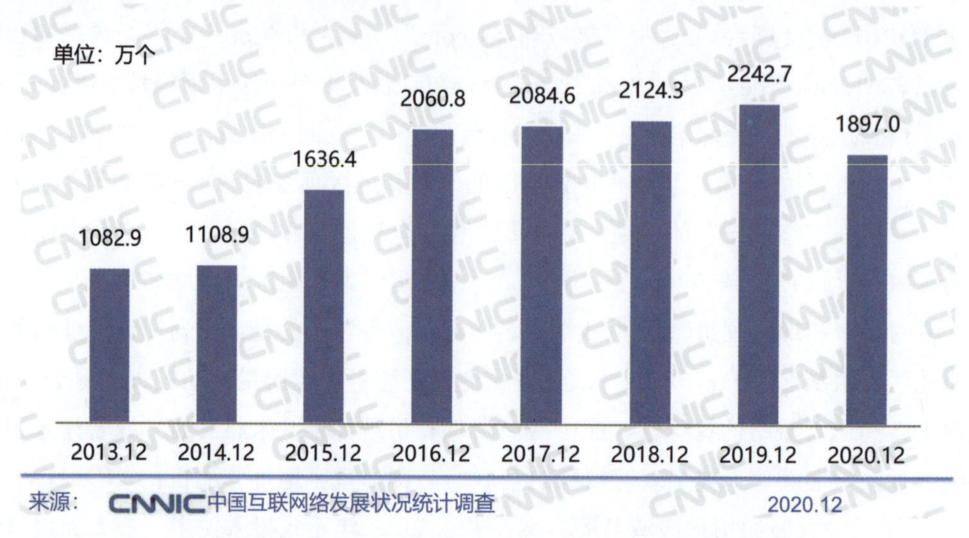

图 7-2　2013 年 12 月至 2020 年 12 月我国“.cn”域名数量

我国大陆（不含港澳台地区）引入 I、J、F、L、K 根镜像，提升服务解析质量。根服务器能存储所有顶级域名的解析记录。所有的递归服务器都要先从根服务器上获得顶级域名的解析记录后，才能继续完成多次的迭代查询获得解析结果。当前，全球共有 13 个根服务器，由 ICANN 授予互联网域名根区及 IP 地址管理机构（PTI）统一管理。根服务器的部署借助于 Anycast（任播）技术，提供唯一地址的全球多节点广播方式。截至 2020 年 12 月，全球根服务器及其镜像服务器数量达 1367 个，覆盖 160 个国家和地区。同时，由于各根服务器运行管理机构针对扩展根镜像部署的态度并不相同，各个根服务器对应的根镜像也呈现出不均衡的特点。近年来，我国大陆（不含港澳台地区）先后引入 I、J、F、L、K 共计 5 组根镜像，部署在北京、杭州、上海、贵阳等地。与未引入的根镜像相比，它们具有较好的服务解析质量，有助于提升国内互联网根域名的访问性能。

丰富的域名资源为网站服务的蓬勃发展提供了土壤。2010 年，国家加大对互联网领域的安全治理，我国网站数减少到 191 万个，年降幅为 41%，但网页数和网页字节数等仍然保持大幅度增长，网页数的年增长率达 78.6%、网页字节数基本保持稳定，网站质量随着“水分”的溢出而得到提升。截至 2020 年 12 月，我国网站①数为 443 万个，较 2019 年年底减少了 10.9%（如图 7-3 所示）。2019 年 5 月至 2019 年 12 月，中央网信办、工业和信息化部、公安部、国家市场监督管理总局联合开展全国范围的互联网网站安全专项整治工作，对未备案或备案信息不准确的网站进行清理，对攻击网站的违法犯罪行为进行严厉打击，对违法违规网站进行处罚和公开曝光。随着网络空

① 我国网站指域名注册者在中国境内的网站。

间的日渐清朗、网络传播秩序的逐步规范，我国网络资源在数量显著增长的同时也实现了质量的不断提升。2020 年 5 月至 2020 年 12 月，为进一步规范网上信息传播秩序，切实维护广大人民群众的切身利益，促使网络空间更加清朗，国家网信办在全国范围内启动为期 8 个月的 2020“清朗”专项行动，包括联合教育部开展涉未成年人网课平台专项整治，依法严厉打击影响青少年身心健康的违法违规信息和行为等。我国网站的网页资源不断丰富，截至 2020 年 12 月，我国网页数达 3155 亿个，页面平均大小为 75KB（如图 7-4 所示）。

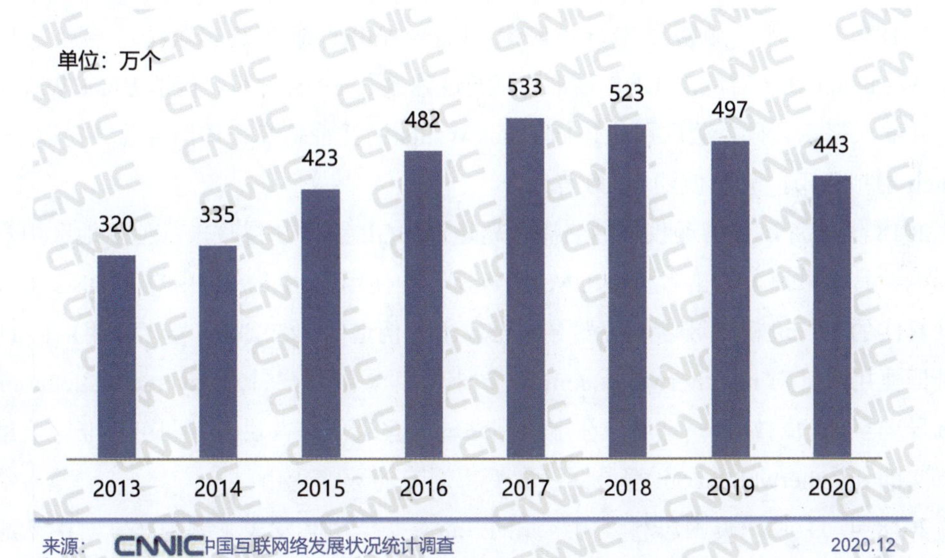

图 7-3　2013 年至 2020 年我国网站数

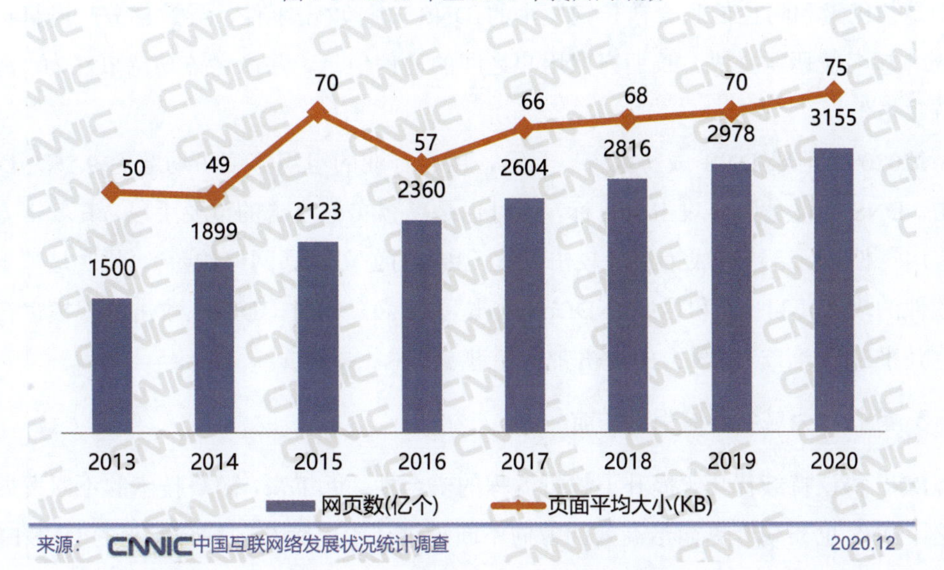

图 7-4　2013 年至 2020 年我国网页数

2. 域名服务安全管控不断加强

域名劫持事件给域名服务安全带来挑战。2018 年以来，整个域名行业发生了多起域名劫持事件，相对于传统 DDoS 攻击的简单粗暴，这类事件则表现出长期且复杂化的发展趋势。攻击者在挖掘域名系统安全漏洞的同时，也注重与其他技术结合，造成了比长期监听用户信息、获取管理权等更严重的攻击后果。

2018 年至 2019 年的域名相关安全事件以 Black Wallet 的 DNS 劫持事件、亚马逊路由劫持事件、海龟攻击事件三起最为典型。

2018 年 1 月，加密数字货币应用 Black Wallet 遭遇黑客攻击，黑客劫持了 BlackWallet.co 域名对应的 DNS 服务器，通过修改其 DNS 解析，伪造 Black Wallet 网站，并嵌入恶意代码，截取用户访问 Black Wallet 的凭证信息。该黑客总计窃取 66 万 Lumen 虚拟货币，总价值约 40 万美元。

2018 年 4 月，亚马逊权威域名服务器遭遇 BGP 路由劫持攻击，使多地区用户受到影响。具体来说，攻击者伪造 DNS 服务器，并使用路由策略将用户的 DNS 查询流量从真实的亚马逊权威域名服务器导向至攻击者伪造的 DNS 服务器，使用虚假的 IP 地址回复用户针对 myetherwallet.com 的查询请求，导致用户针对 myetherwallet.com 的查询导向至虚假网站。一旦用户在虚假网站输入登录信息，攻击者即可获取该信息并在真实的 myetherwallet.com 登录，窃取受害用户的数字货币。

2018 年 11 月，美国思科公司下属的 Talos 安全团队发表了题为《针对中东地区的 DNS 间谍活动》的文章，在该篇文章中详细地介绍了其团队发现的针对中东地区，特别是黎巴嫩和阿拉伯联合酋长国发生的 DNS 劫持攻击事件，导致部分政府机构的“.gov”域名被恶意操纵，长期窃取用户之间的通信信息，并命名该劫持事件为“海龟劫持攻击”。

《2020 年全球 DNS 威胁报告》显示，所有行业的组织年度平均遭受 9.5 次 DNS 攻击。DNS 不仅是黑客攻击的目标，同时也是黑客实施攻击的重要手段，其攻击方式具有广泛性。网络钓鱼成为流行攻击方式（39%的公司遭遇网络钓鱼），其次是基于恶意软件的攻击（34%）和传统的 DDoS 攻击（27%）。同时，DDoS 攻击的规模也在增加，几乎三分之二（64%）的攻击带宽超过 5Gbps。

3. 新技术为域名发展保驾护航

DNS 协议持续优化，提升了解析流程的安全性。近年来，随着技术的不断发展和更迭，DNS 也在朝着更简洁高效的方向不断迈进。由国际社区联合发起的 DNS FLag Day 项目，就是通过社区协作，降低 DNS 服务在查询过程中的复杂性，提升交互效率。该项目自启动以来，计划每年完成一项 DNS 相关协议的优化，2018 年制定的是一项针对 EDNS（扩展 DNS）协议的优化措施，该项优化的主要目的是解决 DNS 服务器之间由于 EDNS 所引起的交互性问题。2019 年，该项目继续开展新一轮优化调整，围绕 DNS 数据包过大的问题展开，要求 DNS 服务器可以支持 TCP，同时服务器需要识别 TC 标志位，并可以执行 TCP 重试机制。DNS FLag Day 项目的持续推动，必将给整个社区发展带来积极有效的转变。

DoH 和 DoT 隐私保护技术有效抵御劫持攻击。DNS 服务器承载用户的查询信息，里面包含很多实际的用户访问信息，如用户访问的网站域名、访问频率及时间等信息，这些信息可以用于大量的商业目的，国内外甚至存在劫持用户 DNS 请求的信息，从而达到“引导”用户的目的，DNS 隐私保护变得越来越重要。在 DNS 技术演进过程中，引入了多个关于隐私保护的措施和方法，但是实际执行情况并没有那么理想，如早年提出的查询数据最小化问题，实际普及率并不高，实际部署率才 3%左右。近年来，DoH 和 DoT 作为两个重量级的隐私保护技术被引入并得到谷歌等企业的线上部署实施。DoH 技术，即 DNS over HTTPS，是安全化的域名解析方案。其增加了数据提取和分析的难度，解决了解析请求被窃听或者被修改的问题（如中间人攻击），从而达到保护用户隐私的目的。DoT 技术，即 DNS over TLS，是通过传输层安全协议（TLS）来加密并打包 DNS 数据的安全协议，旨在防止中间人攻击与控制 DNS 数据，以保护用户隐私。

机器学习技术在 DNS 领域应用前景广阔。机器学习是一门人工智能的科学，在 DNS 领域的应用仍处于起步阶段。2018 年 10 月，在国际域名系统运营分析研究中心（DNS OARC）会议中，新西兰域名管理机构 NZRS 的工程师介绍了如何利用自动化机器学习的工具包（Auto-Sklearn）对“.nz”权威服务器的来源请求进行分析[①]，同时介绍了一种源解析器分类系统，可以根据权威解析对来自权威服务器的流量识别解析器行为，这种技术可以扩展到检测其他模式，如验证解析器等。通过对样本数据进行分析，实现对域名查询来源地址的聚类分析。

区块链技术应用于 DNS 领域有望增强域名安全性。区块链技术是近年来引起广泛关注的去中心化技术。为了最大化消除 DNS 隐私泄露问题，部分研究人员提出利用区块链技术设计去中心化的域名解析架构的思想。去中心化的 DNS 协议要比传统的中心化 DNS 协议更安全，可以有效防止域名劫持攻击、缓存投毒（Cache Poisoning）等安全威胁。根据国外去中心化域名注册商 PeerName 网站记录，当前主流且可面向

---

① 来源：NZRS《关于使用机器学习完成 DNS 数据分析的方法介绍》。

用户提供注册服务的去中心化域名为“.bit”“.coin”及“.eth”等。域名系统从上到下的分布式、去中心化发展是其持续演进的一个重要方向。

7.1.3 IPv6 发展应用全面提速升级①

IP 地址是重要的互联网基础资源，在互联网各系统识别和数据传输中发挥着基础作用。IP 地址包括 IPv4 地址和 IPv6 地址。目前，全球 IPv4 地址资源已经分配殆尽，为有效应对这一问题，一方面，业内研发出 IPv4 网络地址转换技术（Network Address Translation，NAT），实现多用户共享同一地址；另一方面，积极推动 IPv6 地址大规模部署。目前，NAT 技术已被普遍应用，而全球 IPv6 网络也于 2012 年 6 月 6 日正式启动，多家大型网站，如 Google、Facebook 和 Yahoo 等，在当天全球标准时间零点开始永久性支持 IPv6 访问。

1. 推进 IPv6 应用普及成果显著

我国是第 77 个接入互联网的国家，在 IPv4 地址方面长期短缺。作为互联网新兴大国，我国网民规模居世界第一、数字经济规模居世界第二，但我国 IPv4 地址不足，需要在 IP 地址方面拥有与我国网络应用规模相匹配的资源配额，否则将从根本上制约我国互联网的发展速度。我国从 2003 年开始布局下一代互联网，制定了从 2003 到 2020 年三个发展阶段的路线图：2003 年至 2010 年为准备阶段，启动中国下一代互联网示范工程（CNGI 项目）；2011 年至 2015 年为过渡阶段，引导全社会向 IPv6 过渡；2016 年至 2020 年实现 IPv6 的全面普及。

从总体态势来看，我国基本具备部署 IPv6 所需的网络基础设施，IPv6 网络监测工作开始展开，各地方政府也开始出台有关加快落实《推进互联网协议第六版（IPv6）规模部署行动计划》（以下简称《IPv6 行动计划》）的政策文件。在此背景下，IPv6 发展在各方面取得了较大的进展和成效。截至 2020 年 12 月，我国 IPv6 地址数量为 57634 块/32，较 2019 年年底增长了 13.3%。

从政策推进方面来看，“十三五”国家信息化规划中明确提出，到 2018 年，开展 5G 网络技术研发和测试工作，IPv6 得到大规模部署和商用；到 2020 年，5G 完成技术研发测试和商用部署，互联网全面演进升级至 IPv6，未来网络架构和关键技术取得重大突破。《IPv6 行动计划》提出，用 5 到 10 年时间，形成下一代互联网自主技术体系和产业生态，建成全球最大规模的 IPv6 商业应用网络，实现下一代互联网在经济

① 曾宇，李洪涛，董科军，杨卫平. 我国 IPv6 的发展[C] //曾宇，张跃冬，等. 互联网基础资源技术与应用发展态势（2017-2018）[M]. 北京：电子工业出版社，2019：164-192.

社会各领域深度融合应用，成为全球下一代互联网发展的重要主导力量。同时提出，到 2025 年年末，我国 IPv6 网络规模、用户规模、流量规模位居世界第一位，网络、应用、终端全面支持 IPv6，全面完成向下一代互联网的平滑演进升级，形成全球领先的下一代互联网技术产业体系。自《IPv6 行动计划》发布以来，一些部委、省市已出台实施行动计划。例如，2018 年 5 月，工业和信息化部发布了关于贯彻落实《推进互联网协议第六版（IPv6）规模部署行动计划》的通知。2017 年 12 月，全国工业和信息化工作会议在京召开，启动“网络强国建设三年行动”，加快落实 IPv6 规模部署行动计划。2020 年，工业和信息化部发布《2020 年 IPv6 端到端贯通能力提升专项行动的通知》，要求大幅提升云服务平台 IPv6 业务承载能力，扩大数据中心（IDC）IPv6 覆盖范围，实现端到端的 IPv6 应用能力的贯通。

从技术发展方面来看，IPv6 大规模部署的技术条件已成熟，IPv4 应用向 IPv6 应用过渡的解决方案也较为完备，并已开始下一代互联网环境下新型网络体系结构、5G 等新技术融合方面的研究。根据《IPv6 行动计划》，IPv6 技术发展主要涉及与网络基础设施升级、应用基础设施升级、互联网应用服务升级等有关的技术，包括网络安全技术、下一代互联网新型网络体系架构等技术。网络基础设施升级、应用基础设施升级、互联网应用服务升级涉及的技术和系统包括研发适应物联网和车联网等新兴领域的网络应用技术，域名注册解析系统的升级，网间互联与接入网的工程部署，云服务提供商和内容分发网络的升级，地址管理和网络运维系统、网络安全防护与审计系统、认证计费管理与统计分析系统、网络测量仪器仪表等的升级等。下一代互联网新型网络体系结构与关键技术的研究包括基于 IPv6 的网络路由、IPv4 向 IPv6 的网络过渡、智能化故障排查与网络管理、网络与云资源调度、网络功能虚拟化、网络安全和隐私保护等核心技术研发等。在 5G 和 IPv6 融合研究方面，中国移动成功牵头了 5G 系统架构设计，开展基于 IPv6 的移动边缘计算研究等。

从产业促进方面来看，电信运营商、设备厂商、研究机构等正积极研讨制定工作新规划，推进全国 IPv6 部署升级。2018 年 2 月，CNNIC 在京召开 2017 互联网基础资源技术发布会，基于自主建设的国家域名安全监测平台监测数据、收集的 IPv6 地址分配和路由宣告数据、IPv6 AS 号码分配和路由宣告数据、国内网站 IPv6 应用情况数据等，实时测绘了 IPv6 在我国的整体部署和应用情况，并发布了《2017 年 IPv6 地址资源分配及应用情况报告》，呼吁我国网络服务提供商和企业抓住 2018 年我国 IPv6 大规模部署和商用的机遇，及时跟进、及早部署和应用 IPv6，利用 IPv6 更好地支撑我国网络蓬勃发展。电信运营商方面也积极推进网络基础设施 IPv6 升级工程。中国电信全网设备已基本完成 IPv6 升级改造，4G LTE 网络按照 IPv6 标准建设，活跃用户

1100 万人以上，已开通国际出口，IPv6 终端可实现国际国内 IPv6 内容和应用访问；中国移动 VoLTE 用户达到 2 亿人。运营商通过开通骨干网互联互通直联点、开通 IPv6 国际出口、为 LTE 网络提供 IPv6 数据服务等方式，有效推动国内 IPv6 应用发展。截至 2019 年 6 月，13 个骨干网直联点中已全部实现 IPv6 互联互通；累计开通 IPv6 网间互联带宽 6.39Tbps。近期，我国积极推进 SRv6[①]实践，牵头完成了 G-SRv6 技术创新，扫清了 SRv6 部署障碍；中远期，中国移动全面布局空天地一体、确定性网络、算力网络等超前网络技术研究，为 6G 技术发展奠定基础。中国联通积极推动“IPv6+”的场景应用及以 SRv6 为核心的“IPv6+”的相关研究与实践，构建以产业互联网、智能城域网为核心，以云网生态为目标的弹性、智能的一体化云网络。广电行业也在加速 IPv6 落地，加快促进新闻及广播电视、媒体网络、新增的移动和固定终端全面支持 IPv6。在设备厂商方面，华为作为主流网络设备提供商，全面支持端到端网络向 IPv6 演进。在 IP 骨干网方面，华为重点发展 IPv6 的超宽演进能力。华为核心路由器引入容量高达 1T 且全面支持 IPv6 功能的线卡，现已通过三大运营商的入网测试和试点，实现骨干网高效互联互通；华为加速推出 400G 宽带业务网关，支持海量 IPv6 用户的接入；华为现有移动承载设备均已支持 IPv6 功能，同时将支撑运营商现网 IPv4 向 IPv6 的平滑演进，支撑未来 5G 业务的发展。

从应用部署方面来看，IPv6 部署所需的网络基础设施等基本条件已具备，网络监测平台已开展相关工作。但从部署效果上看，网站支持 IPv6 的情况还不理想，一些重要网站还没有起到带头作用，IPv6 用户占比仍存在一定的提升空间。《IPv6 行动计划》中应用部署相关的重点任务主要包括应用基础设施改造、互联网应用服务升级。互联网应用服务升级包括典型互联网应用升级，如政府、中央媒体、中央企业网站升级，特色应用创新等。针对重点任务，一些地区和机构目前处于规划阶段，一部分机构已开始实施。截至 2020 年 12 月，我国 IPv6 互联网活跃用户数达 3.32 亿，占全部互联网网民的比例为 36.8%；IPv6 终端活跃连接数达 12.8 亿，占全部终端数量的比例为 70.7%。[②]随着用户增长，IPv6 流量也大幅增长。

从安全保障方面来看，IPv6 的全面部署可能带来网络安全新挑战，在部署规划中提前布局安全策略，特别是上网实名制安全追溯机制，将更有助于未来网络安全保障工作，实现 IPv4 到 IPv6 的平稳过渡。在网络安全技术方面，IPv6 给网络安全带来了机遇与挑战。在互联网安全协议（Internet Protocol Security，IPsec）方面，IPsec 并非

① SRv6 是一种网络转发技术，其中 SR 是分段路由（Segment Routing）的缩写，v6 则是指 IPv6。

② 来源：国家 IPv6 发展监测平台。

IPv6 的孪生体，IPv6 与 IPv4 相比并不因为 IPsec 而增加新的网络及信息安全风险。IPv6 海量的地址规模提供了上网实名制的基础，海量地址查询变得更加复杂，但是攻击者仍然可以通过 IPv6 前缀信息搜集、隧道地址猜测、虚假路由通告及 DNS 查询等手段搜集到活动主机信息从而发起攻击。另外，虽然 IPsec 并不新增对不良内容监管的威胁，但事实上各种层面上的加密已经成为互联网未来发展的常态，信息安全管理要适应信息加密现状，除技术措施外，在内容管理机制上也要创新。从 IPv4 向 IPv6 过渡将要持续一段时间，过渡与互通方案也会带来新的安全问题，攻击者可以利用过渡协议的安全漏洞来逃避安全监测，实施攻击行为。在关于 IPv6 规模部署的行动计划中，提升网络安全是其中的重要任务，包括升级改造现有网络安全保障系统，提升对 IPv6 地址和网络环境的支持能力；严格落实 IPv6 网络地址编码规划方案，加强 IPv6 地址备案管理，协同推进 IPv6 部署与网络实名制，落实技术接口要求，增强 IPv6 地址精准定位、侦查打击和快速处置能力；开展针对 IPv6 的网络安全等级保护、个人信息保护、风险评估、通报预警、灾难备份及恢复等工作；开展 IPv6 环境下的工业互联网、物联网、云计算、大数据、人工智能等领域网络安全技术、管理及机制等研究工作；强化网络数据安全管理能力及个人信息保护能力，确保网络安全等。

此外，边界网关协议（Border Gateway Protocol，BGP）是互联网中唯一的域间路由协议，对整个互联网的互联互通起着至关重要的作用，但 BGP 协议本身存在很多安全问题，其中影响力最大的是路由劫持攻击。路由劫持攻击轻则导致互联网流量重定向，重则导致整个互联网的瘫痪。此问题既存在于当前 IPv4 地址网络中，也存在于未来的 IPv6 地址网络中。当前，我国并没有规模部署技术手段来避免路由劫持攻击问题，IP 路由管理存在严重的网络安全隐患。在域间路由系统层面，资源公钥基础设施（Resource Public Key Infrastructure，RPKI）服务可以实现对 IP 地址、AS 号码使用授权认证，有助于从根本上解决路由劫持攻击等网络安全问题。该服务遵循互联网国际技术标准组织（IETF）制定的 RPKI 技术协议，是继域名系统安全扩展（DNSSEC）之后，ICANN 在全球范围内重点推广和部署的互联网基础资源安全服务。目前，IETF 已经完成了对 RPKI 核心技术的标准化工作，RPKI 在全球范围的部署工作也正陆续展开。

近年来，我国相关机构积极与 APNIC 完成 RPKI 上下游部署对接，成为全球 RPKI 服务体系的一部分，为国内互联网服务商和企业提供 RPKI 服务。2014 年年初，RPKI 研究团队成功组建，积极推动 RPKI 系列标准制定，相继发布了《RPKI 测试环境搭建技术白皮书》及《BGPsec 测试环境搭建技术白皮书》。2015 年 11 月，我国首个 RPKI Pilot 平台推出，为 RPKI 关键技术的研究和应用部署打下了坚实基础。2017 年，RPKI

验证平台搭建完成，与 APNIC 完成了 RPKI 上下游服务的部署对接，成为全球 RPKI 服务体系中的一部分，并于 2017 年 6 月，在中国 IP 地址分配联盟高峰会议上由官方宣布面向 IP 地址分配联盟会员启动 RPKI 试运营服务。国内互联网服务商和企业获得 RPKI 服务，可以加入 IP 地址分配联盟，成为子节点，由管理和服务机构分配码号资源并签发资源证书，为其互联网码号资源保驾护航。RPKI 试运营服务的启动，标志着我国在互联网基础资源安全技术应用方面再次走在世界前列，为互联网服务安全的稳定运行提供了坚实保障。

RPKI 提供了路由起源认证，为路由系统引入了一套 PKI 体系，为 BGPsec 等相关技术的发展奠定了基础。但相对而言，RPKI 也面临着多种风险和挑战，在应用过程中，应注意部署过程中存在的安全风险，以及运营方面的其他问题。未来，RPKI 技术必将进一步发展，RPKI 应用也将逐渐成熟，使 RPKI 服务体系进一步完善，应用场景逐步增多，促进互联网安全稳定迈向新台阶。

2. IPv6 已进入实质性应用阶段

第一个阶段是 1990—1998 年的问题提出和规划阶段。1990 年 8 月，在加拿大温哥华的 IETF 会议上，研究者提出，按照当时的 IPv4 地址分配速度，现有的 IPv4 地址将在五年内耗尽。该问题引起 IETF 高度重视，随即邀请全球各方共同商讨提出解决方案。IETF 成立了路由和地址工作组来解决这一问题。1992 年，IETF 成立了 IPNG（IP Next Generation）工作组，随后 IPNG 工作组提出了下一代 IP 的推荐版本（IPv6）。1996 年，以研究 IPv6 为目标的虚拟实验网络 6BONE（IPv6 骨干网，IPv6 Backbone）由 IETF 组织建立，并在短短几年时间内扩展到全球 50 多个国家和地区，成为 IPv6 研究者、开发者和实践者的主要平台。自 1996 年起，一系列用于定义 IPv6 的征求修正意见书[①]发表出来。1998 年，IPv6 协议基本确定，RFC2460 作为 IPv6 协议标准正式发布。中国教育和科研计算机网（CERNET）于 1998 年 6 月加入 6BONE，同年 11 月成为其骨干成员。

第二个阶段是 1999—2007 年的研究和技术发展阶段。1999 年以后，IPv6 协议基本成熟，IETF 成立了 IPv6 论坛，以驱动世界范围内的 IPv6 发展。1999 年，互联网架构委员会号召地区性互联网注册管理机构（RIR）开始 IPv6 地址分配工作。同年，APNIC 发布了 IPv6 分配政策，并首次进行 IPv6 地址分配，IPv6 相关标准研究和技术工作持续开展，基于 IPv6 相关技术标准，路由器、操作系统等基础软硬件开发研制工

① A Request for Comments (RFC) is a formal document drafted by the Internet Engineering Task Force (IETF) that describes the specifications for a particular technology.

作陆续开展，并提供对 IPv6 的支持。2003 年，由国家发展和改革委员会主导，中国工程院、科技部、教育部、中科院等八个部委机构联合，启动了 CNGI 项目，并于 2004 年开通了 CNGI 核心网 CNGI-CERNET2（第二代中国教育和科研计算机网）主干网。开通运行以来，已连接了 200 多个大学和科研单位的 IPv6 用户网，支持了我国下一代互联网科学研究、技术试验和应用示范等一大批课题，为我国参与全球范围的下一代互联网及其应用研究提供了很好的开放性试验环境。

第三个阶段是 2008—2011 年的试商用部署启动阶段。 2008 年 2 月，互联网数字分配机构（IANA）为六台根服务器添加 AAAA 记录，正式开启了根服务器的 IPv6 访问，用户可通过纯 IPv6 环境实现域名解析，标志着 IPv6 进入试商用阶段。美国政府认为，IPv6 对于美国互联网经济持续发展具有重要意义。2010 年 9 月，美国商务部下属的国家电信和信息管理局举行 IPv6 专题研讨会，讨论部署 IPv6 对美国互联网经济的重要性，会议要求所有的美国政府机构在 2012 年年底之前把面向公众的网站和服务升级到支持 IPv6（如网站系统、邮件系统、域名系统等）。2011 年 6 月，国际互联网协会联合几家大型公司和组织，举办了世界 IPv6 日，进行全球范围内 24 小时的 IPv6 测试，全球下一代互联网全面进入试商用阶段。美国大型宽带网络服务商康卡斯特于 2011 年开始 IPv6 试验市场部署，美国时代华纳有线电视公司自 2011 年 9 月开始为客户提供 IPv6 测试，美国电话电报公司自 2006 年开始 IPv6 测试工作，并于 2011 年第四季度正式开始为客户提供 IPv6 接入服务。

第四个阶段是 2012 年至今的实质性快速应用阶段。 2012 年 6 月 6 日，国际互联网协会举行了“世界 IPv6 启动纪念日”，全球 IPv6 网络正式启动，标志着全球 IPv6 应用开始加速。2016 年 11 月，互联网架构委员会（IAB）发表声明，建议各标准开发组织的网络标准需完全支持 IPv6；同时，希望 IETF 在新增或扩展协议中不要再考虑对 IPv4 协议的兼容，IETF 未来的协议工作重点在于使用和优化 IPv6。2017 年 7 月，IETF 正式发布作为全标准（Full Internet Standard，编号是 STD86）的 RFC8200，并更新原有 RFC2460 草案标准《Internet Protocol, Version 6（IPv6）Specification》，体现了 IETF 对 IPv6 全面应用推广的积极态度，也表明 IPv6 技术标准在国际上得到了充分的认可。2012 年至 2017 年，全球 IPv6 流量增长了近 20 倍，IPv6 在全球已经进入实质规模应用阶段。近年来，IPv6 部署在全球推进迅速，主要发达国家 IPv6 部署率持续稳步提升，部分发展中国家推进迅速，比利时、美国等国家 IPv6 部署率已超过 50%，Google、Facebook 等全球排名靠前的网站已经全面支持 IPv6。据 APNIC 统计，截至 2020 年 2 月，全球 IPv6 用户数已达 10 亿人。IPv6 用户数量排名前十位的国家/地区，依次是印度、美国、中国、巴西、日本、德国、墨西哥、越南、英国、法国。我国 IPv6 用户数显著增长。一年以来，我国 IPv6 用户数增长了 14.3 倍，全球排名从 2019 年年初的第 66 位跃至全球第 3 位。根据 Google IPv6 用户统计数据，截至 2020 年 2 月 22 日，通过 IPv6 访问 Google 网站的用户比例已上升至 31%左右，相较于 2018 年年初的 25%，提高了 6 个百分点。基于 CDN 服务商 Akamai 的数据显示，2018 年 Akamai 记录的 IPv6 峰值流量为 5Tbps，2019 年 IPv6 峰值流量超过了 10Tbps，2020 年 2 月，IPv6 峰值流量达到了 21Tbps。

IPv6 实质性应用要与新一代信息技术融合发展。随着新一代信息技术的发展，物联网、大数据、云计算、移动互联网、人工智能与 IPv6 日益呈现出融合发展态势。在物联网领域，IPv6 为“万物互联”提供了足够广阔的地址空间，IPv6 的自动配置功能使 IPv6 设备连上网络后可自动获取地址，大幅减少管理成本，从而使物物互联更加高效、简便。在云计算领域，资源虚拟化，特别是主机和网络设备的虚拟化带来了对 IP 地址的大量需求。在当前 IPv4 地址池已经枯竭的现实情况下，IPv6 为云计算发展提供了地址资源保证。在移动互联网领域，由于长期演进技术（Long Term Evolution，LTE）用户永远在线的特性，VoLTE 至少需要两个永久在线的连接，一个用于互联网访问，一个用于语音通信。根据测算，如果中国移动用户全部为 VoLTE 模式，则需要十几亿个 IP 地址，因此 IPv6 是移动互联网发展和持续演进的基础。在大数据和人工智能领域，海量数据的获取和分析离不开“云—管—端”三个方面的紧密配合与协同，IPv6 协议分别通过对云计算、物联网、移动互联网的高效支撑，通过减少地址碎片化提升骨干网运行效率等，实现了对大数据和人工智能的有效支撑。同时，新一代信息技术发展也进一步促进了 IPv6 自身的发展，如通过大数据手段可以方便地获取和分析 IPv6 的部署和应用情况，通过人工智能算法可以更高效和科学地实现 IPv6 地址空间分配。

IPv6 实质性应用要不断提升安全防御能力。攻击者可利用 IPv6 报文的扩展报头（可选且多种）构造包含异常数量扩展头的报文，而防火墙为解析报文将耗费大量资源，从而影响转发性能。在 IPv6 中采用 NDP（邻居发现协议）取代现有 IPv4 中 ARP（地址解析协议），但实现原理基本相同，针对 ARP 的攻击，如地址欺骗和泛洪攻击等在 IPv6 中仍然存在，如发送错误的路由器宣告和重定向消息等引导 IP 流转向等。另外，IPv6 的无状态地址自动分配机制也可能使非授权用户更容易接入和使用网络。此外，IPv6 海量的地址有可能按地址所分类的业务来选路，将带动新的路由体系和新的选路协议的开发，可能会引入新的安全漏洞。在 IPv4 环境下，DDoS 攻击方会利用开放性 DNS 系统来扩大指向受害者系统的网络流量，而对于 IPv4 地址空间的扫描能发现其服务安全隐患，防范 DDoS 攻击。但由于 IPv6 的地址空间过于庞大，利用相同的发现技术将很难解决问题。因此，在 IPv6 大规模部署前，需要进一步提升用户在 IPv6 环境下的安全防范意识，丰富安全防范和诊断工具。运行 IPv6 网络的用户需要确保自身的网络安全工具拥有强大的安全防御能力，从而确保应用的安全。

7.1.4 国家互联网基础资源大数据（服务）平台全面升级

互联网基础资源大数据包括互联网基础资源在注册、解析与应用支撑等各环节中所产生的各类数据（包括但不限于域名注册信息、IP 地址、自治系统号码等），以及相关的互联网物理设施数据与互联网应用数据。随着互联网和移动互联网的飞速发展，基础资源大数据的规模进一步增长，已逐渐成为互联网及相关领域发展不可或缺的重要资源。与此同时，以物联网、机器学习和人工智能等新兴技术为支撑的大数据采集、清洗、管理和分析技术在近年得到了长足的发展，挖掘数据资源价值的技术条件已基本具备。

国家互联网基础资源大数据（服务）平台旨在通过收集、掌握和分析互联网基础资源大数据信息，及时、全面地了解与展示我国互联网基础资源现状，支撑网络基础资源安全与运行情况的综合检测与分析，采用大数据技术，从互联网基础资源视角研究分析我国互联网的运行状况和发展趋势。

1. 平台服务稳定运行

2017 年 7 月，中国互联网络信息中心正式启动了互联网基础资源大数据平台一期的建设。2018 年 9 月，国家互联网基础资源大数据（服务）平台一期在京正式发布。平台一期聚焦互联网基础资源数据的汇聚梳理和研究分析，初步构建形成规范化、体系化和易用化的互联网基础资源数据资产和数据分析应用服务环境，为国家互联网基础资源和互联网发展研究相关业务提供数据和平台支撑。

2020 年 11 月，国家互联网基础资源大数据（服务）平台二期正式上线。平台二期聚焦大规模分布式数据采集架构、大规模分布式数据分析和服务优化三个方面，全面推进系统的升级改造工作，旨在提升数据采集探测能力、数据汇聚能力、数据存储管理能力和数据挖掘分析能力，加大深度学习、知识图谱等前沿技术在互联网基础资源领域中的应用探索和研究力度，不断打造平台在互联网基础资源大数据领域中关键技术成果，为域名业务拓展，互联网基础资源安全态势数据采集与分析，以及互联网发展统计报告相关数据探测分析等一系列应用提供支撑服务。

2. 数据汇聚规模日益扩增

平台通过被动式和主动式两种方式采集数据。被动式数据采集是指对分散在各业务系统中的互联网基础资源独特数据进行梳理、打通、汇聚、整合、清洗及入仓。一是域名注册数据，包括“.cn”域名注册数据和域名注册托管数据。二是域名解析数据，包括每日超过 100 亿条的国家顶级权威域名解析数据和公共递归 DNS 解析数据等。三是 IPv6、IPv4 及 AS 号码相关分配数据。四是托管的根镜像服务器流量数据[①]。五是 1997 年以来历次中国互联网络发展状况统计数据。

经过持续研发与建设，平台二期已初步形成涵盖数据采集、清洗、汇聚、管理、分析、挖掘、安全保障等环节在内的全链条大数据技术能力，数据采集指标包括 38 个大类 74 个小类，每分钟内的数据采集次数和探测次数达到万级水平。

3. 技术能力全面提升

建成互联网基础资源领域大数据全链条技术体系。遵循逐层处理、分块管理的思想，按层次研究设计了数据采集、清洗、处理、挖掘、开放、应用以及管理等模块，构建形成了可定制、可扩展的互联网基础资源大数据平台技术架构，打造了大数据全链条技术体系及能力。

具备大规模数据分析能力和深度学习模型训练能力。建设完成了较大规模数据密集型分析和高性能 GPU 计算分析环境，研发了面向解析关系的域名图嵌入表示分析和基于自注意力机制的域名多重图嵌入表示分析等大规模数据分析挖掘关键技术。同时，平台还针对域名、IP、AS 与 BGP 等互联网基础资源数据实体之间的关系，建立了互联网基础资源知识图谱能力，更好地服务于有害域名检测发现及域名安全态势分析等大数据应用。

7.2 基础资源领域发展新趋势

7.2.1 卫星互联网建设催生新格局

1. 卫星互联网加速建设

国外卫星互联网建设占据优势。2020 年，全球卫星产业规模达 2710 亿美元。从细分领域来看，卫星制造市场规模达 122 亿美元，地球同步轨道卫星制造成本更低、寿命更长、微小卫星创新应用能力提升；卫星发射市场规模达 53 亿美元，发射次数增长、发射能力提升；卫星服务市场规模达 1178 亿美元，通信服务能力提升；地面服

---

① 包括 F 根（北京、杭州）、I 根（北京、沈阳）、J 根（北京）、K 根（北京、贵阳）、L 根（北京、上海、海口）等。

务市场规模达 1353 亿美元，移动连接能力提升，宽带接入、卫星广播、卫星电视等消费市场增长明显[①]。与此同时，国外卫星互联网企业布局整体较早。例如，美国太空探索技术公司（SpaceX）计划发射 4.2 万颗星链卫星，美国亚马逊的 Kuiper 项目投资超过 100 亿美元，计划发射 3236 颗低地球轨道卫星；英国一网（OneWeb）公司计划发射 1980 颗星座卫星。从发射数量来看，截至 2020 年 12 月，SpaceX 共完成 15 次星链发射任务，累计向太空发射 955 颗卫星，其中在轨 894 颗，在轨运行 875 颗[②]，正在为多个国家及地区的用户提供服务，在发射数量、应用运营等方面处于相对领先地位。

我国卫星互联网建设进程加快。2020 年 4 月，卫星互联网被纳入通信网络基础设施范畴。11 月，《中共中央关于制定国民经济和社会发展第十四个五年规划和二〇三五年远景目标的建议》提出强化空天科技等多项空间科技前沿领域，要加快壮大新一代信息技术以及航空航天等产业。在国家政策指引下，多地发布相关产业政策，加速推进卫星互联网建设进程。9 月，我国提交总计 12 992 颗宽带通信卫星的轨道和无线频段使用申请被国际电信联盟（ITU）接收。总体来看，2020 年我国共执行 39 次航天发射任务，在轨运行应用卫星数量超过 300 颗，不断突破通信、推进、能源、运载、射频等方面的关键技术，持续完善卫星互联网应用体系和产业链布局。当前，我国国有企业、科研机构及大学、民营企业均积极参与到卫星互联网的发展之中，加快卫星批量生产进程，提高通信能力和地面设备水平，不断探索市场经营和服务创新模式，为推动我国卫星互联网的发展提供了源源不断的动力。

2. 卫星互联网将带来治理挑战

卫星互联网促使基础资源领域安全等问题更加迫切。当前，全球超过 70%的地理空间，涉及近 30 亿人口未能实现互联网覆盖。从这个角度来看，发展卫星互联网具有高度的战略意义。对传统的卫星管理来说，卫星数量相对较少，且覆盖范围往往面向一些特定区域。然而，卫星互联网的发展所形成的巨型星座，能够面向广域范围提供网络通信服务，具有显著的跨境覆盖和全球互连等特点。这对卫星互联网的监管治理提出了新的挑战。如何更好解决卫星频率资源管理、卫星干扰问题、空间网络安全等问题已经引起各国高度重视。全球急需形成技术、组织、规则多元协同的未来互联网治理格局，从而提供更安全、更高效的互联网基础资源服务。

---

① 数据来源：美国卫星产业协会。

② 数据来源：美国太空探索技术公司（SpaceX）。

7.2.2 量子网络建设激发新变革

1. 量子网络建设有序推进

国外量子网络建设不断深入。近年来，以量子计算、量子通信等为代表的量子科技研究与应用在全球范围内加速发展，各国纷纷加大投入力度，拓宽战略布局。2018年6月，美国白宫国家科技委员会（National Science and Technology Council，NSTC）成立量子信息科学（Quantum Information Science，QIS）子委员会；同年9月，《国家量子信息科学战略概览》将量子信息科学定性为新一代技术革命；同年12月，《国家量子倡议法案》提出用量子技术开发新一代传感器、制造量子计算机、建立全球量子通信系统三大目标。2020年2月，《美国量子网络战略构想》提出建设量子互联网，确保量子信息科学惠及大众，强调尽快实现量子网络的基础技术，为量子纠缠构建重复、交换和路由技术，并计划未来5年研制量子网络的量子路由器、量子交换机、量子中继器、量子存储器、高通量量子信道和洲际天基纠缠分发设备；同年7月，美国能源部宣布将基于其17家国家实验室在全美建立量子骨干互联网。同样，欧洲也十分重视量子网络的研发和规划，从2008年起就陆续发布了多份技术报告，并于2018年正式启动为期十年的“欧洲量子技术旗舰计划”，指出未来3年将推动建设欧洲范围内的量子通信网络，完善和扩展现有数字基础设施，为未来的“量子互联网”远景奠定基础。2020年，欧洲各国均加紧完善量子网络相关战略规划，以加快推进自身量子网络建设进程，相关研发与应用成果层出不穷。

我国量子网络发展取得显著进展。在政策布局方面，我国充分认识到推动量子科技发展的重要性和紧迫性，对量子科技发展进行了系统布局和总体谋划。2020年，《中共中央关于制定国民经济和社会发展第十四个五年规划和二〇三五年远景目标的建议》提出要实施一批具有前瞻性、战略性的国家重大科技项目，将发展重点瞄准了量子信息等前沿领域；科技部、国家发改委等5部门联合印发《加强“从0到1”基础研究工作方案》，将“量子科学”列入“国家科技计划突出支持重要原创方向”；工业和信息化部开展量子保密通信应用评估与产业研究，大力支持和引导量子信息技术国际与国内标准化研究。在研发应用方面，我国量子信息技术创新持续加快，论文和专利数量不断增长；与此同时，在量子通信网络建设和试点应用方面形成较好的基础和积累，相关标准化研究工作稳步开展，产业化探索也正在逐步推进。除科研机构、高等院校在基础研究领域开疆拓土外，越来越多的投资者、创新创业者加入其中，有望激发量子科技在商业化应用方面的潜力和活力，共同推动量子网络的发展。

2. 量子网络将带来颠覆性影响

量子网络生态将颠覆基础资源领域现有体系。未来，量子通信将向大规模组网、远距离传输等方向发展，量子网络将成为一个量子生态系统的平台，促进传感器、计算机和网络以一种全新的方式交换信息资源。例如，量子纠缠为量子计算机提供了巨大的计算能力，是未来量子网络上共享量子信息的重要基础。在量子网络的世界中，虽然仍可基于现有光纤网络进行通信，但现有互联网架构、协议和标准将被极大颠覆，由此推动互联网基础资源领域的变革。与此同时，量子网络的商业化应用将出现变革式创新。例如，美国国际商业机器公司（IBM）、谷歌（Google）等公司正在探索将量子计算机与云服务结合，使开发者能够远程获取量子计算资源。这些商业模式创新将助力企业构建丰富的量子生态，占据竞争优势，对我国相关企业的发展带来影响。此外，量子网络的发展对通信基础设施的安全提出了新的威胁。采用量子技术实施的网络攻击可能绕过信息加密系统，直接攻击这些加密系统的设备，从而破坏信息安全的基石。这可能会对政治、军事、经济和社会安全造成严重影响，对于世界各国来说都是一个重大而紧迫的治理挑战。对此，我们应该高度警惕，提前做好各种应对准备。

7.3　新技术引领行业发展方向

7.3.1　域名解析架构日益优化①

1. 研究新型域名解析架构

为优化现有域名数据管理和解析，基于区块链等新技术构建无中心化、各方参与、平等开放、可监管的新型域名解析系统架构、协议与标准十分重要，如国内相关机构提出的构建基于共治链的新型根域名解析架构。

新型域名解析架构由三个部分组成：（1）在域名数据管理方面，设计提出共治链结构，可实现无中心化、各方参与、内生安全、可监管的新型域名数据管理体系；（2）在根服务器管理方面，基于全球部署的共治根服务，可实现平等开放、高效可扩展、兼容可演进的新型根服务体系，共治链通过链上数据分发节点为共治根提供安全可信的数据支撑；（3）在域名解析方面，通过设计包括共治根和增强递归节点在内的域名解

---

① 曾宇，李洪涛，董科军，延志伟. 基于共治链的共治根新型域名解析架构简介[C] //曾宇，胡安磊，李洪涛，等. 互联网基础资源技术与应用发展态势（2019-2020）[M]. 北京：机械工业出版社，2020：91-97.

析协议，满足高效安全、用户透明、兼容演进等域名解析需求。

新型域名解析架构能有效兼容现有域名解析体系，并在不改变现有权威、递归解析等基础设施运作模式的基础上，适合分阶段逐步部署演进。

1）共识算法

按照顶级域类型的不同，共治链上有两种不同类型的节点：在国家和地区顶级域名体系中，各节点为国家和地区顶级域名管理或者托管机构；在通用顶级域名体系中，各节点为通用顶级域名注册管理或者托管机构。

共识算法的使用是去中心化域名服务的最重要的一个特征，共识算法需确保各节点拥有对各自顶级域（TLD）的自主管理权。因此，需要适合国家和地区顶级域名和通用顶级域名业务逻辑的共识算法，如可采用拜占庭容错的委托权威证明 BFT-DPoA 等共识算法，每个区块生产后立即进行全网广播，区块生产者一边生产下一个区块，同时会接收其他见证人对于上一个区块的确认结果。新区块的生产和旧区块确认接收同时进行。在大部分情况下，交易会在 1 秒之内确认（不可逆），这其中包括了区块生产和要求其他见证人确认的时间。一个区块生产后通过 BFT 协议立刻确认，加快了系统出块速度。此外，随着共治链的广泛部署，也可根据顶级域名更多业务形态需求为不同 TLD 类型定制不同的共识算法，从而形成共治链混合共识体系，以支撑更丰富的 TLD 业务模式。

2）性能保障

针对基于共治链的域名解析性能问题，通过研究高效域名解析算法与机制，可实现高性能、低时延的域名解析，同时保持与现有域名解析系统的兼容。

基于共治链的新型域名解析协议，采用演进部署方案，使共治根节点从 IANA 获取其他未参与共治链的顶级域名数据，保证新型域名解析系统与现有域名解析系统的兼容，同时引入增强递归解析节点。其主要功能如下。

（1）根据域名黑白名单，快速应答用户的域名解析请求，加速递归域名解析。

（2）从共治链中实时获取链上的全局顶级域名数据和域名黑白名单。

（3）针对黑白名单未覆盖的域名解析请求，作为通用递归服务器，迭代查询顶级域名服务器。域名白名单是热点的二、三级权威域名或国家重点保障的关键权威域名，域名黑名单是敏感的二、三级权威域名（如钓鱼网站域名等）。

本架构进一步支持增强的递归解析，设计了增强递归解析节点与数据分发节点、共治根节点等实体的域名数据交换机制，采用 DNS 安全扩展等机制，加强了解析节点之间的安全保障和隐私防护。对于用户的域名解析请求，通过递归服务器查询本地的域名缓存，或者增强递归服务器查询本地的域名缓存、共治链的顶级域名数据和域名黑白名单；如果查询成功，直接返回域名解析请求结果；否则，查询共治根，迭代查询其他权威解析服务器。

此外，该架构通过研究共治链新型域名数据管理协议、共治根服务协议等，可以分阶段实现与现有根区数据的有效补充，进而承载完整的根区服务，达到无缝兼容当前域名解析服务的目标。

2. 激发多维创新活力

在基于区块链的新型域名解析系统架构方面，目前国内外相关研究已经有一定先例和较好进展，但尚缺乏从体系框架层面支撑根区管理的共享共治。据此，研究者提出基于区块链的新型域名解析架构，在技术、效率、监管、兼容等方面都进行了创新。

（1）先进性：基于区块链技术，设计并提出了安全可信、高效存储、无分叉、去中心化的新型域名解析架构，实现了多方共治、平等开放、高效可扩展的共治链根区数据管理技术，以及高效可扩展、兼容可演进的共治根服务机制。

（2）高效性：共治链混合共识算法不仅满足了不同顶级域的业务逻辑，还进一步缓解业务扩展引起的吞吐量瓶颈，提高了系统事务处理性能。共治根服务能有效兼容现有服务体系，在抵御单点失效、大规模 DDoS 攻击等方面，能够满足当前域名根服务安全高效的保障需求。

（3）监管性：基于区块链的共治链去中心化体系架构，既可实现多方共治、安全可监管的根数据管理能力，同时也具备基于域名黑白名单的域名治理等功能。架构基于可信时间服务研发可信时间戳存证技术，通过安全事件记录机制为系统提供可靠的时序与可信存证基础，实现有效监管。

（4）兼容性：基于共治链和共治根的新型域名解析系统能充分兼容当前全球互联网多利益相关方共治格局，基于共治链的共治根架构也能够完全兼容当前域名解析服务体系和域名系统基础设施，并可实现域名体系的平滑演进。

7.3.2　未来网络技术架构迭代演进[①]

互联网基础资源的发展为互联网应用的深化保驾护航。国内外对下一代互联网多样化架构的研究有力地支撑了新型未来网络建设，与基础资源领域积累的大数据技术共同引领了一场网络变革。

---

① 曾宇，李洪涛，杨卫平，董科军. 互联网基础资源重要技术现状和发展态势[C] //曾宇，张跃冬，等. 互联网基础资源技术与应用发展态势（2017-2018）[M]. 北京：电子工业出版社，2019: 1-25.

1. 新技术引领未来网络变革

以大数据为代表的新兴技术正在推动网络走向智能化。互联网基础资源大数据规模不断增长，互联网基础资源大数据采集设施呈现由集中式向分布式演变、数据采集和处理逐渐合一的趋势。

未来，国家互联网基础资源大数据（服务）平台将聚焦于基础设施稳定运行、互联网基础资源业务体系有效管理与开展、互联网基础资源清朗应用发展、互联网基础资源数据融合创新等重点服务对象，不断扩大服务覆盖范围、不断提升服务技术水平并不断优化服务质量，进一步完善互联网基础资源测绘体系，充分参考和借鉴欧洲地区互联网注册网络协调中心（RIPE NCC）、互联网数据分析合作协会（CAIDA）等机构在互联网基础资源分布式探测和采集方面的相关成果，汇聚和分析全球互联网基础资源数据，推动构建全球互联网基础资源基础数据库，为国家域名服务稳定运行、域名安全态势感知等一系列应用提供支撑服务；进一步强化图计算引擎、图数据存储和图学习算法创新等关键技术的研发力度，完善平台的技术体系架构，有力保障我国互联网基础资源全网体系的稳定运行，有力支撑行业主管部门实现对全国域名行业发展的有效监管；有力提升互联网基础资源领域与相关领域的数据融合分析水平，持续构建基于互联网基础资源的大数据应用生态。此外，国家互联网基础资源大数据（服务）平台在海量数据实时处理方面，将采用流式计算框架；在全球分布式节点协同方面，持续优化高可靠消息传递机制，进一步强化内生安全机制设计，从而确保分布式、一体化平台的高效能、高可靠、高安全、高智能。

2. 新架构推动未来网络升级

随着互联网用户和业务规模的不断增长，现有互联网体系结构中存在的一些难以克服的问题也逐渐凸显，包括可扩展性、安全性、移动性、服务质量及绿色节能等[①]。在此背景下，5G 技术和 IPv6 应运而生，一场网络变革——新型未来网络的建构即将发生，全球各国高度重视、加强研究，因为它不仅具有广阔的学术研究空间，而且具有巨大的产业发展价值。“未来网络”是对下一代互联网中的长期演进目标体系的一种称谓，希望以全新技术体系解决当前互联网存在的上述问题，并充分利用人工智能技术打造新型智能网络。从 21 世纪初开始，学术界、产业界已经在未来网络领域开展了众多创新研究项目，如内容中心网络（Content Centric Network，CCN）、软件定义网络（Software Defined Network，SDN）、信息中心网络（Information Centric

① 刘韵洁.未来网络的研究进展与展望[C] //中国信息化蓝皮书：中国信息化形势分析与预测（2014）[M]. 北京：社会科学文献出版社，2014.

Networking，ICN）、未来移动网络（如美国国家科学基金会 2010 年 9 月启动的 Mobility First 项目）、云网络（Cloud Network）、可表述网络等，其中软件定义网络和信息中心网络是目前关注的焦点。

1）软件定义网络

SDN 是新型网络技术的重要代表，是未来网络技术的重要研究方向，最初于 2006 年由美国斯坦福大学 Clean State 课题研究组提出。按照开放网络基金会（Open Networking Foundation，ONF）组织的定义，SDN 是一种数据平面与控制平面分离，并可直接对控制平面编程的新型网络架构。数据平面与控制平面分离将有助于底层网络设施资源的抽象和管理视图的集中，从而以虚拟资源的形式支持上层应用与服务，实现更好的灵活性与可控性。因此，控制功能既不再局限于路由器，又不再局限于只有设备的生产厂商才能够编程和定义。SDN 的本质是逻辑集中、接口开放及可编程的控制平面。SDN 所涉及的关键技术包括交互协议、网络控制器、架构可扩展性等。当前 SDN 研究与部署不仅是网络运营服务商关注和发展的重要方向，还是 ICT 产业变局的催化剂。

2）信息中心网络

ICN 也是未来网络的重要研究方向，主要用于解决用户对海量内容获取的行为模式和基于端到端通信的 TCP/IP 网络架构之间的矛盾。ICN 的研究主要起源于美国和欧盟，其中美国 CCN[①]与命名数据网络（NDN）的研究完全以内容命名进行路由，更好地体现了 ICN 的特征。CCN 和 NDN 作为新型网络体系架构，通过全新的网络组成要素，颠覆了人们对 IP 网络的认识，由内容寻址和路由方式代替传统 IP 地址的寻址和路由方式，其关键技术研究主要包括命名机制、缓存策略、路由与转发机制、传输策略、移动性等。当前 CCN 和 NDN 的研究还处于探索阶段，很多细节问题并没有得到完善，同时也缺乏全新、革命性应用来辅以推进。因此，现有的一些工作机制和流程需要重新设计。随着研究的不断深入，未来有希望给现有的网络模型带来革新变化。

3）其他未来网络模型

移动网络是未来网络模型研究的重要内容，现有 IP 网络设计基于端到端的固定连接，无法解决移动设备和服务动态增加的需求趋势。美国罗格斯大学联合其他 7 所大学共同提出 Mobility First 项目，围绕未来网络的移动性和可靠性，旨在设计一种面

---

① Lee J, Kim D. Proxy-assisted content sharing using content centric networking (CCN) for resource-limited mobile consumer devices[J]. IEEE Transactions on Consumer Electronics, 2011, 57(2)：477-483。

向移动场景、健壮、可信、以移动终端作为主流设备的网络体系架构，提供更为强大的安全和信任机制。该体系架构的基本技术特征包括支持快速的全局命名解析，采用公钥基础设施实现网络设备的验证，核心网络采用扁平地址结构，支持存储—转发的路由方式，支持逐跳分段数据传输，支持可编程移动计算模式等①。

云网络是指通过网络虚拟化和自管理技术，将云计算的技术和思想融合到未来网络的设计之中，促进网络中计算、存储和传输资源按需管理控制的新型网络架构。美国宾夕法尼亚大学联合其他 11 所大学共同提出 Nebula 项目，旨在构建一个可靠、可信的云计算中心网络架构。Nebula 项目确定未来网络由众多高度可用、支持扩展的数据中心相互连接而成，可以利用路径的多样性和弹性，提高对网络故障、网络攻击等问题的应对能力。项目计划通过构建高速核心网络连接各个云计算数据中心，结合冗余高性能链路和高可靠的路由控制软件，实现高可用性。

3. 新发展构筑未来网络技术及产业根基

卫星互联网、量子网络是互联网未来发展的技术基础及产业根基。传统的技术方法已难以满足互联网降低成本、高效率、绿色节能、安全智能等方面的基础要求，更难以满足超高可靠性、超低时延和“空天地海”一体化的全面覆盖等要求。这样一个复杂、高维、异构和拥有海量数据的互联网通信网络必将依靠更加先进的技术体系。卫星互联网作为基于通信卫星的网络系统，具有覆盖范围广、通信容量大、传输延迟低的优点；而量子网络作为基于量子通信技术产生和使用量子资源的新型网络，将带来网络通信技术的跨越式发展。无论是从技术层面还是从产业层面来看，卫星互联网、量子网络都具有广泛的应用空间和应用价值，将成为未来互联网发展的基础。当前，通信网络的技术水平和产业能力已经成为衡量一个国家综合实力和国际竞争力的重要标志，网络通信技术与 5G、人工智能等新一代信息技术融合发展，成为促进数字经济和数字社会高速发展的主要动能。因此，应加快构建互联网基础建设领域的政策生态、技术生态、产业生态，积极鼓励产学研用融合发展，不断加强互联网基础建设领域核心技术突破；加大力度建设我国天基卫星互联网络，突破量子网络基础技术（如量子交换、量子路由、量子计算机等），不断推动卫星互联网和量子网络快速发展；同时，加强互联网基础建设领域的规则交流和标准研究，推动构建尊重网络空间主权、共同参与治理的国际网络空间新格局②。

---

① 黄韬，刘江，霍如，等. 未来网络体系架构研究综述[J]. 通信学报，2014，35（005）：184-197.

② 曾宇：2020 年 9 月 19 日《经济日报》社中国廊坊“2020 数字经济大会”报告。

7.3.3 边缘计算技术应用持续深化[①]

1. 边缘计算由学术走向应用

边缘计算的思想最早起源于 20 世纪 90 年代后期的 CDN。CDN 服务器作为网络视频及 Web 内容等静态网络数据的存储服务器，可有效降低网络内容传递的延迟。自 21 世纪初开始，各类网络应用逐渐迁移到 CDN 平台中，促进了 CDN 功能、性能等的进一步扩展及完善[②]。

近年来，随着网络应用对于网络性能需求的不断提升，网络延时等关键指标的要求日趋严格。例如，物联网技术的发展促进了自动驾驶等物联网应用的推广，自动驾驶需要实时对路况信息做出判断，网络延迟是影响结果精准的重要技术指标，云中心一客户端的工作模式使数据在跨网络传输时产生的网络延迟无法满足此类场景的实际需求[③]。

2009 年，朵云（CloudLet）的概念首次被提及[④]。2013 年，卡内基梅隆大学创建了基于朵云思想的研究项目，探索在靠近终端的位置提供云计算服务，降低网络延迟[⑤]。2014 年，在 IEEE DAC 主题演讲中，边缘计算的一种定义方式被提出，即云之外的所有计算都发生在网络边缘，尤其是在应用程序中需要实时处理的数据[⑥]。相对于传统云计算中心来说，边缘节点更靠近用户，且具有一定的云计算能力。边缘计算在处理对于网络性能要求较高的网络应用时具有明显的性能优势，因此得到了领域内研究人员的重视。同年，在移动互联网领域内，欧洲电信标准协会（ETSI）提出了移动边缘计算（Mobile Edge Computing，MEC）的概念[⑦]，并迅速被业内广泛认同。MEC 通过在基站内为移动设备提供云服务的模式，将云中心计算能力下放到基站附近，在靠近用户

---

① 赵琦，张跃冬，李汉明，冷峰. 边缘计算对互联网基础资源发展的影响分析[C] //曾宇，胡安磊，李洪涛，等. 互联网基础资源技术与应用发展态势（2019-2020）[M]. 北京：机械工业出版社，2020：157-176.

② WIKIPEDIA. 边缘计算。

③ 施巍松，张星洲，王一帆，等. 边缘计算：现状与展望[J]. 计算机研究与发展，2019，56（1）：69-89.

④ Satyanarayanan M, Bahl P, Caceres R, et al. The case for vm-based cloudlets in mobile computing[J]. IEEE pervasive Computing, 2009, 8(4): 14-23.

⑤ Satyanarayanan M, Lewis G, Morris E, et al. The role of cloudlets in hostile environments[J]. IEEE Pervasive Computing, 2013, 12(4): 40-49.

⑥ 来源：Karim Arabi《KEYNOTE: Mobile Computing Opportunities, Challenges and Technology Drivers》。

⑦ 俞一帆，任春明，阮磊峰，等. 移动边缘计算技术发展浅析[J]. 通信世界，2017.

的地方提供位于网络边缘的云服务，从而降低网络延时，取得了良好的应用效果[①]。

此后，边缘计算在各行业内的研究得到迅速发展。2015—2017 年，边缘计算方面的研究不断涌现，在诸如智慧城市、智能家居等物联网应用，5G 通信技术及互联网等应用场景下，研究人员使用边缘计算有效地解决了此类网络应用对于低延时、高网络传输速率的网络性能要求[②]。随着边缘计算的不断发展，其研究范围愈加广泛，涉及应用领域众多。美国韦恩州立大学研究团队在《边缘计算》一书中系统地阐述了边缘计算的技术演进路线和技术优势，列举了边缘计算在物联网、互联网及 5G 网络通信技术等多个领域内的应用场景，并指出了边缘计算在技术、安全等方面所面临的挑战[③]。

2. 边缘计算标准化协同推进

随着边缘计算技术的不断发展，针对边缘计算技术的标准化工作也逐步开展，国内外相关机构陆续推进相关标准的研究制定工作[④]。2015 年，ETSI 发布了边缘计算白皮书[⑤]，其中主要涉及内容为边缘计算的概念、应用场景、平台架构等，并对边缘计算相关标准化内容进行了阐述。2016 年，由华为、中国科学院沈阳自动化研究所、中国信息通信研究院、英特尔、ARM 和软通动力联合成立边缘计算产业联盟（Edge Computing Consortium，ECC）[⑥]，该联盟旨在搭建边缘计算产业合作平台，推动 OT 和 ICT 产业开放协作，孵化行业应用最佳实践，促进边缘计算产业健康与可持续发展，推进边缘计算标准化进程。汽车、通信及云服务等领域内相关公司也组织建立了相应的边缘计算联盟或者协会，致力推动边缘计算标准化发展[⑦]。其后，边缘计算的参考架构 2.0[⑧]、边缘计算参考架构 3.0[⑨]、5G 的边缘计算部署架构[⑩]等一系列具有影响力

---

① Hu Y C, Patel M, Sabella D, et al. Mobile edge computing—A key technology towards 5G[J]. ETSI white paper, 2015, 11(11): 1-16.

② Shi W, Cao J, Zhang Q, et al. Edge computing: Vision and challenges[J]. IEEE internet of things journal, 2016, 3(5): 637-646.

③ 施巍松，刘芳，孙辉，等. 边缘计算. 北京：科学出版社，2018.

④ 吕华章，陈丹，范斌，等. 边缘计算标准化进展与案例分析[J]. 计算机研究与发展，2018，55（3）：487-511.

⑤ 来源：European Telecommunications Standards Institute《Mobile-Edge Computing-Introductory Technical White Paper》。

⑥ 来源：百度百科《边缘计算产业联盟》。

⑦ 宋华振. 边缘计算——走在智能制造的前沿（上）[J]. 自动化博览，2017.

⑧ 边缘计算参考架构 2.0（中）[J]. 自动化博览，2018.

⑨ 来源：边缘计算产业联盟《边缘计算参考架构 3.0》。

⑩ 齐彦丽，周一青，刘玲，等. 融合移动边缘计算的未来 5G 移动通信网络[J]. 计算机研究与发展，2018，55（3）：478-486.

的研究成果被陆续提出。

边缘计算在多个应用领域内都有其应用的价值，因此不同领域内的研究人员都希望针对本领域场景提出相应标准，以促进边缘计算在各个领域的应用与发展。总体而言，边缘计算在各个领域内的应用并未完全成熟，仍在不断探索中。2018 年 12 月，中国电子技术标准化研究院联合阿里云计算有限公司发表《边缘云计算技术及标准化白皮书（2018）》[①]，提出边缘计算标准化的相关建议，以期满足边缘计算与云计算相结合的发展需求。

3. 边缘计算产业化前景广阔

边缘计算的应用与推广离不开产业界的推动。国内外产业界在推动边缘计算的应用中做出了不同程度的努力，其中大多数结合自身业务需求展开相关技术研究，推动边缘计算在不同场景下解决实际问题。我国在边缘计算产业中发挥了重要作用，主要如下。

在物联网领域，华为在边缘计算的落地应用方面走在了国内前列。2016 年以来，华为在电梯物联网、照明物联网、电力物联网等应用场景下，实现了边缘计算的落地应用，在应用场景中成功引入了边缘计算，在降低运维成本、节约能源等方面取得了良好的应用效果[②]。

在通信领域，中国移动的边缘 IaaS 平台 BC-Edge[③]、中国联通的 CUBE-Edge 2.0 边缘业务平台[④]、中国电信的工业互联网平台[⑤]等都推动了边缘计算在通信领域内的落地与进一步发展。2019 年 10 月，工业和信息化部在中国国际信息通信展览会开幕论坛上宣布 5G 商用正式启动。目前，全球电信运营商正在加速推进 5G 建设[⑥]，边缘计算作为 5G 时代的关键技术之一，在 5G 的推广应用中将起到更为关键的作用[⑦]。

在云服务领域，国内大型云服务提供商都提出边缘计算的概念并加以应用。例如，百度云在 2018 年发布的“智能边缘”是国内首个智能边缘产品[⑧]；阿里云的 IOT 边缘

---

① 来源：中国电子技术标准化研究院。

② 来源：华为技术有限公司《华为解决方案》。

③ 程琳琳. 中国移动成立边缘计算开放实验室，34 家合作伙伴已入驻[J]. 通信世界，787（29）：14.

④ 范卉青. 赋能数字化转型，中国联通积极探索边缘计算[J]. 通信世界，803（11）：26-28.

⑤ 袁守正，姚磊，周骏，等. 中国电信工业互联网平台“边缘计算引擎”设计及实现[J]. 电信技术，541（04）：67-73.

⑥ 刁兴玲. 沈磊：2019 年成 5G 元年，高通加速 5G 商用步伐[J]. 通信世界，2019，806（14）：41.

⑦ 马洪源，肖子玉，卜忠贵，等. 5G 边缘计算技术及应用展望[J]. 电信科学，2019（6）：114-123.

⑧ 来源：百度云计算技术（北京）有限公司《智能边缘》。

计算产品 Link Edge 成功实现了“云-边缘-端”的一体化协同计算[①]；腾讯云推出了物联网边缘计算平台 IECP 等[②]。边缘计算在云服务领域的落地与实现推动了互联网应用的持续发展。

边缘计算在国外各个领域内的应用同样广泛，如亚马逊的 AWS IoT for the Edge。AWS IoT 服务可以在本地网络中对设备进行操作，并对设备产生的数据进行聚合、过滤[③]。同时，支持在云端编程并部署于边缘设备，在边缘计算模式下，使设备在未连接 Internet 的情况下也可以与其他设备保持通信等。

除了以上领域，边缘计算在农业、医疗保健等领域也成功落地。更多的应用尝试将进一步加速边缘计算在各个领域内的普及，边缘计算在各行业内的应用价值将逐步凸显[④]。

---

① 来源：阿里云计算有限公司《物联网边缘计算》。

② 来源：腾讯云计算(北京)有限责任公司《物联网边缘计算平台 IECP》。

③ 来源：亚马逊网络服务公司《AWS IoT for the Edge》。

④ 来源：Gartner, Inc《边缘计算的 12 个前沿应用》。

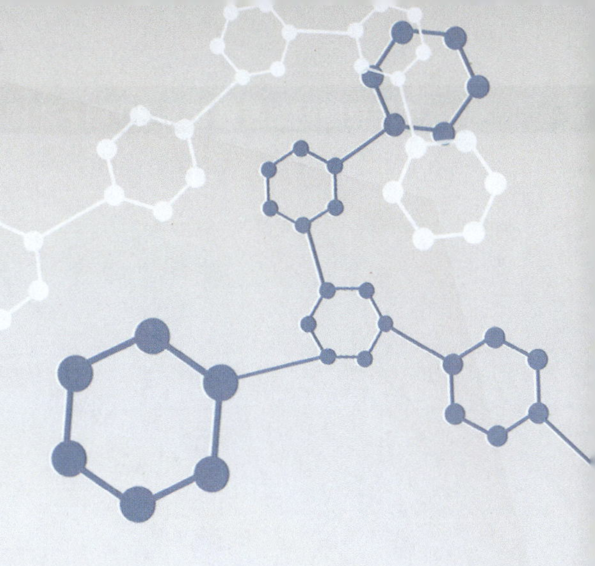

第8章

中国网络安全发展状况

摘　要：网络安全是当前互联网的重要领域。“没有网络安全就没有国家安全”。党的十八大以来，党中央高度重视网络安全工作，就做好网络安全工作提出明确要求，为筑牢国家网络安全屏障、推进网络强国建设提供了根本遵循。我国网络安全建设取得巨大进步，从顶层设计、体制建设、组织机构到人才培养、全民安全意识等方面都实现了飞跃。网络安全法律制度标准进一步完善，网络安全基础支撑能力不断强化，网络安全防护水平全面提升，网络安全技术保障能力显著增强，网络安全综合治理成效显著，网络安全人才培养机制不断创新，网络安全知识技能普及有序开展，网络安全保障体系更加健全完善，为网络强国建设提供了坚强保障，有力地服务了社会民生，维护了国家安全。网络安全事关人类共同利益，事关世界和平与发展，事关各国国家安全。本章从网络安全态势、网络安全保障、网络安全产业三个层面，对我国网络安全发展状况进行了系统论述。

关键词：网络安全；安全保障；安全产业

党的十八大以来，党中央高度重视网络安全工作，进行了一系列重要的顶层设计与战略布局，并采取了一系列重大举措以应对日益突出的网络和信息安全问题，推动我国网络安全工作取得历史性成就。当前，我国进入新的历史时期，以数字化、网络化、智能化为特征的第四次工业革命兴起，全球政治经济格局进入新的变革期，网络安全工作也迎来了新的问题和挑战。本章从网络安全态势、网络安全保障、网络安全产业三个层面，对我国网络安全发展状况进行了系统论述，为进一步加强网络安全保障、推进网络安全产业发展提供了参考。

8.1　网络安全态势整体向好

当今时代，网络正以前所未有的广度、深度和速度改变着人类社会，同时相伴而生的安全风险也越来越成为事关国家安全、社会稳定和经济发展的重大问题。作为正在崛起的网络大国，我国网络安全的内外环境日益复杂严峻。党的十八大以来，我国充分发挥政府、企业在维护网络安全方面的作用，加快建立、完善网络综合治理体系，使网络安全技术产品研发不断取得新成就，人才队伍建设不断加强，网络安全产业发展势头强劲，网络安全形势整体向好。

8.1.1　网络空间国际环境复杂多变

当前，网络空间国际环境正发生深刻变化，网络空间国际治理已进入重要转型期，网络空间已成为各国博弈的新战场。从世界范围看，网络安全威胁和风险日益突出，并日益向政治、经济、文化、社会、生态、国防等领域渗透，国际网络世界的权力格局与总体国际格局呈高度同质性，美国等西方发达国家在国际网络安全话语权博弈中占据明显优势，并利用在网络空间的技术和话语权优势试图主导新兴技术领域、制定网络空间国家行为框架、塑造有利于己的网络生态系统、强化国家网络进攻及威慑能力等。疫情过后，复杂的国际形势和加剧的国际竞争，将对网络空间国际秩序的稳定带来更大的变数和挑战，加速原有的格局演进和改变。

世界经济论坛发布的《2020 年全球风险报告》显示，全球网络安全风险进一步升级，网络攻击已成为仅次于地缘政治造成的局势动荡、全球经济增速放缓、极端天气、自然灾害之外的全球第五大威胁。其中，APT 攻击[①]活动持续活跃，给国家经济和社会的发展带来了极大的安全隐患，也给网络安全技术带来了新的挑战。APT 攻击通常是有国家背景的黑客组织针对其他国家发起的网络攻击，用最先进的技术，通过长期持续的潜伏、渗透，达到窃取情报和破坏其他国家基础设施的目的，我国政府、金融、大型企业、军事机构及教育科研机构等均遭受过攻击。我国是 APT 攻击的主要受害国，受到来自东亚、东南亚、南亚、欧美等各个区域的网络威胁。截至 2019 年 12 月底，我国累计检测到的针对我国境内目标发动攻击的来自境内外的 APT 组织有 30 余个，

---

① APT 攻击：英文全称为 Advanced Persistent Threat，即高级可持续威胁攻击,也称为定向威胁攻击，指某组织对特定对象展开的持续有效的攻击活动。这种攻击活动具有极强的隐蔽性和针对性,通常会运用受感染的各种介质、供应链和社会工程学等多种手段实施先进的、持久的且有效的威胁和攻击。

2020 年年初新冠肺炎疫情暴发，境外 APT 组织以疫情为诱饵针对我国目标实施频繁的 APT 攻击，主要攻击政府、军事、医疗等机构和目标及相关人员。预测未来 APT 攻击会呈现三大趋势：一是针对国家关键基础设施的破坏性攻击活动日益活跃；二是针对特定个人移动终端的攻击活动显著增加；三是我国大型系统工程成为 APT 攻击的重点。

近年来，网络犯罪的技术和模式均不断变化，新兴犯罪组织呈现敏捷化、公司化、品牌化趋势。随着大数据深刻地融入经济社会生活，数据安全形势越发严峻，除面临传统安全挑战外，还面临多重挑战，如大数据平台架构、软件带来的安全挑战，大数据挖掘技术带来的安全挑战，大数据安全防护需求等。2018 年 3 月，Facebook 公司被爆出，8700 万名用户的数据遭泄露，且这些泄露的数据被恶意利用，引起普遍关注。在享受数字化、网络化巨大红利的同时，如何保护数据安全成为摆在各国政府、企业和网民面前的巨大难题。2018 年 5 月，欧盟颁布史上最严的个人数据保护条例——《通用数据保护条例》（GDPR），引起了各国的广泛讨论。该法案重点保护的是自然人的“个人数据”，监管收集个人数据的行为，包括所有形式的网络追踪。GDPR 实施三天后，Facebook 和 Google 等美国企业成为 GDPR 法案下的第一批被告，这不仅给业界敲响了警钟，也督促政府和企业投入更多精力保护数据，尤其是个人隐私数据。

8.1.2 网络安全宣传教育积极推进

近年来，我国始终坚持以人为中心，积极开展全民网络安全宣传教育，增加全民网络安全防护技能，不断开创网络安全工作新局面，推动全社会形成维护国家安全的强大合力。

举办网络安全宣传周、提高全民网络安全意识，增加安全防护技能，是国家网络安全工作的重要内容。为提高全民网络安全意识，增加安全防护技能，我国积极开展有利于普及网络安全知识的公益活动。自 2014 年以来，国家网络安全宣传周已连续七年成功举办，通过开展网络安全进社区、进校园、进军营等系列活动，有效提升了全民网络安全意识，增加了安全防护技能。2020 年，第七届国家网络安全宣传周围绕“网络安全为人民，网络安全靠人民”的主题，采取八大“硬核”举措，通过面对面、键对键、手牵手、心连心等方式，以学促用、以案释法、以险预警、以技保安，线上线下联手打造出浓厚的宣传氛围，使参与人数与信息覆盖都开创新高，真正让网络安全入眼、入脑、入心，有效地促进了全民网络安全意识的提高。此外，我国积极开展并参与国际网络安全对话与合作，与世界各国共同构建网络安全保障体系。

扎实推进互联网内容建设，使网民网络素养大幅提升。随着我国互联网的迅速发展，网民在享受网络给生活带来极大便利的同时，也在通过不断提升自身网络素养共同营造清朗的网络空间。网民网络素养是网络空间健康、稳定的重要基础，也是关系互联网长远发展、建设网络强国的必要因素。目前，我国在引导网民提高网络素养方面正稳步推进，使网民文明意识、网络安全意识日渐提高。近年来，国家网信办发起"网络安全宣传周""护苗行动""中国好网民"等系列活动，推进网络内容建设，弘扬正能量，极大地推动了"中国好网民"工程建设，使网民网络素养显著提升。此外，教育部、中华全国总工会、共青团中央、中华全国妇女联合会、中国少年先锋队全国工作委员会等部门也积极参与、协同推动，创造性地开展了"校园好网民""职工好网民""青年好网民""巾帼好网民""少年好网民"等系列活动，取得了显著成效。

8.1.3　网络安全国内发展态势稳定

党的十八大以来，党中央高度重视网络安全工作，不断推进理论创新和实践创新，形成了关于网络强国的重要思想，我国网络安全工作取得历史性成就，凝聚了全社会共同努力的网络安全防线高高筑起。

1. 网站安全监测能力显著增强

从"网页仿冒"攻击来看，近年来利用社会热点事件开展的网页仿冒诈骗案明显增多。2020 年，CNCERT 监测发现约 20 万个针对我国境内网站的仿冒页面，同比增长约 1.4 倍。其中，大部分为利用"ETC 在线认证"网站、"网上行政审批"等社会热点的仿冒页面。仿冒网页治理力度持续加大，2020 年上半年，在已协调处置的仿冒页面中，其承载的 IP 地址归属地区居首位的仍然是我国香港地区，占比达 74%。

从网站后门监测来看，2020 年，CNCERT 共监测发现境内外约 2.6 万个 IP 地址对我国约 5.3 万个网站植入后门（如图 8-1 所示），较 2019 年被植入后门的网站数量下降了 37.3%。从境外 IP 地址数量来看，境外 IP 地址合计占比 97.7%，其中位于菲律宾的 IP 地址最多，占境外 IP 地址总数的 18.9%，其次为位于美国和我国香港地区的 IP 地址。从控制我国境内网站总数来看，位于菲律宾的 IP 地址控制我国境内网站的数量最多，约为 1.9 万个；其次是位于我国香港地区和美国的 IP 地址，分别控制我国境内 1.1 万个和 0.8 万个网站。此外，随着支持 IPv6 网站范围的扩大，2020 年攻击源、攻击目标为 IPv6 地址的网站后门事件有 382 起，共涉及攻击源 IPv6 地址 101 个。

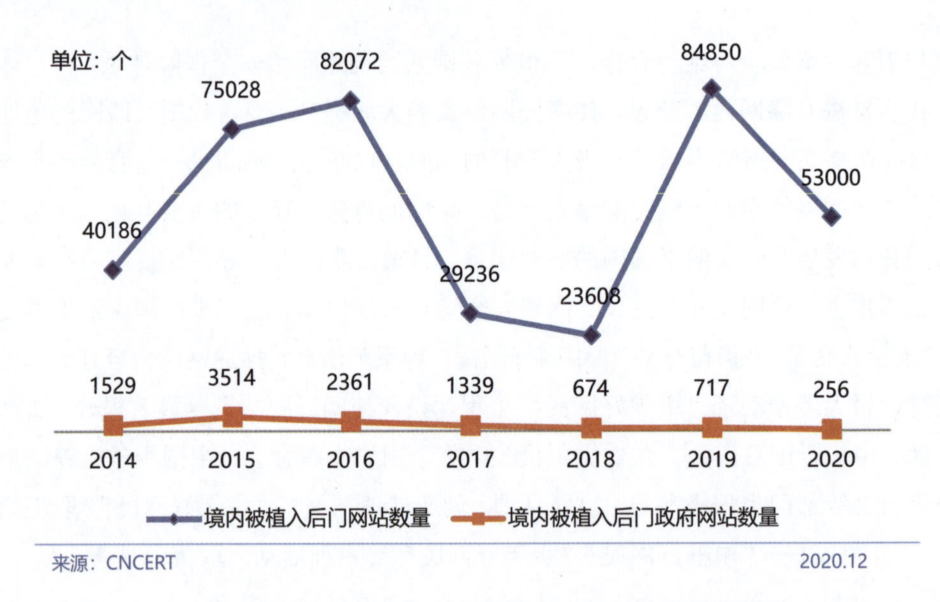

图 8-1 2014 年至 2020[①]年我国境内被植入后门网站数量情况

从被篡改网站来看，2020 年，我国境内遭到过篡改的网站约为 10 万个，同比减少 45.9%，其中被篡改的政府网站有 494 个（如图 8-2 所示）。从境内被篡改网页的顶级域名分布来看，排前三位的是“.com”“.net”和“.org”，分别占总数的 73.8%、5.2%和 1.7%。

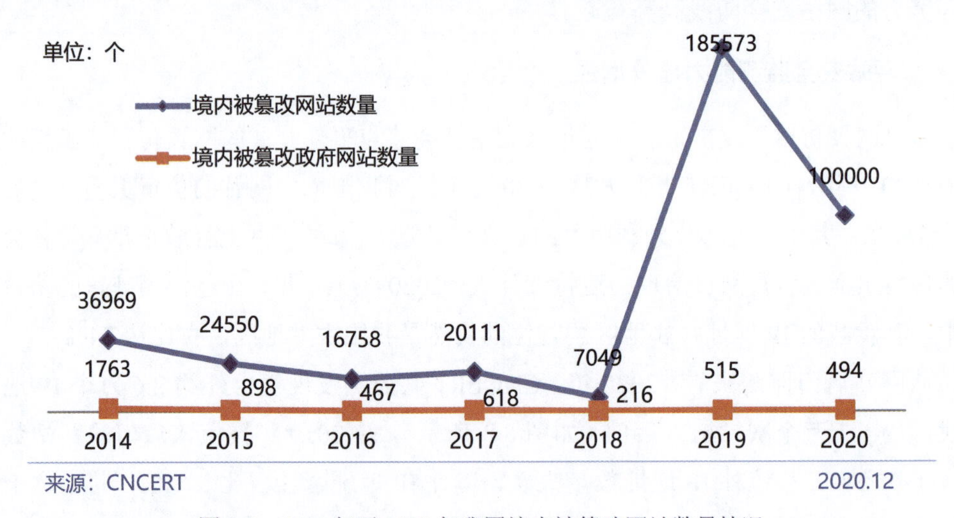

图 8-2 2014 年至 2020 年我国境内被篡改网站数量情况

2. 恶意程序捕获能力持续提高

从计算机恶意程序捕获情况看，2020 年，计算机恶意程序捕获数量超过 4200 万个；

① 来源：CNCERT《2020 年我国互联网网络安全态势综述》，其中 2020 年度被篡改政府网站数据为近似计算值。

我国境内受计算机恶意程序攻击的 IP 地址约为 5541 万个，约占我国 IP 总数的 14.2%。按照传播来源，境外恶意程序主要来自美国、印度等（如图 8-3 所示）国家；境内恶意程序主要来自河南、广东、浙江等地区。按照 IP 地址分布，受攻击的 IP 地址主要集中于山东、江苏、广东、浙江等地区。

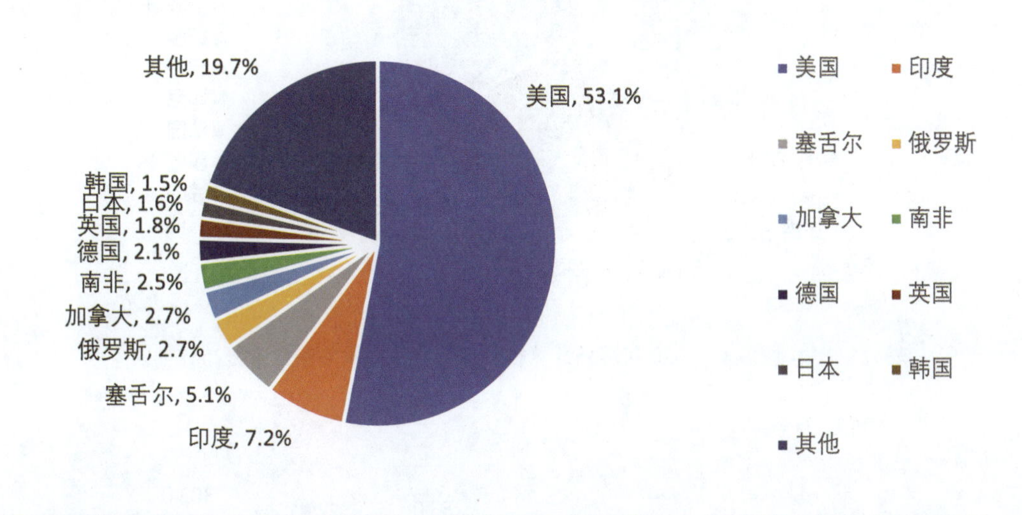

图 8-3　2020 年恶意程序境外分布情况

从计算机感染恶意程序用户数看，2020 年我国境内感染计算机恶意程序的主机数量约为 534 万台，同比下降 8.3%。就控制服务器所属国家或地区来看，位于美国、我国香港地区和荷兰的控制服务器数量居前三位，分别占整体的 33.5%、6%和 4.3%（如图 8-4 所示）；就控制我国境内主机数量看，位于美国、荷兰和德国的控制服务器规模分列前三，分别控制我国境内约 446 万台、215 万台和 194 万台主机；就我国境内感染计算机恶意程序的主机地区分布看，主要分布在江苏、浙江和广东地区，占比分别为 12.1%、11.5%和 11.4%。

从移动互联网恶意程序数量看，随着移动互联网技术的快速发展和普及，针对移动端设备的网络攻击事件呈上升趋势，移动互联网恶意程序数量持续高速增长。移动互联网恶意程序一般存在以下一种或多种恶意行为，包括恶意扣费、信息窃取、远程控制、恶意传播、资费消耗、系统破坏、诱骗欺诈和流氓行为。CNCERT 监测发现 2020 年新增移动互联网恶意程序 303 万个，同比增长 8.6%（如图 8-5 所示）。其中，排名前三的为流氓行为、资费消耗和信息窃取，占比分布为 48.4%、21.1%和 12.7%。为有效防范移动互联网恶意程序的危害，国内 569 家提供移动应用下载服务的平台下架

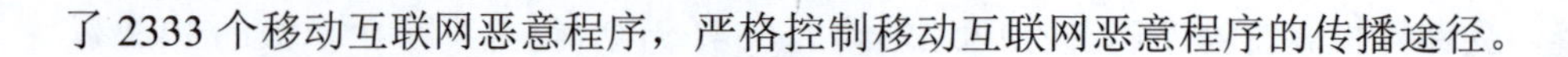

了 2333 个移动互联网恶意程序，严格控制移动互联网恶意程序的传播途径。

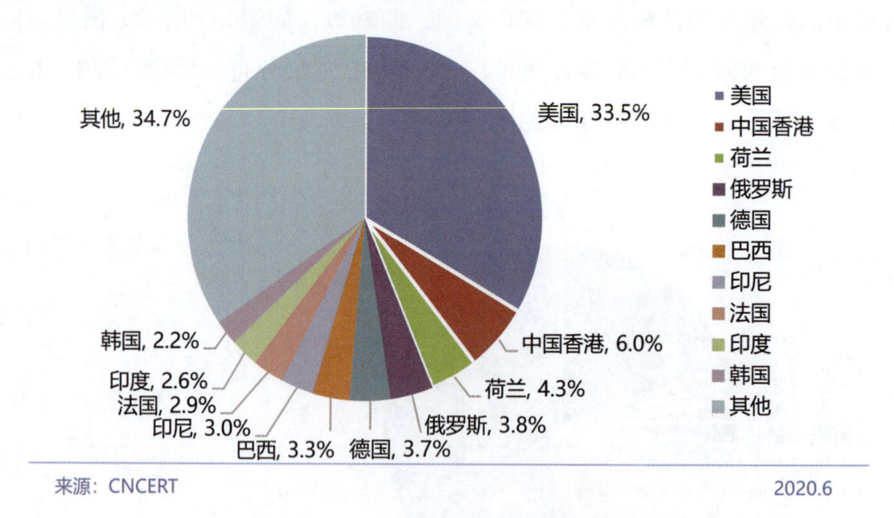

图 8-4　2020 年境外计算机恶意程序控制服务器数量分布

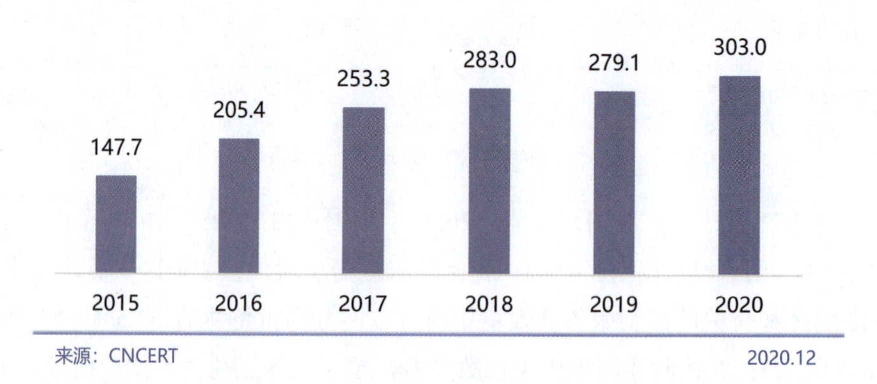

图 8-5　2015 年以来移动互联网恶意程序数量

3. 网络安全事件处置效率稳步提升

从安全漏洞处置情况看，2020 年，国家信息安全漏洞共享平台（CNVD）收录安全漏洞共计 20 704 个，同比增长 27.9%。其中，高危漏洞收录数量为 7420 个（占比 35.8%），同比增长 52.1%；“零日”漏洞收录数量为 8902 个（占比 43.0%），同比增长 56.0%。

安全漏洞主要涵盖的厂商或平台为谷歌（Google）、WordPress、甲骨文（Oracle）等。按影响对象分类统计，排名前三的是应用程序漏洞、Web 应用漏洞、操作系统漏洞，占比分别为 48.5%、29.5%和 10.0%。

从网络诈骗情况看，随着互联网与经济、生活的深入融合发展，通过互联网对网民实施各种网络诈骗①的行为不断出现。网络诈骗具有高科技性、隐蔽性强等特点，且手法多样化，更新换代速度快。常见的网络诈骗类型包括虚拟中奖信息诈骗、网络兼职诈骗、网络购物诈骗、冒充好友诈骗、钓鱼网站诈骗、利用虚假招工信息诈骗等。CNNIC 数据显示，截至 2020 年 12 月，虚拟中奖信息诈骗仍为我国网民最常遭遇的网络诈骗类型，占比达 47.9%；其次为网络兼职诈骗，占比为 33.3%；网络购物诈骗、冒充好友诈骗、钓鱼网站诈骗、利用虚假招工信息诈骗占比紧随其后（如图 8-6 所示）。此外，社交网络、App、二维码等新型网络诈骗手段层出不穷。

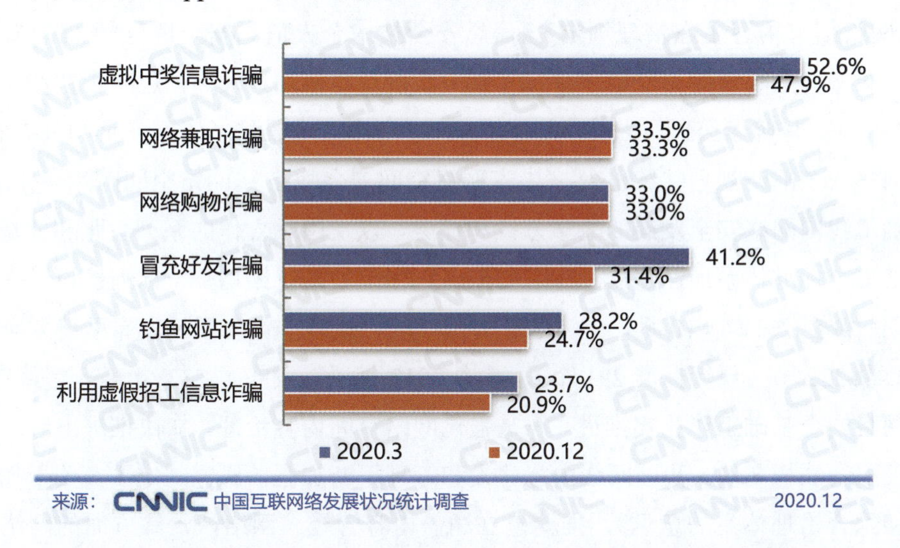

图 8-6　2020 年 3 月与 2020 年 12 月我国网民遭遇各类网络诈骗的比例

8.2　网络安全保障逐步完善

党的十八大以来，我国充分发挥政府、企业在维护网络安全方面的作用，加快建立、完善网络综合治理体系，加快网络基础设施建设，着力提升网络安全保障能力，深化网络空间国际交流与合作，各方面通力合作，共筑网络安全防线，在网络安全发展方面取得一系列新成就。

8.2.1　网络安全制度体系逐步完善

近年来，随着网络技术和网络应用服务的快速发展，网络安全形势日益严峻复杂，

① 网络诈骗是指为达到某种目的在网络上以各种形式向他人骗取财物的诈骗手段。网络诈骗的主要行为、环节发生在互联网上，用虚构事实或者隐瞒真相的方法，骗取他人数额较大的企业或个人的财物。

网络安全在国家安全中的地位及作用日趋凸显。为切实维护网络安全，不断推进依法治网，我国加快推动网络安全立法进程，着力健全完善网络安全法律法规，不断推动我国网信事业取得新的成就。

网络安全顶层设计不断完善。一是网络安全法制体系不断健全。2017 年 6 月 1 日，《网络安全法》正式施行，为我国网络安全工作提供了法律依据和保障，配套法律法规制定工作快速推进，《关键信息基础设施安全保护条例》《网络安全漏洞管理规定》等相继公开征求意见。2020 年，《中华人民共和国密码法》《个人金融信息保护技术规范》《网络信息内容生态治理规定》《信息安全技术个人信息安全规范》《信息安全技术——网络安全等级保护定级指南》等相关法规及政策相继发布，进一步营造了良好的网络生态，保障了公民、法人和其他组织的合法权益，维护了国家安全和公共利益。二是网络安全战略规划陆续出台。《国家网络空间安全战略》《网络空间国际合作战略》等明确了我国网络安全发展的战略方针和任务，以及国际合作的系列主张和立场。三是网络安全标准体系加速建立。网络安全国家标准数量持续增加，标准建设进入快速发展期。截至 2019 年 10 月，全国信息安全标准化技术委员会累计发布网络安全国家标准数量 322 个（现行标准 291 个），其中 2012 年以来发布了 232 个。

网络安全基础工作扎实推进。一是强化网络空间内容治理，加快推进出台网络安全相关配套法规文件。我国网络内容建设和管理不断加强，研究制定了《关于加快建立网络综合治理体系的意见》，推动建立涵盖内容管控、网络法治等方面的网络综合治理体系，健全完善违法违规信息和网站联动处置机制，健全举报工作机制。二是关键信息基础设施保护工作深入开展。国家网信办、工业和信息化部、公安部和相关行业部门积极推进关键信息基础设施保护工作，于 2016 年 7 月组织开展了首次全国范围内的关键信息基础设施网络安全检查工作。三是个人信息保护工作取得明确成效。2019 年以来，国家网信办、工业和信息化部、公安部、国家市场监督管理总局开展 App 违法违规收集使用个人信息专项治理，对存在严重问题的 App 采取约谈相关人员、公开曝光、下架等处罚措施。四是全民网络安全意识明显提升。2016 年，国家网信办、教育部、工业和信息化部、公安部等六部门联合印发方案，明确每年 9 月统一举办"国家网络安全宣传周"活动，采取各种形式的活动提高广大网民的网络安全意识，增加安全防护技能。

8.2.2 网络安全防治能力不断增强

为营造天清气朗的网络空间，近年来，国家不断提升网络社会治理能力和水平，以《中华人民共和国网络安全法》《中华人民共和国反恐怖主义法》等法律法规为依据，在保护公民个人信息、落实网络运营者责任、禁止危害网络安全行为等关键问题上持续发力。

加大对个人信息的保护力度，持续推进 App 专项整治行动。2019 年以来，中央网信办等四部门组织开展 App 违法违规收集使用个人信息专项治理，对存在严重问题的 App 采取约谈相关人员、公开曝光、下架等处罚措施。2020 年，我国加大对个人信息的保护力度，持续推进 App 专项整治行动，重点针对移动 App，从政策体系、标准制定、专项行动、技术平台四方面建构起综合治理体系。截至 2021 年年初，已完成 44 万款 App 的技术检测工作，责令 1346 款违规 App 进行整改，下架 94 款拒不整改或无法落实整改的 App，对发现 App 侵害用户权益问题的及时处置率达到了 100%。

开展网络空间治理专项行动，取得良好成效。2019 年以来，中央网信办、工业和信息化部、公安部等部门加大执法力度，集中整治网络违法有害信息；中央网信办开展网络生态治理专项行动，对淫秽色情、低俗庸俗等 12 类负面有害信息进行整治。截至 2019 年 6 月，累计清理淫秽色情、赌博诈骗等有害信息约 1.1 亿条，注销在各类平台中传播色情低俗、虚假谣言等信息的违法账号约 118 万个，关闭、取消备案网站 4644 家。2020 年，国家网信办先后开展了网络恶意营销账号集中整治、涉未成年人网课平台及网络环境治理、遏阻“祖安文化”传播等一系列专项行动，紧紧围绕群众反映强烈的网络生态突出问题，采取针对性整治措施，取得较好成效，受到人们普遍欢迎；同时针对网络生态问题极易反弹反复、网络“有偿删帖”和“软色情”信息等突出问题，国家网信办已在全国范围内启动专项整治。

网民遭遇网络安全问题的比例下降，个人用户上网安全得到有效保障。我国网民在上网过程中未遭遇过任何网络安全问题的比例进一步提升。截至 2020 年 12 月，61.7%的网民表示过去半年在上网过程中未遭遇过网络安全问题，网民遭遇各类网络安全问题的比例也均有所下降。其中，遭遇网络诈骗的网民比例较 2020 年 3 月下降明显，达 4.7 个百分点；遭遇账号或者密码被盗的网民比例较 2020 年 3 月下降了 4.3 个百分点（如图 8-7 所示）。

积极开展垃圾信息和电信诈骗等治理工作，持续打造清朗的网络空间。我国日益重视电信诈骗、网络谣言等网络安全问题，相应整顿措施持续推进。由中国互联网违法和不良信息举报中心主办、新华网承办的中国互联网联合辟谣平台于 2018 年 8 月 29 日正式上线，为广大群众提供了辨识谣言、举报谣言的权威平台。2020 年上半年，全国各级网络举报部门共受理举报案件 8089 万件，较 2019 年同期（6858 万件）增长了 17.9%（如图 8-8 所示）。此外，工业和信息化部持续加强互联网行业管理，进一步开展垃圾信息整治和电信诈骗防范治理工作。据工业和信息化部统计，2019 年全国共拦截诈骗呼叫 10.8 亿次，关停重点地区诈骗号码 88.8 万个。

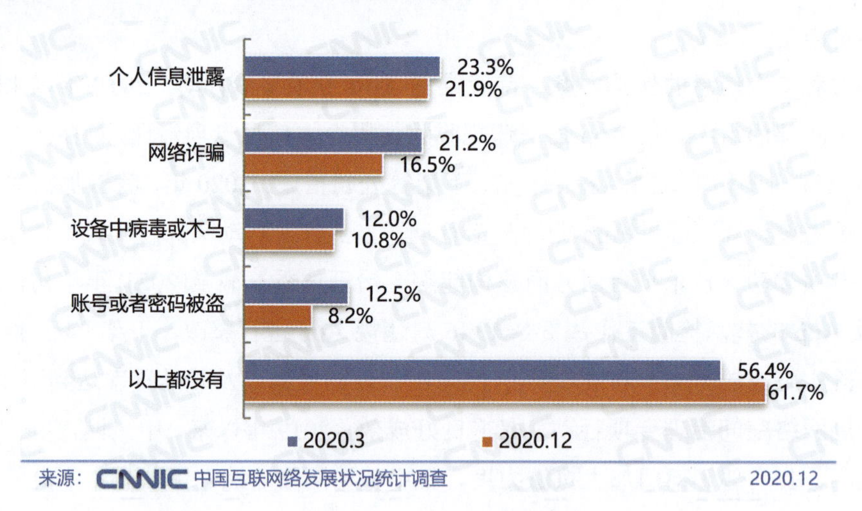

图 8-7　2020 年 3 月与 2020 年 12 月我国网民遭遇各类网络安全问题的比例

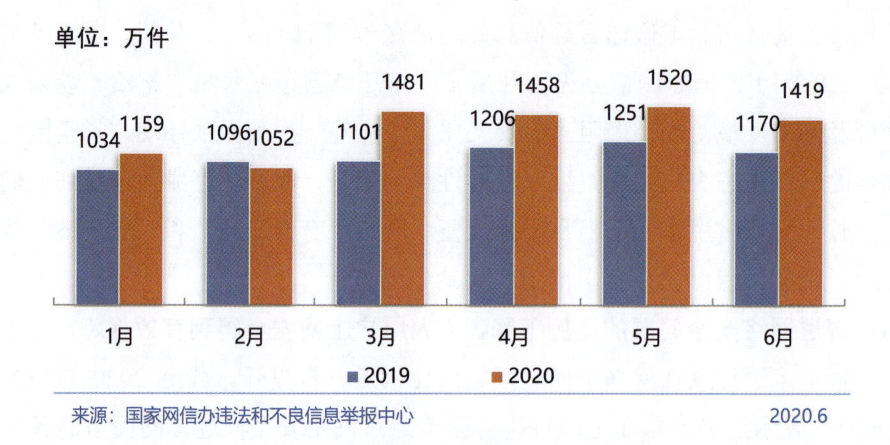

图 8-8　2019 年与 2020 年上半年我国各级网络举报部门受理举报数量对比

8.2.3　网络安全人才培养进程加快

党的十八大以来，国家网络安全人才建设取得重要进展，全社会网络安全意识明显提高。随着信息化的快速发展，网络安全问题更加突出，对网络安全人才建设不断提出新的要求。“网络安全的竞争，归根结底是人才的竞争”。我国要坚持以人才为根本，进一步强化网络安全人才培养，切实筑牢国家网络安全屏障，不断开创网络安全工作新局面。

网络安全人才培养政策持续出台，人才培养力度不断加大。2015 年 6 月，国务院学位委员会、教育部联合印发《关于增设网络空间安全一级学科的通知》，标志着正式将网络空间安全设立为一级学科。2017 年 8 月，为落实《网络安全法》《关于加强网络安全学科建设和人才培养的意见》明确的工作任务，中央网信办、教育部印发了《一流网络安全学院建设示范项目管理办法》，决定在 2017 年至 2027 年实施一流网络安全学院建设示范项目，以加强和创新网络安全人才培养。西安电子科技大学、东南大学、武汉大学、北京航空航天大学、四川大学、中国科学技术大学与中国人民解放军战略支援部队信息工程大学获批成为首批“一流网络安全学院”建设示范高校。2018 年，《关于印发〈2018 年教育信息化和网络安全工作要点〉的通知》《关于开展 2018 年度普通高等学校本科专业设置工作的通知》明确提出，进一步提升网络安全人才培养能力和防护水平，增设一批网络空间安全学位授予点，加快一流网络安全学院的建设步伐，同时相关高校增设网络安全等领域的相关专业，以服务国家战略发展需要。2020 年，教育部印发《2020 年教育信息化和网络安全工作要点》，对 2020 年教育信息化和网络安全重点工作进行了安排部署，把“网络安全人才培养能力和质量提升”纳入核心目标。

重视网络空间安全学科建设发展，持续探索网络安全人才培养新模式。一方面，全国网络空间安全学科发展迈入新阶段。2015 年，网络空间安全成为国家一级学科，截至 2019 年年底，全国共有 11 所高校获评国家“一流网络安全学院”建设示范高校，35 所高校获得了网络空间安全学科博士学位授予权，241 所高校设立了网络空间安全类专业[①]。另一方面，我国已建立起多个网络安全人才培养和创新基地，努力促进多方合作。例如，武汉临空港网络安全基地集聚国内优质教育资源，引入武汉大学、华中科技大学两所“双一流”大学联合办学，在网络安全人才培养方面先行先试，打造出培养高质量网络安全人才的教学模式。两所高校网络安全学院现共拥有教授、博士生导师近 50 人，未来预期会达到 100 人，学院首批有 1300 余名学生入学。此外，中国互联网发展基金会为支持国家网络安全建设、加快网络安全人才培养，于 2016 年设立了网络安全专项基金，支持网络安全人才发展。

网络安全人才培养仍任重而道远。随着新技术和新业态的快速发展，信息技术与经济社会各领域的融合更加深入，网络安全人才短缺的问题日益突出，特别是 2020 年新冠肺炎疫情暴发、复杂的国际形势和加剧的大国竞争等使各行业和组织均加大了对网络安全人才的需求。据教育部有关机构和专家分析，到 2020 年年底，我国网络安全人才缺口达 140 万人左右，而每年网络安全相关专业毕业生仅为 2 万人左右，供需缺口仍十分巨大。目前，北京、深圳、上海、成都、广州、武汉是网络安全人才需求

① 来源：教育部。

量较大的城市，这五个城市对网络安全人才需求的总量约占全国需求总量的近一半。但同时我们要看到，近年来我国正在加大对网络安全人才的培养力度，随着更多院校开设网络安全相关专业，且办学模式不断成熟，在校生的数量和质量均有所提升；同时，各类网络安全法律法规的出台，以及“新基建”驱动的数字化业务所伴生的网络安全需求，必将促进网络安全人才供给侧结构性改革，推动网络安全人才培养机制的良性发展。

8.3 网络安全产业迈入发展新阶段

坚实的网络安全产业实力，是国家网络空间繁荣、稳定和安全的基础。我国高度重视网络安全技术创新和产业发展，不断推动网络安全教育、技术、产业融合发展，形成人才培养、技术创新、产业发展的良性生态，这对新时期我国网络安全产业发展提出了更高要求。

8.3.1 网络安全产业规模持续增长

当前，全球正进入以信息产业为主导的经济发展新时期，随着数字化、网络化、智能化深入各个行业领域，全球网络安全产业整体呈稳定发展态势。近年来，我国网络安全产业规模快速增长，产业环境逐步优化，产业体系日益健全，技术创新持续活跃，综合实力显著加强，为保障我国网络安全奠定了坚实的产业基础。

1. 全球网络安全产业发展概况

全球网络安全产业规模增长放缓，美欧亚地区保持三足鼎立格局。据统计[①]，2019 年全球网络安全产业规模达 1244 亿美元，同比增速为 9.1%，增速放缓；受新冠肺炎疫情影响，2020 年增速持续放缓，同比约为 3%左右。从全球区域分布情况看，2019 年网络安全产业规模份额排名前三的依次为北美、西欧和亚太地区。其中，以美国、加拿大为主的北美地区网络安全市场规模为 581.8 亿美元，占全球网络安全产业规模的 46.8%；以英国、德国、芬兰等国为主的西欧地区的网络安全产业规模为 306.8 亿美元，占整体比重的 24.7%；我国、日本、澳大利亚等亚太地区的网络安全产业规模为 268.1 亿美元，占整体比重的 21.6%（如图 8-9 所示）。

全球网络安全服务市场与网络安全产品市场逐步趋于五五分。根据 Gartner 统计，

---

① 来源：中国信息通信研究院《中国网络安全产业白皮书（2020）》。

2019 年全球网络安全产品市场规模达 624.8 亿美元，网络安全服务市场规模为 619.2 亿美元，网络安全产品市场份额占比达 50.2%，首次超过网络安全服务市场份额。从全球网络安全产品市场份额来看，基础设施保护类产品市场份额最高，其市场规模为 188 亿美元，占比为 30%；其次为网络安全设备类产品，市场规模为 134 亿美元，占比为 21.4%；身份管理类产品排第三，市场规模为 110 亿美元，占比为 17.6%。从全球网络安全服务市场份额来看，安全咨询服务市场规模为 228.5 亿美元，占比为 36.9%；安全托管服务市场规模为 116.0 亿美元，占比为 18.7%。

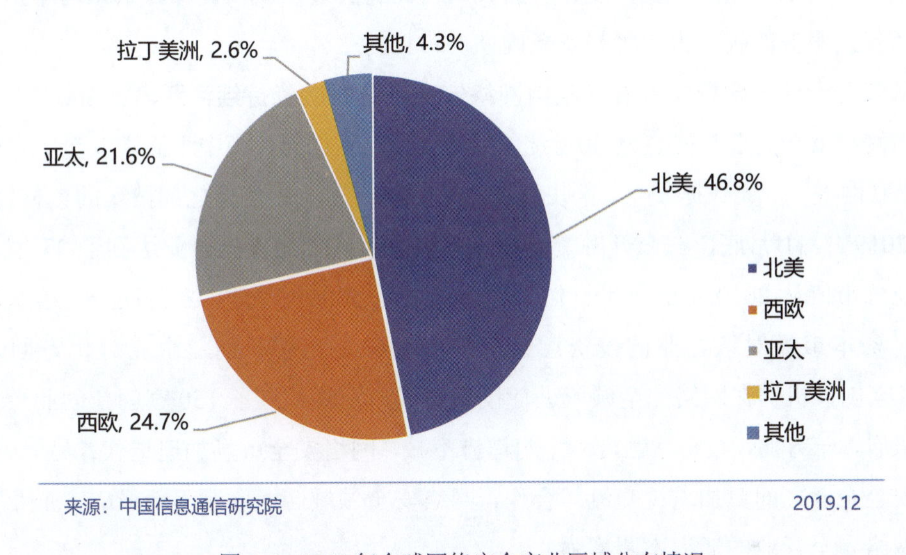

图 8-9　2019 年全球网络安全产业区域分布情况

2. 我国网络安全产业发展概况

“十三五”以来，在政策环境、市场及行业发展的共同作用下，我国网络安全产业迎来快速发展的机遇期，网络安全产业规模持续高速增长。据统计[①]，2019 年，我国网络安全产业规模达 1563.6 亿元，较 2018 年增长 17.1%；受新冠肺炎疫情影响，2020 年产业规模约为 1702 亿元，增速约为 8.9%，增速有所放缓。按照工业和信息化部发布的《关于促进网络安全产业发展的指导意见（征求意见稿）》的要求，网络安全行业发展目标是，到 2025 年培育形成一批年营收超过 20 亿元的网络安全企业，形成若干具有国际竞争力的网络安全骨干企业，使网络安全产业规模超过 2000 亿元。

从安全产业结构发展看，产业链条不断完善，协同效应进一步增强。近年来，随着网络安全产业的迅猛发展，现有网络安全产品和服务已从传统网络安全领域，如防火墙、监测、病毒防护等延伸到了云、大数据、物联网、工业控制、5G 和移动互联网

① 来源：中国信息通信研究院《中国网络安全产业白皮书（2020）》。

等不同的应用场景，产业结构逐步优化，产品体系日益完备，基本构成了覆盖基础安全、基础技术、安全系统、安全服务等多个维度、全产业链的产业和服务体系。长期以来，我国网络安全市场产品主要包括安全硬件、安全软件、安全服务及安全集成，产品仍以安全硬件为主，安全服务占比较低，我国网络安全产品结构亟待升级。数据显示[①]，2019 年，安全硬件及软件产品收入约占安全业务总收入的 66%，安全服务收入约占安全业务总收入的 24%，安全集成收入约占安全业务总收入的 10%。随着合规驱动向需求驱动的转变，硬件产品收入占比将会逐年减少。预计未来两年，安全软件和安全服务的收入占比将与安全硬件的占比持平。

从安全产业投融资发展看，我国网络安全产业投融资持续活跃。据统计[②]，2019 年我国网络安全行业投融资达 40 余起，金额超过 90 亿元，集中于终端安全、身份安全、物联网安全、大数据安全、区块链安全等领域。工业和信息化部披露的数据显示，截至 2019 年 11 月底，在公开融资方面，国内上市的网络安全企业达到了 23 家，上市企业总市值从 2010 年的不足百亿元到现在突破 5000 亿元，实现超过 50 倍跃增。因此，资本市场对该行业的投资意愿进一步增强。在创新创业企业孵化方面，有 100 多家创投机构在网络安全领域进行投资布局，汇集超过了 150 家创新创业企业。总体来看，一方面，投资、融资、并购趋势不减，网络安全市场加速迭代；另一方面，网络安全企业之间更加重视交流与合作，网络安全领域产业联盟不断成立，企业竞争力与网络安全行业的活力不断增强。

从网络安全企业的发展情况看，企业营收规模呈稳定增长态势，从业企业数量呈小幅增长。据统计[③]，2019 年网络安全企业从业人员约为 10 万人，比 2018 年增长了 16.0%，其中研发/技术人员约占总体比重的 58.45%。2019 年，我国有 13 家企业网络安全业务年收入超过 10 亿元，占网络安全业务总收入的 48.8%，平均收入为 22.31 亿元；收入 1 亿元以上但不足 10 亿元的共 94 家，占比 40.5%，平均收入为 2.56 亿元；收入不足 1 亿元（含）以下的企业近 400 家，占比 10.7%（如图 8-10 所示）。从区域分布来看，北京作为全国政治、文化、国际交往、科技创新中心，网络安全企业的数量和安全业务收入水平居领先地位，此外，广东、浙江、四川、福建、上海、山东和江苏等经济发达地区也位居前列。从上市情况来看，目前国内网络安全方面的上市企业共计 62 家，其中深圳证券交易所和上海证券交易所上市企业 23 家，“新三板”上

---

① 来源：中国网络空间安全协会《2020 年中国网络安全产业统计报告》。

② 来源：2020 年中国网络安全产业高峰论坛。

③ 来源：中国网络空间安全协会《2020 年中国网络安全产业统计报告》。

市企业 39 家。随着国家政策的持续激励和网络安全产业需求的增加，预计未来网络安全企业营业收入和上市数量会持续增长。

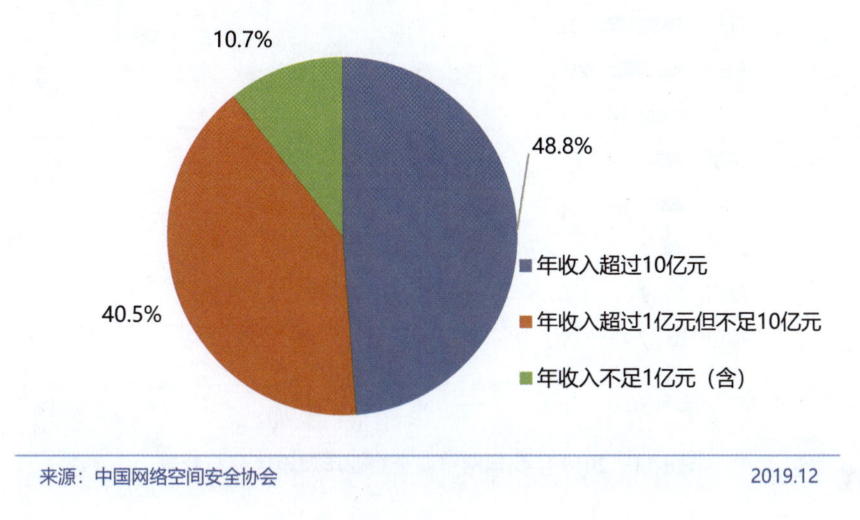

图 8-10　2019 年我国网络安全企业收入分布

8.3.2　网络安全产业生态不断优化

近年来，在政产学研用各方的努力下，我国网络安全取得了积极进步，综合实力明显增强，为保障国家网络安全奠定了坚实的产业基础。当前，我国网络安全产业集聚化发展态势初步显现，未来我国将继续营造有利于网络安全产业创新发展的生态环境，加快建设网络安全产业集聚高地，协同打造“产学研用”一体化的网络安全产业生态链，不断推动我国网络安全工作取得新成就。

网络安全产业集聚发展态势明显。据统计[①]，从 2019 年网络安全企业所属地区分布数量看，排名从高到低依次为：北京 197 家、上海 34 家、深圳 32 家、杭州 29 家、广州 14 家、南京 14 家、成都 13 家、济南 8 家、厦门 7 家、福州 7 家（如图 8-11 所示）；从网络安全企业所属地区收入分布看，北京、上海、广东、浙江、四川、福建、山东、江苏排名靠前。北京作为全国政治、文化、国际合作与科技创新中心，网络安全企业数量和收入规模均占据领先地位；此外，上海、深圳、杭州、广州等经济发达地区也位居前列。当前网络安全企业集聚效应初显，在一定程度上反映了城市的经济结构与活力，未来随着网络安全新技术、新模式的创新发展及资本市场的逐步完善，网络安全企业有望在更多地区产生。

① 来源：中国网络空间安全协会《2020 年中国网络安全产业统计报告》。

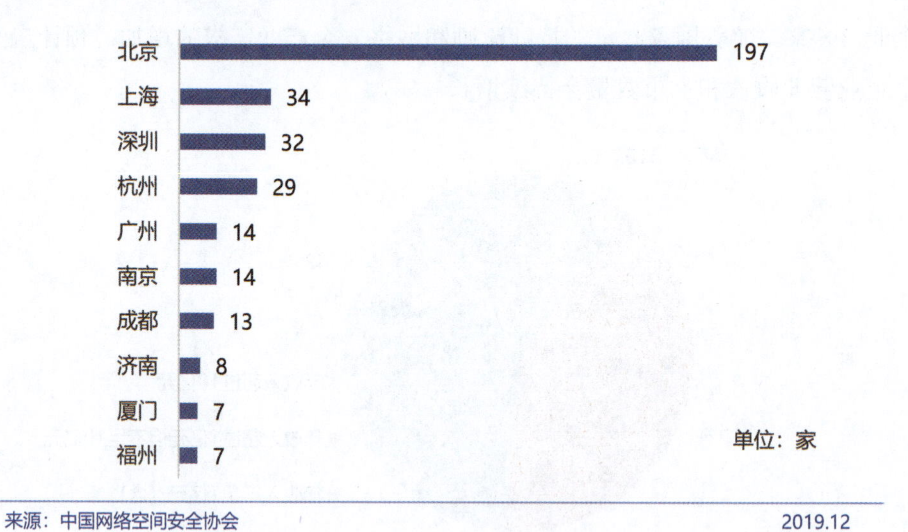

图 8-11　2019 年我国网络安全企业所属地区分布数量

后　记

2020 年是全面建成小康社会和“十三五”规划的收官之年，也是谋划“十四五”规划的关键之年。作为互联网研究前沿代表，CNNIC 启动了《中国互联网络发展状况（2019—2020）》的编撰工作，总结我国互联网发展的巨大成就，诠释互联网对我国综合国力提升的重大贡献。这是 CNNIC 结合历次中国互联网络发展状况统计调查数据，助力推进制造强国、网络强国建设的使命要求和重要举措。

本书的编撰工作得到了政府、科研机构、互联网企业等社会各界的支持与关心。在此，衷心感谢工业和信息化部、国家互联网信息办公室等部门相关司局的指导和支持，同时向在本书编写工作中给予支持的机构、企业和网民致以诚挚的谢意！

反侵权盗版声明

举报电话：（010）88254396；（010）88258888

传　　真：（010）88254397

E-mail：　dbqq@phei.com.cn

通信地址：北京市万寿路 173 信箱

电子工业出版社总编办公室

邮　　编：100036

反侵权盗版声明